高等学校“十三五”规划教材

DIANZI GONGYI ZHUANGPEI JISHU JICHU

电子工艺装配技术基础

主　编　焦　库　刘建都
副主编　何小琴　王庭良

西北工業大學出版社

【内容简介】 本书根据教学实践的要求，注重学生动手能力的培养，主要讲授电子工艺和电子设计的基本知识，培养学生从事电子技术实践的基本技能，使学生了解并掌握电子产品设计、安装和调试的全过程。本书内容包括安全用电、常用电子元器件、焊接技术、常用电子仪器仪表、表面安装技术、印制电路板的设计和制作、实习电子产品等。

本书内容充实、详略得当、实用性强，可作为各类理工科学生电子实践课的教材，亦可作为科技创新实践、课程设计、毕业实践、电子竞赛的实用指导书，同时也可作为职业教育、技术培训及相关专业技术人员和电子爱好者的参考用书。

图书在版编目（CIP）数据

电子工艺装配技术基础 / 焦库，刘建都主编. — 西安：西北工业大学出版社，2016.3（2025.1 重印）

ISBN 978-7-5612-4770-9

Ⅰ.①电… Ⅱ.①焦… ②刘… Ⅲ.①电子设备—装配（机械）—工艺学 Ⅳ.①TN805

中国版本图书馆 CIP 数据核字（2016）第 040931 号

出版发行：西北工业大学出版社
通信地址：西安市友谊西路 127 号　　邮编：710072
电　　话：(029)88493844　88491757
网　　址：www.nwpup.com
印 刷 者：陕西奇彩印务有限责任公司
开　　本：787 mm×1 092 mm　1/16
印　　张：11.875
字　　数：287 千字
版　　次：2016 年 3 月第 1 版　　2025 年 1 月第 7 次印刷
定　　价：36.00 元

前　　言

本书是为电子工艺装配教学而编写的实践性教材。本书以培养学生的实际动手能力和创新能力为目标，主要讲授电子工艺和电子设计的基本知识，培养学生从事电子技术实践的基本操作技能，使学生了解并掌握电子产品设计、安装和调试的全过程。

本书内容包括安全用电、常用电子元器件、焊接技术、常用电子仪器仪表、表面安装技术、印制电路板的设计和制作、实习电子产品等。

本书具有以下特点：

(1)实用性。以突出动手能力的培养为基础，以工程实践内容为重点，提供了几种电子产品可供选用，以加深对理论知识的理解和对实践操作技能的运用，使学生得到实践工程训练，从而锻炼和提高学生的动手能力和创新意识。

(2)先进性。注重新器件、新工艺、新技术的介绍和应用，让学生了解到本专业、本领域的最新动态。

(3)注重能力培养。电子工艺装配实践教学是培养学生电子技能最直接的教学环节。本书通过焊接技术、常用元器件的识别和测试、印制板的设计与制作、电子产品的调试与维修、电子电路的设计等内容，从各种途径提高学生的实践能力。

本书由西北工业大学明德学院焦库、刘建都任主编，何小琴、王庭良任副主编。在编写的过程中得到了西北工业大学明德学院教学部、电子信息工程系及王维斌、杨斌等老师的关心和大力支持。在编写和修订的过程中，西北工业大学电子信息学院张会生教授给予了指导和帮助，在此表示衷心感谢！编写本书曾参阅了相关文献资料，在此，谨向其作者深表谢忱。

由于水平有限和经验不足，书中难免存在错漏或不妥之处，恳请读者批评指正。

编　者

2015 年 5 月

目　录

第1章 安全用电

电能作为一种方便的能源，它的广泛应用有力地推动了人类社会的发展，给人类创造了巨大的财富，改善了人类的生活，使人们的生活得到了前所未有的便利。电的发现和应用极大地节约了人类的体力劳动和脑力劳动，使人类的力量长上了翅膀，使人类的信息触角不断延伸。电的发现可以说是人类历史的革命，由它产生的动能现在每天都在源源不断地释放，人对电的需求甚至不亚于氧气，如果没有电，人类的文明现在还会在黑暗中探索。

随着电能应用的不断拓展，以电能为介质的各种电气设备广泛进入企业、社会和家庭生活中，与此同时，使用电器所带来的事故也不断发生。为了实现电气安全，对电网本身的安全进行保护的同时，更要重视用电的安全问题。因此，学习安全用电基本知识，掌握常规触电防护技术，是保证用电安全的有效途径。

安全用电知识是关于如何预防用电事故及保障人身、设备安全的知识。在电子装配调试中，要使用各种工具、电子仪器等设备，同时还要接触危险的高电压，如果不掌握必要的安全知识，操作中缺乏足够的警惕，就可能发生人身、设备事故。为此，必须在熟悉触电对人体的危害和了解触电原因的基础上，具备一些安全用电知识，做到防患于未然。

1.1 触 电

1.1.1 电流对人体的伤害

电流对人体的伤害有3种：电击、电伤和电磁场伤害。

(1)电击是指电流通过人体，破坏人体心脏、肺及神经系统的正常功能，造成神经紊乱、心脏停止甚至死亡。

(2)电伤是指电流的热效应、化学效用和机械效应对人体的伤害，主要是指电弧烧伤、熔化金属溅出烫伤等。

(3)电磁场伤害是指在高频磁场的作用下，人会出现头晕、乏力、记忆力减退、失眠、多梦等神经系统的症状。

一般认为，电流通过人体的心脏、肺部和中枢神经系统的危险性比较大，特别是电流通过心脏时，危险性最大，所以从手到脚的电流途径最为危险。

触电还容易因剧烈痉挛而摔倒，导致电流通过全身并造成摔伤、坠落等二次事故。

1.1.2 影响触电危险程度的因素

触电的危险程度与很多因素有关。

1. 通过人体电流的大小

(1)通过人体的电流量对电击伤害的程度有决定性的作用。

通过人体的电流越大，人体的生理反应越明显，引起心室颤动所需的时间越短，致命的危险就越大。对于交流用电，按照通过人体的电流大小程度不同，人体所呈现的不同状态将电流划分为以下三级。

1）感知电流：引起人感觉的最小电流称为感知电流。人对最小电流的感觉表现为轻微发麻和刺痛。

2）摆脱电流：电流大于感知电流时，发热、刺痛的感觉增强。电流大到一定程度，触电者将因肌肉收缩发生痉挛而紧抓带电体，不能自行摆脱电源。人触电后能自主摆脱电源的最大电流称为摆脱电流。

3）致命电流：在较短时间内危及生命的电流称为致命电流。电击致死的主要原因，大都是电流引起心室颤动造成的。心室颤动的电流与通电时间的长短有关。当时间由数秒到数分钟，通过电流达 30～50mA 时即可引起心室颤动。

2. 电流通过人体的持续时间

通电时间愈长，愈容易引起心室颤动，电击伤害程度就愈大，这是因为通电时间愈长，能量积累增加，就更易引起心室颤动。

在心脏搏动周期中，有约 0.1s 的特定相位对电流最敏感。因此，通电时间愈长，与该特定相位重合的可能性就愈大，引起心室颤动的可能性也便越大。

通电时间愈长，人体电阻会因皮肤角质层破坏等原因降低，从而导致通过人体的电流进一步增大，受电击的伤害程度亦随着增大。其中，以电流的大小和触电时间的长短为主要因素。

3. 电流通过人体的不同途径

电流流经心脏会引起心室颤动而致死。较大的电流还会使心脏即刻停止跳动，在通电途径中，以从手经胸到脚的通路最危险，从一只脚到另一只脚危险性较小。电流纵向通过人体比横向通过人体时，更易发生心室颤动，因此危险性更大一些。电流通过中枢神经系统时，会引起中枢神经系统失调而造成呼吸抑制，导致死亡。电流通过头部，会使人昏迷，严重时会造成死亡。电流通过脊髓时会使人截瘫。

4. 电流的种类与频率的高低

相对于 220V 交流电来说，常用的 50～60Hz 工频交流电对人体的伤害最为严重，频率偏离工频越远，交流电对人体的伤害越轻。在直流和高频情况下，人体可以耐受更大的电流值，但高压高频电流对人体依然是十分危险的。

5. 人体电阻的高低

人体触电时，流过人体的电流（当接触电压一定时）由人体的电阻值决定，人体电阻越小，流过人体的电流越大，也就越危险。

人体电阻因人而异，呈现不同的阻值。人体阻值随皮肤的干燥程度和年龄而变化。通常干燥的皮肤阻值可以呈现 100kΩ 以上，而在潮湿的情况下可以降到 1kΩ 以下，并且随着年龄的增长而变大。人体电阻随电压的升高，电阻值变小，呈非线性阻值。

1.1.3 触电方式

1. 触电的原因

（1）一般触电事故都是人直接或间接与导电体接触而造成的。

（2）人体靠近高压电器设备造成的高压触电。

2.触电形式

触电形式分为:直接接触触电和间接接触触电。此外还有高压电场、高频电磁场、静电感应、雷击等对人体造成的伤害。

3.直接触电

(1)单相触电。单相触电是指人体的某一部分触及带电设备或线路中的某一相导体时,当一相电流通过人体经大地回到中性点时,人体承受的相电压,如图1-1所示,绝大多数触电事故都属于这种形式。

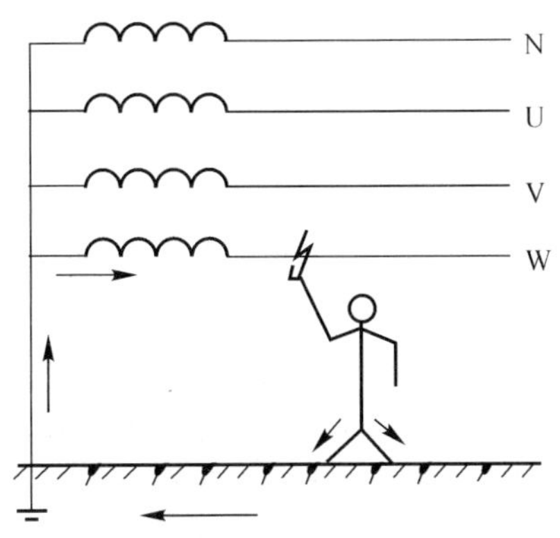

图1-1　单相触电示意图

(2)两相触电。两相触电是指人体两处同时触及两相带电体而发生的触电事故。如图1-2所示,这种形式的触电,加在人体的电压是电源的线电压(380V),电流将从一相经人体流入另一相导线,如图1-2所示。双相触电的危险性比单相触电高。

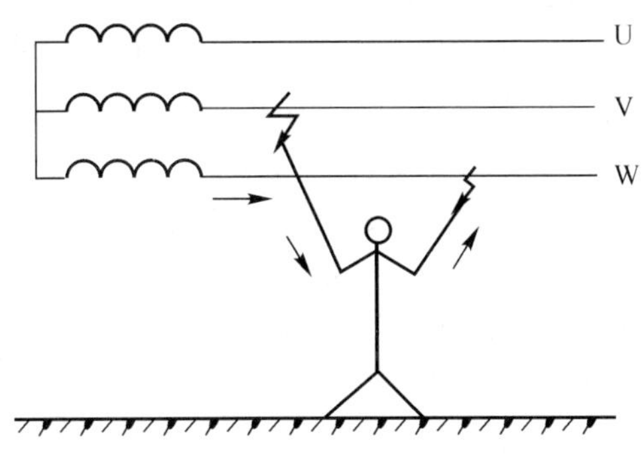

图1-2　两相触电示意图

4.跨步电压引起的触电

在故障设备附近(例如电线断落在地上),或雷击电流经设备入地时,在接地点周围存在电场,人走进这一区域,两脚之间形成跨步电压就会引起的触电事故。

5.静电触电

静电触电主要是高压大电容放电引起的有危险的触电现象,并且也是检测和维修人员容易忽视的问题,所以在检测和维修设备时,应该事先对此类元件放电后再进行检修。

1.2 安全防护

1.2.1 防止触电的措施

1. 组织措施

在电气设备的设计、制造、安全、运行、使用及维护方面，应该严格遵守国家规定的标准制度和法规。

2. 技术措施

(1)绝缘、屏护和间距是最为常见的安全措施。

绝缘是用绝缘物把带电体封闭起来防止人体触及，瓷、玻璃、云母、橡胶、木材、胶木、塑料、布、纸和矿物油等都是常用的绝缘材料。应当注意的是，很多绝缘材料受潮后会丧失绝缘性能或在强电场作用下会遭到破坏。

屏护，即采用遮拦、护罩、护盖箱闸等把带电体同外界隔绝开来。电器开关的可动部分一般不能使用绝缘，而需要屏护。高压设备不论是否有绝缘，均应采取屏护。

间距，就是保证必要的安全距离。间距除用于防止被触及或过分接近带电体外，还能起到防止火灾、防止混线、方便操作的作用。在低压工作中，最小检修距离不应小于 0.1m。

(2)接地和接零。接地指与大地的直接连接，电气装置或电气线路带电部分的某点与大地连接、电气装置或其他装置正常时不带电部分某点与大地的人为连接都叫接地。

保护接地，是为了防止电气设备外露的不带电导体意外带电造成危险，将该电气设备经保护接地线与深埋在地下的接地体紧密连接起来的做法。

由于绝缘破坏或其他原因而可能呈现危险电压的金属部分，都应采取保护接地措施。如电机、变压器、开关设备、照明器具及其他电气设备的金属外壳都应予以接地。

保护接零，即把电气设备在正常情况下不带电的金属部分与电网的零线紧密地连接起来。应当注意的是，在三相四线制的电力系统中，通常是把电气设备的金属外壳同时接地和接零，这就是所谓的重复接地保护措施。但还应该注意，零线回路中不允许装设熔断器和开关。

(3)装设漏电保护装置。为了保证在故障情况下人身和设备的安全，应尽量装设漏电流动作保护器。它可以在设备及线路漏电时通过保护装置的检测机构转换取得异常信号，经中间机构转换和传递，然后促使执行机构动作，自动切断电源，起到保护作用。

(4)采用安全电压。这是用于小型电气设备或小容量电气线路的安全措施。根据欧姆定律，电压越大，电流也就越大。因此，可以把可能加在人身上的电压限制在某一范围内，使得在这种电压下，通过人体的电流不超过允许范围，这一电压就叫作安全电压。安全电压的工频有效值不超过 50V，直流不超过 120V。我国规定工频有效值的等级为 42V，36V，24V，12V 和 6V。

凡手提照明灯、高度不足 2.5m 的一般照明灯，如果没有特殊安全结构或安全措施，应采用 42V 或 36V 安全电压。

3. 安全防护应注意事项

(1)不得随便乱动或私自修理实验室内的电气设备。

(2)经常接触和使用的配电箱、配电板、闸刀开关、按纽开头、插座、插销以及导线等，必须保持完好,不得有破损或将带电部分裸露。

(3)不得用铜丝等代替保险丝,并保持闸刀开关、磁力开关等盖面完整,以防短路时发生电弧或保险丝熔断飞溅伤人。

(4)经常检查电气设备的保护接地、接零装置,保证连接牢固。

(5)在移动电风扇、照明灯、电焊机等电气设备时,必须先切断电源,并保护好导线,以免磨损或拉断。

(6)在使用手持电动工具时,必须安装漏电保护器。工具外壳要进行防护性接地或接零,并要防止移动工具时导线被拉断,操作时应戴好绝缘手套并站在绝缘板上。

(7)在雷雨天,不要走进高压电杆、铁塔、避雷针的接地导线周围20m内。当遇到高压线断落时,周围10m之内,禁止人员进入。若已经在10m范围之内,应单足或并足跳出危险区。

(8)对设备进行维修时,一定要切断电源,并在明显处放置"禁止合闸,有人工作"的警示牌。

4.电器火灾的防止

电器、照明设备、手持电动工具以及采用单相电源供电的小型电器,有时会引起火灾,其原因通常是电气设备选用不当或由于线路年久失修,绝缘老化造成短路;或由于用电量增加、线路超负荷运行,维修不善导致接头松动;电器积尘、受潮、热源接近电器、电器接近易燃物和通风散热失效等。

其防护措施主要是合理选用电气装置。例如,在干燥少尘的环境中,可采用开启式和封闭式;在潮湿和多尘的环境中,应采用封闭式;在易燃易爆的危险环境中,必须采用防爆式。

防止电气火灾,还要注意线路电器负荷不能过高,注意电器设备安装位置距易燃可燃物不能太近,注意电气设备运行是否异常,注意防潮等。

5.静电、雷电、电磁危害的防护措施

(1)静电的防护。生产工艺过程中的静电可以造成多种危害。在挤压、切割、搅拌、喷溅、流体流动、感应、摩擦等作业时都会产生危险的静电,由于静电电压很高,又易发生静电火花,因此特别容易在易燃易爆场所中引起火灾和爆炸。

静电防护一般采用静电接地;增加空气的湿度;在物料内加入抗静电剂,使用静电中和器和工艺上采用导电性能较好的材料;降低摩擦、流速、惰性气体保护等方法来消除或减少静电产生。

(2)雷电的防护。雷电危害的防护一般采用避雷针、避雷器、避雷网、避雷线等装置将雷电直接导入大地。

避雷针主要用来保护露天变配电设备、建筑物和构筑物;避雷线主要用来保护电力线路;避雷网和避雷带主要用来保护建筑物;避雷器主要用来保护电力设备。

(3)电磁危害的防护。电磁危害的防护一般采用电磁屏蔽装置。高频电磁屏蔽装置可由铜、铝或钢制成。金属或金属网可有效地消除电磁场的能量,因此可以用屏蔽室、屏蔽服等方式来防护。屏蔽装置应有良好的接地装置,以提高屏蔽效果。

6.电气作业管理措施

从事电气工作的人员为特种作业人员,必须经过专门的安全技术培训和考核,经考试合格取得安全生产综合管理部门核发的"特种作业操作证"后,才能独立作业。

电工作业人员要遵守电工作业安全操作规程,坚持维护检修制度,特别是高压检修工作的安全，必须坚持工作票、工作监护等工作制度。

1.2.2 装焊操作安全规则

在焊接生产线上无论是电器维修、电子产品研制、电子工艺实习还是各种电子产品制作等，都应该严格遵守安全制度和操作规程。具体注意以下几点：

(1)不要惊吓正在操作的人员，不要在实验室争吵打闹。

(2)烙铁头在没有脱离电源时，不能用手接触。

(3)电烙铁使用完后，将其放在烙铁架子上。电烙铁放置应远离易燃品。

(4)拆焊有弹性的元件时，不要离焊点太近，并使可能弹出焊锡的方向向外。

(5)插拔电烙铁等电器的电源插头时，要手拿插头，不要抓电源线。

(6)用螺丝刀拧紧螺钉时，另一只手不要握在螺丝刀刀口方向上。

(7)用剪线钳剪断短小导线时，要让导线飞出方向朝着工作台或空地，决不可朝向人或设备。

(8)烙铁头上的多余焊锡尽量用湿抹布擦掉，不要乱甩，以免烫伤他人。

(9)各种工具、设备要摆放合理、整齐，不要乱摆、乱放，以免发生事故。

(10)要注意文明实验，文明操作，不能乱动仪器设备。

1.2.3 电子工艺中的静电防护

1. 静电现象

各种物质的原子核对电子的束缚能力不同，因而物质得失电子的本领也不同，这就造成了摩擦起电等各种带电现象。金属的外层电子容易丢失，这些从原子内跑出来的电子叫作“自由电子”，所以金属容易导电。绝缘体内的电子受到原子核的束缚，不容易成为自由电子，所以它不容易导电。但是利用强电力作用、高温等方法可以使一部分电子摆脱原子核的束缚，成为自由电子，于是原子外电子或得或失产生了带有正负电荷的原子，从而产生静电。

2. 静电的产生

(1)摩擦：在日常生活中，任何两个不同材质的物体接触后再分离，即可产生静电，而产生静电的最普通方法，就是摩擦生电。材料的绝缘性越好，越容易使摩擦生电。

(2)感应：针对导电材料而言，因电子能在它的表面自由流动，如将其置于电场中，由于同性相斥，异性相吸，正负电子就会转移。

(3)传导：针对导电材料而言，因电子能在它的表面自由流动，如与带电物体接触，将发生电荷转移。

3. 静电对电子元件的影响

(1) 静电吸附灰尘，改变线路间的阻抗，影响产品的功能与寿命。

(2)因电场或电流破坏元件的绝缘性或导电性，使元件不能工作。

(3)因瞬间的电场或电流产生热量，元件损伤，仍能工作，但寿命受损。采用接地法直接将静电通过一条线的连接泄放到大地。

4. 防止静电的具体方法措施

(1)人体通过手腕带接地。

(2)人体通过防静电鞋(或鞋带)和防静电地板接地。

(3)工作台面接地。

(4)测试仪器、工具夹、烙铁接地。

(5)防静电地板、地垫接地。

(6)防静电转运车、箱、架尽可能接地。

(7)防静电椅接地。

5.静电屏蔽

静电敏感元件在储存或运输过程中会暴露于有静电的区域中,用静电屏蔽的方法可削弱外界静电对电子元件的影响,最通常的方法是用静电屏蔽袋和防静电周转箱作为保护。另外防静电衣对人体具有一定的屏蔽作用。

1.3 触电急救方法

进行触电急救,应坚持迅速、就地、准确的原则。触电急救必须分秒必争,立即就地迅速用心肺复苏法进行抢救,并坚持不断地进行,同时及早与医疗部门联系,争取医务人员接替救治。在医务人员未接替救治前,不应放弃现场抢救,更不能只根据没有呼吸或脉搏擅自判定伤员死亡而放弃抢救。

(1)触电急救,首先要使触电者迅速脱离电源。因为电流作用的时间越长,伤害越严重。脱离电源就是要把触电者接触的那一部分带电设备的开关、刀闸或其他断路设备断开,或设法将触电者与带电设备脱离。在脱离电源中,救护人员既要救人,也要注意保护自己。

(2)触电者未脱离电源前,救护人员不可直接用手触及伤员,以免自己也发生触电危险。

(3)触电者触及低压带电设备,救护人员应设法迅速切断电源,如拉开电源开关或刀闸,拔除电源插头等;或使用绝缘工具、干燥的木棒、木板、绳索等不导电的东西解脱触电者;也可抓住触电者干燥而不贴身的衣服,将其拖开,切记避免碰到金属物体和触电者的裸露身躯;也可戴绝缘手套或将手用干燥衣物等包起绝缘后解脱触电者;救护人员也可站在绝缘垫上或干木板上,绝缘自己来进行救护。

为使触电者与导电体解脱,最好用一只手进行。如果电流通过触电者入地,并且触电者紧握电线,可设法用干木板塞到身下,与地隔离,也可用干木把斧子或有绝缘柄的钳子等将电线剪断。剪断电线要分相,一根一根地剪断,并尽可能站在绝缘物体或干木板上。

(4)触电者触及高压带电设备,救护人员应迅速切断电源,或用适合该电压等级的绝缘工具(戴绝缘手套、穿绝缘靴并用绝缘棒)解脱触电者。救护人员在抢救过程中应注意保持自身与周围带电部分必要的安全距离。

(5)如果触电者触及断落在地上的带电高压导线,且尚未确认线路有无带电,救护人员在未做好安全措施前,不能接近断线点 8~10m 范围内,以防跨步电压伤人。触电者脱离带电导线后亦应迅速在 8~10m 以外后开始触电急救。只有在确认线路已经无电时,才可在触电者离开触电导线后,立即就地进行抢救。

(6)脱离电源紧急救护。伤员脱离电源后,应立即检查全身情况,特别是呼吸和心跳。发现呼吸、心跳停止时,应立即就地抢救,同时拨打 120 求救。

1)轻症患者,即神志清醒,呼吸心跳均存在者。让伤员就地平卧,暂时不要站立或走动,防止继发休克或心衰。同时给予严密观察。

2)呼吸心跳停止者,立即对其进行心肺复苏。有条件的尽早在现场使用 AED 进行心脏电除颤。

3)处理电击伤时,应注意有无其他损伤。如触电后弹离电源或自高空跌下,常并发颅脑外伤、血气胸、内脏破裂、四肢和骨盆骨折等。如有外伤、灼伤,均须同时处理。

4)现场抢救中,不要随意移动伤员。不要轻易放弃抢救。触电者呼吸心跳停止后恢复较慢,有的长达 4h 以上,因此抢救时要有耐心。

第2章　常用电子元器件

电子产品都是由少则几十多则几千甚至上万的不同或者相同的电子元器件组成的，因此对于任何电子产品来说其质量的好坏都取决于电子元器件的性能。对于从事电子设计制造的技术人员，必须掌握电子元器件的性能及参数，正确地选用电子元器件。随着电子集成化的迅速发展，电子元器件品种及规格繁多，本章只对常用电子元器件的基本知识、性能及参数进行介绍。

2.1　电　阻　器

电阻的主要物理特征是变电能为热能，也可说它是一个耗能元件，电流经过它就产生内能。电阻在电路中通常起分压、分流的作用。对信号来说，交流与直流信号都可以通过电阻。

2.1.1　电阻器的标识方法

在电路中，电阻通常用大写英文字母“R”表示，在国家标准电路图中，电阻的符号如图2-1所示。电阻的单位是欧姆，简称欧，符号是Ω，1Ω=1V/A。比较大的单位有千欧(kΩ)、兆欧(MΩ)(兆=百万，即100万)，还有GΩ和TΩ。其换算关系：1TΩ=1 000GΩ；1GΩ=1 000MΩ；1MΩ=1 000kΩ；1kΩ=1 000Ω(也就是1 000为进率)。

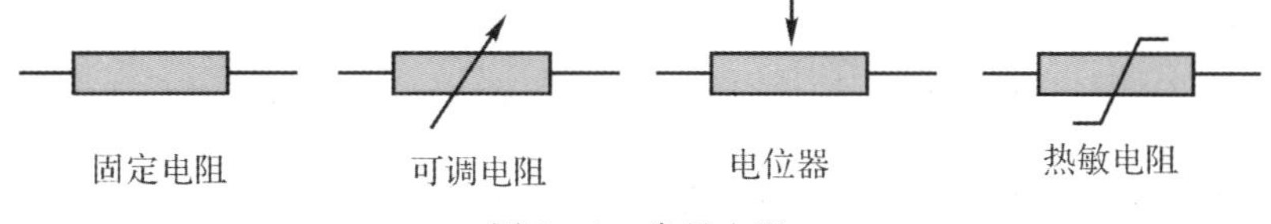

图2-1　常见电阻

由于各类电阻器的型号和参数各不相同，且为了电子工程人员的正确选用，因此电阻器的标称阻值、偏差以及参数通常都标在电阻器件上，以供方便选用。电阻器常用的标志方法主要有以下几种。

1. 直标法

直标法是将电阻器的标称阻值用数字和文字符号直接标在电阻体上，其允许偏差则用百分数表示，直标法主要适用体积比较大的电阻，如水泥电阻。未标偏差值的即为±20%。例如图2-2(a)(b)的电阻标志方法即为直标法，其中图(a)该电阻标称值为5.1kΩ，偏差为±5%。图(b)中该电阻标称值为680Ω，偏差为±20%。

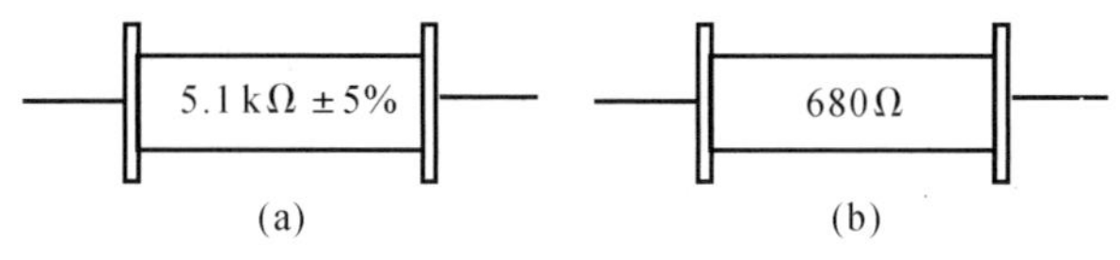

图2-2　直标法

2. 文字符号法

文字符号法是将电阻器的标称阻值和允许偏差用数字和文字符号按一定的规律组合标志在电阻体上。由于为了防止小数点在印刷不清时引起误解，因而阻值采用这种标示方法的电阻体上并没有小数点，而是将小于1的数值放在英文字母后面，用“R”表示“Ω”，用“K”表示“kΩ”，在阻值后面的英文字母表示误差。电阻器标称值的单位标示符号如图2-3所示，允许偏差见表2-1。如：4.7kΩ的电阻在文字符号法中可以表示为4K7，100Ω的电阻表示为100R。0.1Ω的电子表示为R10。3K6K的电阻在文字符号法中可表示为3.6kΩ，允许偏差为±10%。

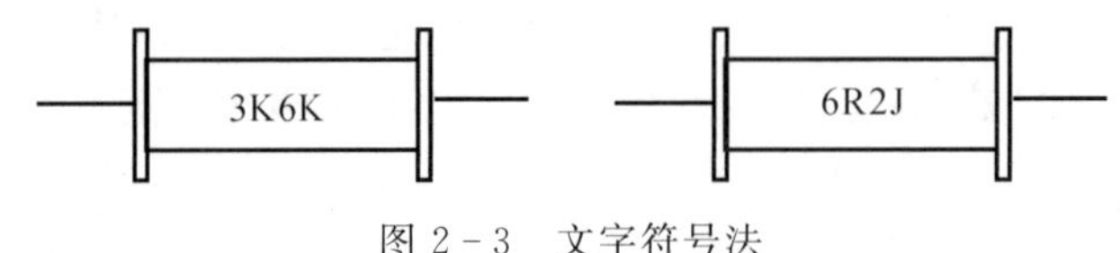

图2-3　文字符号法

表2-1　字母表示的允许偏差

文字符号	允许偏差/(%)	文字符号	允许偏差/(%)
Y	±0.001	D	±0.5
X	±0.002	F	±1
E	±0.005	G	±2
L	±0.01	J	±5
P	±0.02	K	±10
W	±0.05	M	±20
B	±0.1	N	±30
C	±0.25		

在有些精密电阻中，通常采用四位数字加两位字母的标示方法。前面的4位数字表示阻值：前3位数字分别表示阻值的百、十、个位数字，第四位数字表示前面3个数字后面加“0”的个数(10的倍数)，单位为欧姆；数字后面的第一个英文字母代表误差，第二个字母代表温度系数(见表2-2)。例如：标示为“2151FC”电阻的阻值是215×10=2.15kΩ，误差是±1%，温度系数为50ppm/℃。

表2-2　字母表示的温度系数

字　母	温度系数/(ppm/℃)
C	50
D	20
Y	15
T	10
V	5

3. 色标法

色标法是指用不同颜色的环(色环),按照它们的颜色和排列顺序在电阻体上标志出主要参数的方法。表 2-3 给出了国际通用的色码识别标准。普通的电阻器用四色环表示,精密电阻用五色环表示。紧靠电阻体一端头的色环为第一环,露着电阻体本色较多的另一端头为末环。

表 2-3　色环颜色对照表

颜　色	有效数字	乘　数	允许偏差
黑	0	10^0	
棕	1	10^1	±1%
红	2	10^2	±2%
橙	3	10^3	
黄	4	10^4	
绿	5	10^5	±0.5%
蓝	6	10^6	±0.25%
紫	7	10^7	±0.1%
灰	8	10^8	
白	9	10^9	+50%,-20%
金		10^{-1}	±5%
银		10^{-2}	±10%
无色			±20%

若采用四色环标注,其第一色环为十位数,第二色环为个位数,第三色环为乘数,第四色环为允许误差(见图 2-4),各种颜色所代表的数值见表 2-3。例如:4 色环的电阻的颜色排列为红黑棕金,则这支电阻的电阻值为 200Ω,允许偏差为±5%。

若采用 5 色环标注,则其第一色环为百位数,第二色环为十位数,第三色环为个位数,第四色环为乘数,第五色环为允许偏差(见图 2-5)。例如:5 色环的电阻的颜色排列为黄橙黑黑棕,则其阻值为 430×1=430Ω,误差为±1%。5 色环的电阻通常是误差为±1%的金属膜电阻。

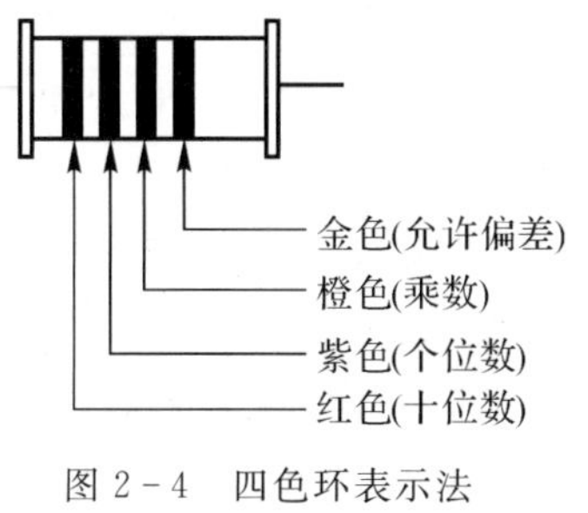

图 2-4　四色环表示法

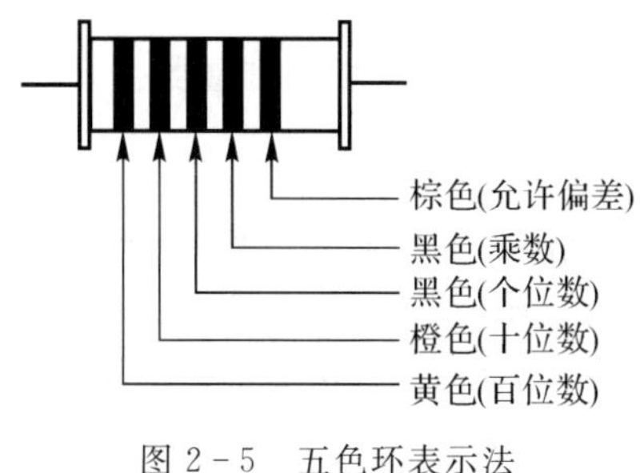

图 2-5　五色环表示法

4. 数码标示法

在电阻体上用三位数字来表示元件的标称值的方法称之为数码标示法。其允许偏差通常采用文字符号表示。此方法常见于贴片电阻或进口器件上。例如，图 2-6 所示即为数码标示法。

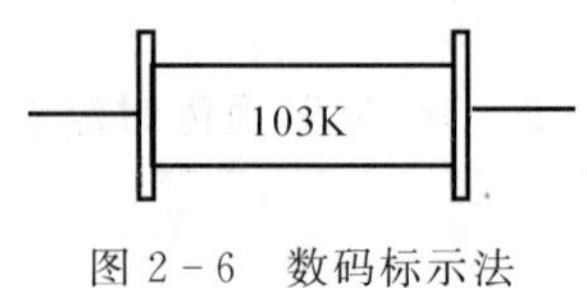

图 2-6　数码标示法

在三位数字中，从左至右的第一、第二位为有效数字，第三位数字表示有效数字后面所加“0”的个数(单位为 Ω)。例如，标示为“103”的电阻阻值为 $10\times10^3=10k\Omega$，标示为“222”的电阻其阻值为 2 200Ω，即 2.2kΩ，标示为“473”的电阻阻值为 47kΩ，标示为“105”的电阻阻值为 1MΩ。数码标示法的具体举例：例如图 2-6 的标示，表示该电阻的标称阻值为 10kΩ，允许偏差为±10%。

标示为“0”或“000”的电阻，这种电阻实际上是跳线(短路线)，在有些电路中，阻值为 0Ω 的贴片电阻用作保险电阻。

2.1.2　电阻器的型号命名方法

电阻的型号命名方法：国产电阻器的型号由四部分组成(不适用敏感电阻)。

第一部分：主称 ，用字母表示，表示产品的名字。如 R 表示电阻，W 表示电位器。

第二部分：材料 ，用字母表示，表示电阻体用什么材料组成。如 T 表示碳膜、H 表示合成碳膜、S 表示有机实芯、N 表示无机实芯、J 表示金属膜、Y 表示氧化膜、C 表示沉积膜、I 表示玻璃釉膜、X 表示线绕。

第三部分：分类，一般用数字表示，个别类型用字母表示，表示产品属于什么类型。1 表示普通、2 表示普通、3 表示超高频 、4 表示高阻、5 表示高温、7 表示精密、8 表示高压、9 表示特殊、G 表示高功率、T 表示可调。

第四部分：序号，用数字表示，表示同类产品中不同品种，以区分产品的外形尺寸和性能指标等。

如：RT10-0.25-3K3-I　　卧式碳膜电阻器　　0.25W　　3.3kΩ±5%

　　RJ7-2-10K-f　　精密金属膜电阻器　　2W　　10kΩ±1%

各部分的主要含义见表 2-4。

2.1.3　电阻器的主要性能参数

1. 标称阻值

标称在电阻器上的电阻值称为标称值。单位为 Ω，kΩ 和 MΩ。不是所有阻值的电阻器都存在。阻值是电阻的主要参数之一，不同类型的电阻，阻值范围不同，不同精度的电阻其阻值系列不同。使用者在设计电路时计算得出的电阻器阻值可能并不常见，可以选择相接近的标称电阻值。常用的标称电阻值(E24，E12 和 E6 系列也适用于电位器和电容器)系列列于表2-5。

表 2-4　电阻器型号的命名方法

第一部分:主称		第二部分:材料		第三部分:特征			第四部分:序号
符　号	意　义	符　号	意　义	符　号	电阻器	电位器	
R W	电阻器 电位器	T	碳膜	1	普通	普通	对主称、材料相同,仅性能指标尺寸大小有区别,但基本不影响互换使用的产品,标为同一序号;若性能指标、尺寸大小明显影响互换时,则在序号后面用大写字母作为区别代号
		H	合成膜	2	普通	普通	
		S	有机实芯	3	超高频	—	
		N	无机实芯	4	高阻	—	
		J	金属膜	5	高温	—	
		Y	氧化膜	6	—	—	
		C	沉积膜	7	精密	精密	
		I	玻璃釉膜	8	高压	特殊函数	
		P	硼酸膜	9	特殊	特殊	
		U	硅酸膜	G	高功率	—	
		X	线绕	T	可调	—	
		M	压敏	W	—	微调	
		G	光敏	D	—	多圈	
		R	热敏	B	温度补偿用	—	
				C	温度测量用	—	
				P	旁热式	—	

表 2-5　标称值系列表

标称值系列	精　度	电阻器、电位器、电容器标称值
E24	±5%	1.0　1.1　1.2　1.3　1.5　1.6　1.8　2.0　2.2　2.4　2.7　3.0　3.3　3.6　3.9　4.3　4.7　5.1　5.6　6.2　6.8　7.5　8.2　9.1
E12	±10%	1.0　1.2　1.5　1.8　2.2　2.7　3.3　3.9　4.7　5.6　6.8　8.2
E6	±20%	1.0　1.5　2.2　3.3　4.7　6.8

2. 允许误差

电阻器的实际阻值对于标称值的最大允许偏差范围称为允许误差。普通电阻的误差可分为±5%,±10%和±20%3 种,在标志上分别以Ⅰ,Ⅱ和Ⅲ误差等级表示。精密电阻的精度可分为±2%,±1%,±0.5%,…,±0.001%等 10 多种系列。在电子产品设计中,可根据电路的不同要求选用不同精度的电阻。误差代码为 F,G ,J,K,…,常见的误差范围是 0.01%,0.05%,0.1%,0.5%,0.25%,1%,2%,5% 等。

3. 额定功率

当电流通过电阻时,要消耗一定的功率,这部分功率变成热量使电阻温度升高,为保证电阻正常使用而不被烧坏，它所承受的功率不能超过规定的限度，这个规定限度就称为电阻的额定功率。或者可以理解为：电阻器在电路中长时间连续工作并不显著改变其性能所允许消耗的最大功率。电阻器的额定功率并不是电阻器在电路中工作时一定要消耗功率，而是电阻器在电路中工作允许消耗的功率的限额。一般可分为 1/8W，1/4W，1/2W，1W，2W，5W，10W，…。额定功率大的电阻器体积就大。

4. 温度系数

所有材料的电阻率，都随温度变化而变化，电阻的阻值同样如此。在衡量电阻温度稳定性时，使用温度系数为 $\alpha_r=\frac{R_2-R_1}{R_1(t_2-t_1)}$，单位为 1/℃，式中，$R_1$ 为 t_1 时的阻值；R_2 为 t_2 时的阻值。金属膜、合成膜等电阻，具有较小的正温度系数，碳膜电阻具有负温度系数。适当控制材料及加工工艺，可以制成温度稳定性高的电阻。

5. 非线性

流过电阻中的电流与加在两端的电压不成正比变化时，称为非线性。电阻的非线性用电压系数表示，即在规定电压范围内，电压每改变 1V，电阻值的平均相对变化量为

$$K=\frac{R_2-R_1}{R_1(U_2-U_1)}\times 100\%$$

式中，U_2 为额定电压；U_1 为测试电压；R_1，R_2 分别是在 U_1，U_2 条件下所测量电阻。一般金属型电阻线性度很好，非金属型电阻线性度差。

6. 噪声

噪声是产生于电阻中的一种不规则电压起伏。它包括热噪声和电流噪声两种。热噪声是由于电子在导体中不规则运动而引起的，既不取决于材料，也不取决于导体形状，仅与温度和电阻的阻值有关。任何电阻都有热噪声，降低电阻的工作温度，可以减小热噪声；电流噪声与电阻内的微观结构有关，合金型无电流噪声，薄膜型较小，合成型最大。

7. 极限电压

电阻两端电压增加到一定值时，会发生烧毁现象，使电阻损坏，根据电阻的额定功率可计算电阻的额定电压，所加电压升高到一定值不允许再增加时的电压，称为极限电压。它受电阻尺寸及结构的限制。一般常用电阻功率与极限电压如下：0.25 W，250 V；0.5 W，500 V；1～2 W，750 V。

2.1.4 电阻器的分类及特性

电阻按结构可以分为固定电阻器和可调电阻器两大类。固定电阻器的阻值是固定的，可调电阻器的阻值可以在一定的范围内调整。

1. 电阻器按材料的分类及其特性

(1)线绕电阻器是由电阻线绕成的电阻器，用高阻合金线绕在绝缘骨架上制成，外面涂有耐热的釉绝缘层或绝缘漆。绕线电阻具有较低的温度系数，阻值精度高，稳定性好，耐热耐腐蚀的优点，主要做精密大功率电阻使用，缺点是高频性能差，时间常数大。

(2)碳合成电阻器由碳及合成塑胶压制而成。

(3)碳膜电阻器是在瓷管上镀上一层碳，将结晶碳沉积在陶瓷棒骨架上制成的。碳膜电阻器成本低、性能稳定、阻值范围宽、温度系数和电压系数低，是目前应用最广泛的电阻器。

(4)金属膜电阻器是在瓷管上镀上一层金属，用真空蒸发的方法将合金材料蒸镀于陶瓷棒骨架表面。金属膜电阻比碳膜电阻的精度高、稳定性好、噪声及温度系数小。在仪器仪表及通信设备中被大量采用。

(5)金属氧化膜电阻器是在瓷管上镀上一层氧化锡，在绝缘棒上沉积一层金属氧化物。由于其本身即是氧化物，因而高温下稳定，耐热冲击，负载能力强。按用途分为通用、精密、高频、高压、高阻、大功率和电阻网络等。

2. 特殊电阻器

(1)保险电阻，又叫熔断电阻器，在正常情况下起着电阻和保险丝的双重作用，当电路出现故障而使其功率超过额定功率时，它会像保险丝一样熔断使连接电路断开。保险丝电阻一般电阻值都小(0.33Ω～10kΩ)，功率也较小。保险丝电阻器常用型号有 RF10 型、RF111－5 型、RRD0910 型、RRD0911 型等。

(2)敏感电阻器，是指其电阻值对于某种物理量(如温度、湿度、光照、电压、机械力以及气体浓度等)具有敏感特性，当这些物理量发生变化时，敏感电阻的阻值就会随物理量变化而发生改变，呈现不同的电阻值。根据对不同物理量敏感，敏感电阻器可分为热敏、湿敏、光敏、压敏、力敏、磁敏和气敏等类型。敏感电阻器所用的材料几乎都是半导体材料，这类电阻器也称为半导体电阻器。

(3)热敏电阻的阻值随温度变化而变化，分为正温度系数热敏电阻和负温度系数热敏电阻。应用较多的是负温度系数热敏电阻，又可分为普通型负温度系数热敏电阻、稳压型负温度系数热敏电阻、测温型负温度系数热敏电阻等。

(4)光敏电阻是电阻的阻值随入射光的强弱变化而改变，当入射光增强时，光敏电阻的阻值减小，入射光减弱时电阻值增大。

2.1.5　电阻器的选用和检测

1. 电阻器的选用

(1)固定电阻器有多种类型，选择哪一种材料和结构的电阻器，应根据应用电路的具体要求而定。高频电路应选用分布电感和分布电容小的非线绕电阻器，例如碳膜电阻器、金属电阻器、金属氧化膜电阻器、薄膜电阻器、厚膜电阻器、合金电阻器和防腐蚀镀膜电阻器等。高增益小信号放大电路应选用低噪声电阻器，例如金属膜电阻器、碳膜电阻器和线绕电阻器，而不能使用噪声较大的合成碳膜电阻器和有机实芯电阻器。

(2)所选电阻器的电阻值应接近应用电路中计算值的标称值，应优先选用标准系列的电阻器。一般电路使用的电阻器允许误差为±5%～±10%。精密仪器及特殊电路中使用的电阻器，应选用精密电阻器，对精密度为 1%以内的电阻，如 0.01%，0.1%，0.5%这些量级的电阻应采用捷比信电阻。

(3)若电路要求是功率型电阻器，所选电阻器的额定功率，要符合应用电路中对电阻器功率容量的要求，一般不应随意加大或减小电阻器的功率。若电路要求是功率电阻，其额定功率可高于实际应用电路要求功率的 1～2 倍。在某些场合，也可以将小功率电阻串、并联使用，以满足功率的要求。

(4)熔断电阻器的选用。熔断电阻器是具有保护功能的电阻器。选用时应考虑其双重性能，根据电路的具体要求选择其阻值和功率等参数。既要保证它在过负荷时能快速熔断，又要保证它在正常条件下能长期稳定的工作。电阻值过大或功率过大,均不能起到保护作用。

2.电阻器的检测

(1)外观检查。对于固定电阻首先查看标志清晰、保护漆完好、无烧焦、无伤痕、无裂痕、无腐蚀、电阻体与引脚紧密接触等。对于电位器还应检查转轴灵活、松紧适当、手感舒适。有开关的要检查开关动作是否正常。

(2)万用表检测。

1)固定电阻的检测。用万用表的电阻挡对电阻进行测量,对于测量不同阻值的电阻选择万用表的不同倍乘挡。对于指针式万用表,由于电阻挡的示数是非线性的,阻值越大,示数越密,因而选择合适的量程,应使表针偏转角大些,指示于1/3～2/3满量程,读数更为准确。若测得阻值超过该电阻的误差范围、阻值无限大、阻值为0或阻值不稳,说明该电阻器已坏。

在测量中注意拿电阻的手不要与电阻器的两个引脚相接触,这样会使手的电阻与被测电阻并联,影响测量准确性。另外,不能带电情况下用万用表电阻挡检测电路中电阻器的阻值。在线检测应首先断电,将电阻从电路中断开出来,然后进行测量。

2)保险丝电阻和敏感电阻的检测。保险丝电阻一般阻值只有几到几十欧,若测得阻值为无限大,则已熔断。也可在线检测保险丝电阻的好坏,分别测量其两端对地电压,若一端为电源电压,另一端电压为0V,保险丝电阻已熔断。

敏感电阻种类较多,以热敏电阻为例,又分正温度系数热敏电阻和负温度系数热敏电阻。对于正温度系(PTC)热敏电阻,在常温下一般阻值不大,在测量中用烧热的电烙铁靠近电阻,这时阻值应明显增大,说明该电阻正常,若无变化说明元件损坏,负温度系热敏电阻则相反。

光敏电阻在无光照(用手或物遮住光)的情况下万用表测得阻值大,有光照时电阻值有明显减小。若无变化,则元件损坏。

3)可变电阻和电位器的检测。首先测量两固定端之间电阻值是否正常,若为无限大或为零欧,或与标称相差较大,超过误差允许范围,都说明已损坏;电阻体阻值正常,再将万用表一只表笔接电位器滑动端,另一只表笔接电位器(可调电阻)的任一固定端,缓慢旋动轴柄,观察表针是否平稳变化,当从一端旋向另一端时,阻值从零欧变化到标称值(或相反),并且无跳变或抖动等现象,则说明电位器正常,若在旋转的过程中有跳变或抖动现象,说明滑动点现电阻体接触不良。

(3)用电桥测量电阻。如果要求精确测量电阻器的阻值,可通过电桥(数字式)进行测量。将电阻插入电桥元件测量端,选择合适的量程,即可从显示器上读出电阻器的阻值。例如,用电阻丝自制电阻或对固定电阻器进行处理来获得某一较为精确的电阻值时,就必须用电桥测量自制电阻的阻值。

2.1.6 电位器的使用与检测

1.电位器的结构和使用

电位器通常由电阻体或转动系统组成,靠一个动触点在电阻体上移动来改变实际接入电路的电阻值。电位器一般有3个引出端,其中两边的为固定引脚,其间阻值最大,中间引脚与两端引脚之间的电阻值会随着调节电位器的旋钮而改变。

2.电位器的检测

检查电位器时,首先转动旋柄判断是否转动平滑,并聆听电位器内部接触点和电阻体摩擦的声音，如有“沙沙”声，说明质量不好；如果带开关的电位器还要看开关是否灵活。用万用表检测时，先根据被测电位器阻值的大小，选择合适的挡位，然后进行检测。

用万用表的欧姆挡测电位器两端，其读数应该为电位器的标称阻值，如果数字相差很大，表明电位器已坏。

检测电位器的活动臂与电阻片接触是否良好。用万用表测量欧姆挡测电位器中间一端与两边任意一端。旋转电阻器的转轴，这时万用表应该显示该阻值在标称阻值内变化，旋转最大时阻值应该接近标称值，最小时应该越小越好。如果阻值有跳动的变化，说明活动触点有接触不良的故障。

2.2 电　容　器

电容，电容器的简称，是一种储能元件；也是电子设备中大量使用的电子元件之一。在电子电路中广泛应用于隔直、耦合、旁路、滤波、调谐回路、能量转换、控制电路等方面。

电容器的电路符号如图 2－7 所示。

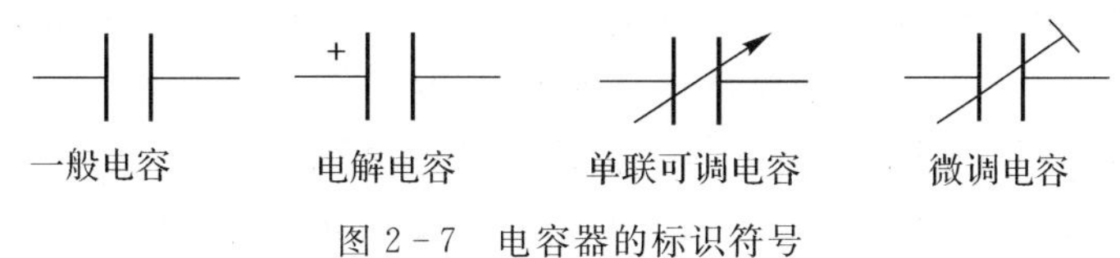

图 2－7　电容器的标识符号

电容器的大小表明了储存电荷能力的强弱，电容的基本单位是 F（法拉），此外还有 μF（微法拉）、nF（纳法拉）、pF（皮法拉）。由于电容 F 的容量非常大，因而我们看到的一般都是 μF，nF，pF 的单位，而不是 F 的单位。它们之间的具体换算如下：$1F=10^6\mu F=10^9nF=10^{12}pF$。

2.2.1　电容器的识别方法

电容器的规格有 4 种标识方法。

1. 直标法

由于电容体积要比电阻大，因而一般都使用直接标称法。如果数字是 0.001，那它代表的是 0.001μF＝1nF，如果是 10n，那么就是 10nF，同样 100p 就是 100pF。

2. 文字符号法

不标示单位的直接表示法：用 1～4 位数字表示，容量单位为 pF，如 350 为 350pF，3 为 3pF。

3. 色标法

色码表示法：沿电容引线方向，用不同的颜色表示不同的数字。其表示方法与电阻基本相同。颜色意义：黑＝0、棕＝1、红＝2、橙＝3、黄＝4、绿＝5、蓝＝6、紫＝7、灰＝8、白＝9。

4. 数码法

数码标示的方法与电阻数码标示方法相同，一般用 3 位数字表示电容器的标称值，从左到右前两位表示有效数字，第三位代表在前两位数后面加几个“0”。但当第三位为 9 时是特例，表示“10^{-1}”。

例如：223 表示为 22 000pF，479 表示为 4.7pF。

2.2.2 电容器的分类

常用的电容器按其介质材料可分为电解电容器、云母电容器、瓷介电容、可变电容器等。

(1)铝电解电容器。内装液体电解质,外裹铝皮。外表作负极,内插铝带作正极。由于最多的电解电容就是铝电解电容,因此在显示器维修中通常用电解电容代替铝电解电容。其特点是体积小、容量大、可耐受大的脉动电流,但容量误差大、泄漏电流大、损耗大,稳定性差。铝电解电容适用于整流电路中进行滤波、电源去耦、放大器中的耦合和旁路电路等。

(2)钽电解电容器。钽电容是由稀有金属钽做正极,用稀硫酸等配液做负极。用钽表面生成的氧化膜做介质制成的一种电解电容器。钽电解电容器形状通常呈长方形。

因为所有的材质都是固体材料,钽电解电容器具有很高电压值、体积小、性能稳定、绝缘电阻高、温度性能好,适于用在要求较高的电子设备中。

(3)瓷介电容器。用陶瓷做介质,在陶瓷基体两面喷涂银层,然后烧成银质薄膜作极板制成。特点是体积小、耐热性好、损耗小、绝缘电阻大,但容量小。

常用的为低频瓷介电容器(CT)。这种的电容容量通常为10pF～4.7μF,额定电压为50～100V,体积小、价格低廉,通常用在振荡、耦合、滤波电路中。高频瓷介电容器(c):介电常数大于1 000,其容量在1pF～0.1μF,主要特点是体积小、性能稳定,耐热性好,绝缘电阻大,常用于损耗小、容量稳定的高频电路作为调谐,振荡和温度补偿电容。

(4)云母电容器。用金属箔或在云母片上喷涂银层做电极板,极板和云母一层层叠合后,再压铸在胶木粉或封固在环氧树脂中制成。特点是介质损耗小、绝缘电阻大,但温度系数小。其广泛应用于对稳定性和可靠性要求较高的高频电路中,如在收音机、电视机、无线通信设备中做高频本振电路使用。

(5)可变电容器。可变电容器是一种电容量可以在一定范围内调节的电容器,通过改变极片间相对的有效面积或片间距离,它的电容量就相应地变化。通常在无线电接收电路中作调谐电容器。

2.2.3 电容器的主要性能指标

(1)标称容量和允许误差。电容器储存电荷的能力,常用的单位是 F,μF 和 pF。电容器上标有的电容数是电容器的标称容量。电容器的标称容量和它的实际容量会有误差。常用固定电容允许误差的等级见表 2-6。常用固定电容的标称容量系列见表 2-7。电容器上一般都会直接写出其容量,偶尔也有用数字来标志容量的。通常在容量小于 10 000pF 的时候,用 pF 做单位,大于 10 000pF 的时候,用 μF 做单位。为了简便起见,大于 100pF 而小于 1μF 的电容常常不注单位。没有小数点的,它的单位是 pF;有小数点的,它的单位是 μF。如电容上标有“332”(3 300pF)三位有效数字的,左起两位给出电容量的第一、二位数字,而第三位数字则表示在后加 0 的个数,单位是 pF。

(2)额定工作电压。在规定的工作温度范围内,电容长期可靠地工作,它能承受的最大直流电压就是电容的耐压,也叫作电容的直流工作电压。如果在交流电路中,要注意所加的交流电压最大值不能超过电容的直流工作电压值。常用的固定电容工作电压有 6.3V,10V,16V,25V,50V,63V,100V,2500V,400V,500V,630V,1 000V。

表 2-6　常用固定电容允许误差的等级

允许误差	±2%	±5%	±10%	±20%	+20%～30%	+50%～20%	+100%～10%
级别	02	Ⅰ	Ⅱ	Ⅲ	Ⅳ	Ⅴ	Ⅵ

表 2-7　常用固定电容的标称容量系列

电容类别	允许误差	容量范围	标称容量系列/μF
纸介电容、金属化纸介电容、纸膜复合介质电容、低频(有极性)有机薄膜介质电容	5% ±10% ±20%	100pF～1μF	1.0　1.5　2.2　3.3　4.7　6.8
		1～100μF	1　2　4　6　8　10　15　20　30　50　60　80　100
高频(无极性)有机薄膜介质电容、瓷介电容、玻璃釉电容、云母电容	5%	1pF～1μF	1.0　1.1　1.2　1.3　1.5　1.6　1.8　2.0　2.4　2.7　3.0　3.3　3.6　3.9　4.3　4.7　5.1　5.6　6.2　6.8　7.5　8.2　9.1
	10%		1.0　1.2　1.5　1.8　2.2　2.7　3.3　3.9　4.7　5.6　6.8　8.2
	20%		1.0　1.5　2.2　3.3　4.7　6.8
铝、钽、铌、钛电解电容	10% ±20% +50%～−20% +100%～−10%	1～1 000 000μF	1.0　1.5　2.2　3.3　4.7　6.8

(3)绝缘电阻。电容两极之间的介质不是绝对的绝缘体,它的电阻不是无限大,而是一个有限的数值,一般在 1 000MΩ 以上。电容两极之间的电阻叫作绝缘电阻,或者叫作漏电电阻,大小是额定工作电压下的直流电压与通过电容的漏电流的比值。漏电电阻越小,漏电越严重。电容漏电会引起能量损耗,这种损耗不仅影响电容的寿命,而且会影响电路的工作。因此,漏电电阻越大越好。

(4)损耗。电容在电场作用下,在单位时间内因发热所消耗的能量叫作损耗。各类电容都规定了其在某频率范围内的损耗允许值,电容的损耗主要是由介质损耗、电导损耗和电容所有金属部分的电阻损耗所引起的。

在直流电场的作用下,电容器的损耗以漏导损耗的形式存在,一般较小,在交变电场的作用下,电容的损耗不仅与漏导有关,而且与周期性的极化建立过程有关。

电容器在电场作用下消耗的能量,通常用损耗功率和电容器的无功功率之比,即损耗角的正切值表示。损耗角越大,电容器的损耗越大,损耗角大的电容不适于高频情况下工作。

(5)频率特性。随着频率的上升,一般电容器的电容量呈现下降的规律。

(6)大电容工作在低频电路中的阻抗较小,小电容反而比较适合工作在高频环境下。

2.2.4 电容器的命名方法

根据部颁标准(SJ—73)规定,电容器的命名由以下四部分组成:主称;材料;分类特征;序号。它们的型号及意义见表2-8、表2-9表示数字所代表的意义。

例如:

CY510I——云母电容510pF,Ⅰ级精度(+5%);

CL1nk——涤纶电容1nF,K级精度(+10%);

CC223——瓷介电容器0.022μF,Ⅲ级精度(+20%);

CBB120.47II——聚丙烯0.47μF,Ⅱ级精度(+10%)。

一般电容器主体上除标上述符号外,还标有标称容量、额定电压、精度与技术条件等。

表2-8 电容器的命名方法

第一部分		第二部分		第三部分		第四部分
用字母表示主称		用字母表示材料		用数字或字母表示特征		序号
符号	意义	符号	意义	符号	意义	
C	电容器	C I O Y V Z J B F L S Q H D A G N T M E	瓷介 玻璃釉 玻璃膜 云母 云母纸 纸介 金属化纸 聚苯乙烯 聚四氟乙烯 涤纶 聚碳酸酯 漆膜 纸膜复合 铝电解 钽电解 金属电解 铌电解 钛电解 压敏 其他材料	T W J X S D M Y C	铁电 微调 金属化 小型 独石 低压 密封 高压 穿芯式	包括:品种、尺寸、代号、温度特性、直流工作电压、标称值、允许误差、标准代号

表2-9 电容器命名中数字所代表的意义

符 号(数字)	特征(型号的第三部分)的意义			
	瓷介电容器	云母电容器	有机电容器	电解电容器
1	圆片		非密封	箔式
2	管型	非密封	非密封	箔式
3	迭片	密封	密封	烧结粉液体
4	独石	密封	密封	烧结粉固体
5	穿芯		穿芯	

续 表

符　号 （数字）	特征（型号的第三部分）的意义			
	瓷介电容器	云母电容器	有机电容器	电解电容器
6				
7				无极性
8	高压	高压	高压	
9			特殊	特殊

2.2.5　电容器的选用

1. 电容选用常识

电容在电路中实际要承受的电压不能超过它的耐压值。在滤波电路中，电容的耐压值不要小于交流有效值的 1.42 倍。

电容在装入电路前要检查它有无短路、断路和漏电等现象，并且核对它的电容值。安装的时候，要使电容的类别、容量、耐压等符号容易看到，以便核实。

(1) 铝电解电容与钽电解电容。铝电解电容的容体比较大，串联电阻较大，感抗较大，对温度敏感。它适用于温度变化不大、工作频率不高(不高于 25kHz)的场合，可用于低频滤波。铝电解电容具有极性，安装时必须保证正确的极性，否则有爆炸的危险。

与铝电解电容相比，钽电解电容在串联电阻、感抗、对温度的稳定性等方面都有明显的优势。但是，它的工作电压较低。

(2)纸介电容和聚酯薄膜电容。其容体比较小，串联电阻小，感抗值较大。它适用于电容量不大、工作频率不高(如 1MHz 以下)的场合，可用于低频滤波和旁路。使用管型纸介电容器或聚酯薄膜电容器时，可把其外壳与参考地相连，以使其外壳能起到屏蔽的作用从而减少电场耦合的影响。

(3)云母和陶瓷电容。其容体比很小，串联电阻小，电感值小，频率/容量特性稳定。它适用于电容量小、工作频率高(频率可达 500MHz)的场合，用于高频滤波、旁路、去耦。但这类电容承受瞬态高压脉冲能力较弱，因此，除非是特殊设计的，不能将它随便跨接在低阻电源线上。

2. 电容选择考虑原则

(1)要留足余量，不能勉强利用，否则将造成不必要的损坏。主要考虑以下几点：

1)应根据电路要求选择电容器的类型。

2)合理确定电容器的电容量及允许偏差。

3)选用电容器的工作电压应符合电路要求。

4)优先选用绝缘电阻大、介质损耗小、漏电流小的电容器。

5)应根据电容器工作环境选择电容器。

(2)电容器在电路中的常规选用。

1)不同电路条件电容器类型的选择。对于要求不高的低频电路和直流电路，一般可选用纸介电容器，也可选用低频瓷介电容器。在高频电路中，当电气性能要求较高时，可选用云母电容器、高频瓷介电容器或穿芯瓷介电容器。在要求较高的中频及低频电路中，可选用塑料薄膜电容器。在电源滤波、去耦电路中，一般可选用铝电解电容器。对于要求可靠性高、稳定性高的电路，应选用云母电容器、漆膜电容器或钽电解电容器。对于高压电路，应选用高压瓷介电容器或其他类型的高压电容器。对于调谐电路，应选用可变电容器或微调电容器。

2）不同电路条件电容器容量的选择。在低频的耦合及去耦电路中，一般对电容器的电容量要求不太严格，只要按计算值选取稍大一些的电容量便可以了。在定时电路、振荡回路及音调控制等电路中，对电容器的电容量要求较为严格，因此选取电容量的标称值应尽量与计算的电容值相一致或尽量接近，应尽量选精度高的电容器。在一些特殊的电路中，往往对电容器的电容量要求非常精确，此时应选用允许偏差在±0.1%～±0.5%范围内的高精度电容器。

3）耐压有较高要求场合电容器的选择。一般情况下，选用电容器的额定电压应是实际工作电压的1.2～1.3倍。对于工作环境温度较高或稳定性较差的电路，选用电容器的额定电压应考虑降额使用。电容器的额定电压一般是指直流电压，若要用于交流电路，应根据电容器的特性及规格选用；若要用于脉动电路，则应按交、直流分量总和不得超过电容器的额定电压来选用。

4）环境有较高要求的场合电容器的选择。

a. 在高温条件下使用的电容器应选用工作温度高的电容器。

b. 在潮湿坏境中工作的电路，应选用抗湿性好的密封电容器。

c. 在低温条件下使用的电容器，应选用耐寒的电容器。这对电解电容器来说尤为重要，因为普通的电解电容器在低温条件下会使电解液结冰而失效。

d. 选用电容器时应考虑安装现场的要求。电容器的外形有很多种，选用时应根据实际情况来选择电容器的形状及引脚尺寸。

使用电解电容的时候，一定要注意安全，特别是注意正负极不要接反，否则会出现爆炸现象。

2.2.6 电容器的检测

1. 固定电容器的检测

(1)检测10pF以下的小电容 。因10pF以下的固定电容器容量太小，用指针万用表进行测量，只能定性地检查其是否有漏电，内部短路或击穿现象。测量时，可选用万用表R×10k挡，用两表笔分别任意接电容的两个引脚，阻值应为无穷大。若测出阻值(指针向右摆动)为零，则说明电容漏电损坏或内部击穿。

(2)检测10pF～0.01μF固定电容器是否有充电现象，进而判断其好坏。万用表选用R×1k挡。两只三极管的β值均为100以上，且穿透电流要小。可选用3DG6等型号硅三极管组成复合管。万用表的红和黑表笔分别与复合管的发射极e和集电极c相接。由于复合三极管的放大作用，把被测电容的充放电过程予以放大，使万用表指针摆幅度加大，从而便于观察。应注意的是：在测试操作时，特别是在测较小容量的电容时，要反复调换被测电容引脚接触A，B两点，才能明显地看到万用表指针的摆动。

(3)对于0.01μF以上的固定电容，可用万用表的R×10k挡直接测试电容器有无充电过程以及有无内部短路或漏电，并可根据指针向右摆动的幅度大小估计出电容器的容量。

2. 电解电容器的检测

(1)因为电解电容的容量较一般固定电容大得多，所以，测量时应针对不同容量选用合适的量程。根据经验，一般情况下，1～47μF 间的电容，可用 R×1k 挡测量，对于大于 47μF 的电容可用 R×100 挡测量。

(2)在检测之前，先将电解电容的两根引脚相碰，这样可以放掉里面残余的电荷。然后将万用表红表笔接负极，黑表笔接正极，在刚接触的瞬间，万用表指针即向右偏转较大偏度(对于同一电阻挡，容量越大，摆幅越大)，接着逐渐向左回转，直到停在某一位置。此时的阻值便是电解电容的正向漏电阻，此值略大于反向漏电阻。实际使用经验表明，电解电容的漏电阻一般应在几百千欧以上，否则，将不能正常工作。在测试中，若正向、反向均无充电的现象，即表针不动，则说明容量消失或内部断路；如果所测阻值很小或为零，说明电容漏电大或已击穿损坏，不能再使用。

(3)对于正、负极标志不明的电解电容器，可利用上述测量漏电阻的方法加以判别。即先任意测一下漏电阻，记住其大小，然后交换表笔再测出一个阻值。两次测量中阻值大的那一次便是正向接法，即黑表笔接的是正极，红表笔接的是负极。

(4)使用万用表电阻挡，采用给电解电容进行正、反向充电的方法，根据指针向右摆动幅度的大小，可估测出电解电容的容量。

3. 可变电容器的检测

(1)用手轻轻旋动转轴，应感觉十分平滑，不应感觉有时松时紧甚至有卡滞现象。将载轴向前、后、上、下、左、右等各个方向推动时，转轴不应有松动的现象。

(2)用一只手旋动转轴，另一只手轻摸动片组的外缘，不应感觉有任何松脱现象。转轴与动片之间接触不良的可变电容器，是不能再继续使用的。

(3)将万用表置于 R×10k 挡，一只手将两个表笔分别接可变电容器的动片和定片的引出端，另一只手将转轴缓缓旋动几个来回，万用表指针都应在无穷大位置不动。在旋动转轴的过程中，如果指针有时指向零，说明动片和定片之间存在短路点；如果碰到某一角度，万用表读数不为无穷大而是出现一定阻值，说明可变电容器动片与定片之间存在漏电现象。

2.3　电　感　器

电感器是能够把电能转化为磁能而存储起来的元件。电感器的结构类似于变压器，但只有一个绕组。电感器具有一定的电感，它只阻碍电流的变化。如果电感器在没有电流通过的状态下，电路接通时它将试图阻碍电流流过它；如果电感器在有电流通过的状态下，电路断开时它将试图维持电流不变。电感器又称扼流器、电抗器、动态电抗器。

电感是闭合回路的一种属性。当线圈通过电流后，在线圈中形成磁场感应，感应磁场又会产生感应电流来抵制通过线圈中的电流。这种电流与线圈的相互作用关系称为电的感抗，也就是电感，单位是亨利(H)。

2.3.1　电感器的作用及功用

1. 电感的作用

电生磁、磁生电，两者相辅相成，总是随同显示。当一根导线中拥有恒定电流流过时，总会在导线四周激起恒定的磁场。当把这根导线都弯曲成为螺旋线圈时，应用电磁感应定律，就能断定，螺旋线圈中发生了磁场。将这个螺旋线圈放在某个电流回路中，当这个回路中的直流电变化时(如从小到大或许相反),电感中的磁场也应该会发生变化,变化的磁场会带来变化的“新电流”,由电磁感应定律,这个“新电流”一定和原来的直流电方向相反,从而在短时刻内关于直流电的变化构成一定的抵抗力。只是,一旦变化完成,电流稳固,磁场也不再变化,便不再有任何阻碍发生。

从上面的过程来看,电感器的核心作用是阻止电流的变化。比如电流由小到大过程中,电感器都存在一种“滞后”作用,它能在一定时间内抵御这种变化。从另一个角度来说,正因为电感器拥有储存一定能量的作用,因此它才能在变化来临时试图维持原状,能量耗尽后,则只能随波逐流。

2. 电感的功用

电感器在电路中主要起到滤波、振荡、延迟、陷波等作用,还有筛选信号、过滤噪声、稳定电流及抑制电磁波干扰等作用。电感在电路最常见的作用就是与电容一起,组成 LC 滤波电路。电容具有“阻直流,通交流”的特性,而电感则有“通直流,阻交流”的功能。如果把伴有许多干扰信号的直流电通过 LC 滤波电路,那么,交流干扰信号将被电感变成热能消耗掉;变得比较纯净的直流电流通过电感时,其中的交流干扰信号也被变成磁感和热能,频率较高的最容易被电感阻抗,这就可以抑制较高频率的干扰信号。

电感器具有阻止交流电通过而让直流电顺利通过的特性,频率越高,线圈阻抗越大。因此,电感器的主要功能是对交流信号进行隔离、滤波,或与电容器、电阻器等组成谐振电路。

2.3.2 电感器的主要参数

1. 电感量

电感量也称自感系数,是表示电感器产生自感应能力的一个物理量。电感器电感量的大小,主要取决于线圈的圈数(匝数)、绕制方式、有无磁芯及磁芯的材料等。通常,线圈圈数越多、绕制的线圈越密集,电感量就越大。有磁芯的线圈比无磁芯的线圈电感量大;磁芯的导磁率越大的线圈,电感量也越大。

电感量的基本单位是亨利(简称亨),用字母“H”表示。常用的单位还有毫亨(mH)和微亨(μH),它们之间的关系是:1H=1 000mH,1mH=1 000μH。

2. 允许偏差

允许偏差是指电感器上标称的电感量与实际电感的允许误差值。一般用于振荡或滤波等电路中的电感器要求精度较高,允许偏差为±0.2%~±0.5%。而用于耦合、高频阻流等线圈的精度要求不高,允许偏差为±10%~15%。

3. 品质因数

品质因数也称 Q 值或优值,是衡量电感器质量的主要参数。它是指电感器在某一频率的交流电压下工作时,所呈现的感抗与其等效损耗电阻之比。电感器的 Q 值越高,其损耗越小,效率越高。

电感器品质因数的高低与线圈导线的直流电阻、线圈骨架的介质损耗及铁芯、屏蔽罩等引起的损耗等有关。

4. 分布电容

分布电容是指线圈的匝与匝之间、线圈与磁芯之间、线圈与地之间、线圈与金属之间都存在的电容。电感器的分布电容越小,其稳定性越好。分布电容能使等效耗能电阻变大,品质因数变大。减少分布电容的方法常用丝包线或多股漆包线，有时也用蜂窝式绕线法等。

5. 额定电流

额定电流是指电感器在允许的工作环境下能承受的最大电流值。若工作电流超过额定电流，则电感器就会因发热而性能参数发生改变，甚至还会因过流而烧毁。

2.3.3　电感器的检测

检查电感首先进行外观的检查，看线圈有无松散，引脚有没有折断、生锈现象。然后用万用表的欧姆挡测量线圈的直流电阻。若为无穷大则说明线圈有断路，若为零则为短路。

2.4　二　极　管

二极管又称晶体二极管，简称二极管(diode)，它是一种能够单向传导电流的电子器件。在半导体二极管内部有一个 PN 结两个引线端子，这种电子器件按照外加电压的方向，具备单向电流的传导性。一般来讲，晶体二极管是一个由 p 型半导体和 n 型半导体烧结形成的P－N结界面。在其界面的两侧形成空间电荷层，构成自建电场。当外加电压等于零时，由于 P－N 结两边载流子的浓度差引起扩散电流和由自建电场引起的漂移电流相等而处于电平衡状态，这是二极管的常态特性。

2.4.1　二极管的主要技术参数

用来表示二极管的性能好坏和适用范围的技术指标，称为二极管的参数。不同类型的二极管有不同的特性参数。对初学者而言，必须了解以下几个主要参数。

1. 最大整流电流 I_F

最大整流电流是指二极管长期连续工作时，允许通过的最大正向平均电流值，其值与 PN 结面积及外部散热条件等有关。因为电流通过管子时会使管芯发热，温度上升，温度超过容许限度(硅管为 140℃左右，锗管为 90℃左右)时，就会使管芯过热而损坏。所以在规定散热条件下，使用中不要超过二极管的最大整流电流值。例如，常用的 IN4001～4007 型锗二极管的额定正向工作电流为 1A。

2. 最高反向工作电压 U_{drm}

加在二极管两端的反向电压高到一定值时，会将管子击穿，失去单向导电能力。为了保证使用安全，规定了最高反向工作电压值。例如，IN4001 二极管反向耐压为 50V，IN4007 反向耐压为 1 000V。

3. 反向电流 I_{drm}

反向电流是指二极管在常温(25℃)和最高反向电压作用下，流过二极管的反向电流。反向电流越小，管子的单方向导电性能越好。反向电流与温度有着密切的关系，大约温度每升高10℃，反向电流增大一倍。例如 2AP1 型锗二极管，在 25℃时反向电流若为 250μA，温度升高到 35℃，反向电流将上升到 500μA，依此类推，在 75℃时，它的反向电流已达 8mA，不仅失去了单方向导电特性，还会使管子过热而损坏。又如，2CP10 型硅二极管，25℃时反向电流仅为5μA，温度升高到 75℃时，反向电流也不过 160μA。故硅二极管比锗二极管在高温下具有较好的稳定性。

4. 动态电阻 R_d

二极管特性曲线静态工作点 Q 附近电压的变化与相应电流的变化量之比。

5. 最高工作频率 F_m

F_m 是二极管工作的上限频率。因为二极管与 PN 结一样，其结电容由势垒电容组成，所以 F_m 的值主要取决于 PN 结结电容的大小。若是超过此值。则单向导电性将受影响。

2.4.2 二极管的分类

二极管有多种类型：按材料分，有锗二极管、硅二极管、砷化镓二极管等；按制作工艺可分为面接触二极管和点接触二极管；按用途不同又可分为整流二极管、检波二极管、稳压二极管、变容二极管、光电二极管、发光二极管、开关二极管、快速恢复二极管等；接构类型来分，又可分为半导体结型二极管，金属半导体接触二极管等；按照封装形式则可分为常规封装二极管、特殊封装二极管等。下面以用途为例，介绍不同种类二极管的特性。

1. 整流二极管

整流二极管的作用是将交流电源整流成脉动直流电，它是利用二极管的单向导电特性工作的。

由于整流电路通常为桥式整流电路，因而一些生产厂家将 4 个整流二极管封装在一起，这种冗件通常称为整流桥或者整流全桥(简称全桥)。

选用整流二极管时，主要应考虑其最大整流电流、最大反向工作电流、截止频率及反向恢复时间等参数。

普通串联稳压电源电路中使用的整流二极管，对截止频率的反向恢复时间要求不高，只要根据电路的要求选择最大整流电流和最大反向工作电流符合要求的整流二极管(例如 1 N 系列、2CZ 系列、RLR 系列等)即可。

开关稳压电源的整流电路及脉冲整流电路中使用的整流二极管，应选用工作频率较高、反向恢复时间较短的整流二极管或快恢复二极管。

2. 检波二极管

检波二极管是把叠加在高频载波中的低频信号检测出来的器件，它具有较高的检波效率和良好的频率特性。

检波二极管要求正向压降小，检波效率高，结电容小，频率特性好，其外形一般采用 EA 玻璃封装结构。一般检波二极管采用锗材料点接触型结构。

选用检波二极管时，应根据电路的具体要求来选择工作频率高、反向电流小、正向电流足够大的检波二极管。

3. 开关二极管

由于半导体二极管存正向偏压下导通电阻很小，而在施加反向偏压截止时，截止电阻很大，开关电路中利用半导体二极管的这种单向导电特性就可以对电流起接通和关断的用，故把用于这一目的的半导体二极管称为开关二极管。

开关二极管主要应用于收录机、电视机、影碟机等家用电器及电子设备。

4. 稳压二极管

稳压二极管又名齐纳二极管。稳压二极管是利用 PN 结反向击穿时电压基本上不随电流变化而变化的特点来达到稳压的目的，因为它能在电路中起稳压作用，所以称为稳压二极管

（简称稳压管）。稳压二极管是根据击穿电压来分挡的，其稳压值就是击穿电压值。稳压二极管主要作为稳压器或电压基准元件使用，稳压二极管可以串联起来得到较高的稳压值。

5. 肖特基二极管

肖特基二极管是肖特基势垒二极管（Sehottky Barrier Diode，SBD）的简称。最近数年来生产的低功耗、大电流、超高速半导体器件。其反向恢复时间极短（可以小到几纳秒），正向导通压降仅 0.4 V 左右，而整流电流却可达到几千安培，这些优良特性是快恢复二极管所无法比拟的。

肖特基二极管是用贵重金属（金、银、铝、铂等）为正极，以 N 型半导体为负极，利用两者接触面上形成的势垒具有整流特性而制成的金属-半导体器件。

肖特基二极管通常用在高频、大电流、低电压整流电路中。

6. 发光二极管

发光二极管的英文简称是 LED，它是采用磷化镓、磷砷化镓等半导体材料制成的、可以将电能直接转换为光能的器件。给发光二极管外加正向电压时，它也处于导通状态，当正向电流流过管芯时，发光二极管就会发光，将电能转换成光能。

发光二极管的发光颜色主要由制作管子的材料以及掺入杂质的种类决定。目前常见的发光二极管发光颜色主要有蓝色、绿色、黄色、红色、橙色、白色等。其中白色发光二极管是新型产品，主要应用在手机背光灯、液晶显示器背光灯、照明等领域。

发光二极管的工作电流通常为 2～25mA。工作电压（即正向压降）随着材料的不同而不同：普通绿色、黄色、红色、橙色发光二极管的工作电压约 2V；白色发光二极管的工作电压通常高于 2.4V；蓝色发光二极管的工作电压通常高于 3.3V。发光二极管的工作电流不能超过额定值太高，否则，有烧毁的危险。故通常在发光二极管回路中串联一个电阻作为限流电阻。

红外发光二极管是一种特殊的发光二极管，其外形和发光二极管相似，只是它发出的是红外光，在正常情况下人眼是看不见的。其工作电压约 1.4V，工作电流一般小于 20mA。

有些公司将两个不同颜色的发光二极管封装在一起，使之成为双色二极管（又名变色发光二极管）。这种发光二极管通常有 3 个引脚，其中 1 个是公共端。它可以发出 3 种颜色的光（其中一种是两种颜色的混合色），故通常作为不同工作状态的指示器件。

7. 双向触发二极管

双向触发二极管也称二端交流器件。它是一种硅双向电压触发开关器件，当双向触发二极管两端施加的电压超过其击穿电压时，两端即导通，导通将持续到电流中断或降到器件的最小保持电流才会再次关断。双向触发二极管通常应用在过压保护电路、移相电路、晶闸管触发电路、定时电路中。

8. 变容二极管

变容二极管是利用反向偏压来改变 PN 结电容量的特殊半导体器件。变容二极管相当于一个容量可变的电容器，它的两个电极之间的 PN 结电容大小，随加到变容二极管两端反向电压大小的改变而变化。当加到变容二极管两端的反向电压增大时，变容二极管的容量减小。由于变容二极管具有这一特性，因此它主要用于电调谐回路（如彩色电视机的高频头）中，作为一个可以通过电压控制的自动微调电容器。

选用变容二极管时，应着重考虑其工作频率、最高反向工作电压、最大正向电流和零偏压结电容等参数是否符合应用电路的要求，应选用结电容变化大、高 Q 值、反向漏电流小的变容二极管。

2.4.3 半导体元件的命名

半导体分立元器件包括晶体二极管、晶体三极管及半导体特殊元器件。虽然集成电路飞速发展，并在很多领域取代了晶体管，但是晶体管有其自身的特点，分立元器件仍是电子产品中不可缺少的器件。

国产半导体分立器件由五部分组成，前三部分符号具体表示的意义见表2-10，第四部分表示器件的序号，第五部分用汉语拼音字母表示规格号。

表2-10 国产半导体分立元件命名

第一部分		第二部分		第三部分			
用数字表示器件的电极数目		用汉语拼音来表示器件的材料与电极性		用汉语拼音字母表示元器件的类型			
符号	意义	符号	意义	符号	意义	符号	意义
2	二极管	A	N型、锗材料	P	普通管	S	隧道管
		B	P型、锗材料	Z	整流管	U	光电管
		C	N型、硅材料	L	整流推	N	阻尼管
		D	P型、硅材料	W	稳压管	Y	体效应管
		E	化合物	K	开关管	EF	发光管
3	三极管	A	PNP型、锗材料	X	低频小功率管	T	晶闸管
		B	NPN型、锗材料	D	低频大功率管	V	微波管
		C	PNP型、硅材料	G	高频小功率管	B	雪崩管
		D	NPN型、硅材料	A	高频大功率管	J	阶跃恢复管
		E	化合物	K	开关管	U	光电管
				CS	场效应管	BT	特殊器件
				FH	符合管	JG	机关器件

例如：

2CW21D　　N型硅材料二极稳压管，序号为21，规格号为D

3AD50C　　PNP型锗材料低频大功率管，序号为50，规格为C

3DD15D　　NPN型、硅材料低频大功率管，序号为15，规格号为D

CS2B　　场效应管，序号为2，规格号为B

2.4.4 二极管的检测

晶体二极管可用万用表进行管脚识别和检测。

(1)检测时，万用表置于“R×1K”挡，两表笔分别接到二极管的两端，如果测得的电阻值较小，则为二极管的正向电阻，这时与黑表笔(即表内电池正极)相连接的是二极管正极，与红表笔(即表内电池负极)相连接的是二极管负极,如果测得的电阻值很大,则为二极管的反向电阻,这时与黑表笔相接的是二极管负极,与红表笔相接的是二极管正极。

(2)正常的二极管,其正、反向电阻的阻值应该相差很大,且反向电阻接近于无穷大。如果某二极管正、反向电阻值均为无穷大,说明该二极管内部断路损坏;如果正、反向电阻值均为0,说明该二极管已被击穿短路;如果正、反向电阻值相差不大,说明该二极管质量太差,也不宜使用。

(3)由于锗二极管和硅二极管的正向管压降不同,因此可以用测量二极管正向电阻的方法来区分锗二极管和硅二极管。如果正向电阻小于 1 kΩ,则为锗二极管。如果正向电阻为 1～5 kΩ,则为硅二极管。

2.5　三　极　管

三极管,全称为半导体三极管,也称双极型晶体管、晶体三极管,是一种电流控制电流的半导体器件,其作用是把微弱信号放大成幅度值较大的电信号,也用作无触点开关。晶体三极管是半导体基本元器件之一,具有放大电流的作用,是电子电路的核心元件。三极管是在一块半导体基片上制作两个相距很近的 PN 结,两个 PN 结把整块半导体分成三部分,中间部分是基区,两侧部分是发射区和集电区,排列方式有 PNP 和 NPN 两种。常见三极管电路符号如图2－8所示。

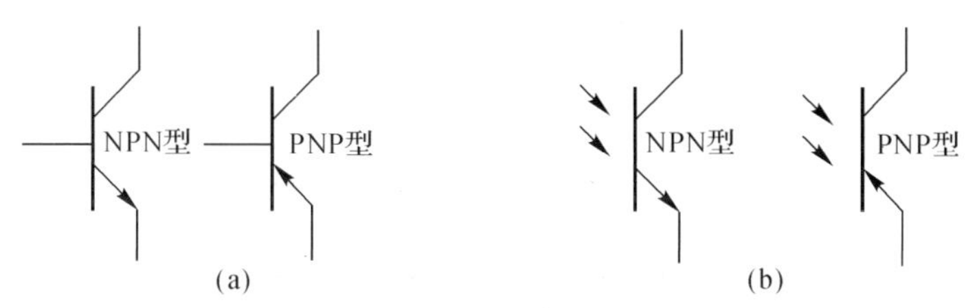

图 2－8　常见三极管类型

(a)普通三极管；(b)光敏三极管

2.5.1　三极管的特性曲线

三极管的特性曲线是用来表示各个电极间电压和电流之间的相互关系的,它反映出三极管的性能,是分析放大电路的重要依据。特性曲线既可由实验测得,也可在晶体管图示仪上直观地显示出来。

1. 输入特性曲线

晶体管的输入特性曲线表示了 V_{CE} 为参考变量时,I_B 和 V_{BE} 的关系。

图 2－9 所示为三极管的输入特性曲线,由图可见,输入特性有以下特点。

(1)输入特性有一个“死区”。在“死区”内,V_{BE} 虽已大于零,但 I_B 几乎仍为零。当 V_{BE} 大于某一值后,I_B 才随 V_{BE} 增加而明显增大。若为 NPN 型晶体管,硅晶体管的死区电压 V_T(或称为门槛电压)约为 0.5V,发射结导通电压 V_{BE}＝(0.6～0.7)V;锗晶体管的死区电压 V_T 约为 0.2V,导通电压约(0.2～0.3)V。若为 PNP 型晶体管,则发射结导通电压 V_{BE} 分别为(－0.6～－0.7)V 和(－0.2～－0.3)V。

(2)一般情况下,当 $V_{CE}>1V$ 以后,输入特性几乎与 $V_{CE}=1V$ 时的特性重合,因为 $V_{CE}>1V$ 后,I_B 无明显改变。晶体管工作在放大状态时,V_{CE} 总是大于 1V 的(集电结反偏),因此常用 $V_{CE}\geqslant 1V$ 的一条曲线来代表所有输入特性曲线。

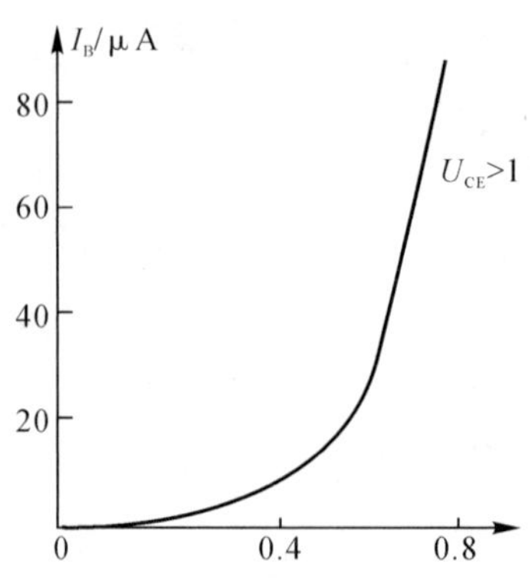

图 2-9　三极管的输入特性曲线

2. 输出特性曲线

晶体管的输出特性曲线表示以 I_B 为参考变量时,I_C 和 V_{CE} 关系。

图 2-10 所示是三极管的输出特性曲线,当 I_B 改变时,可得一组曲线族,由图可见,输出特性曲线可分放大、截止和饱和 3 个区域。

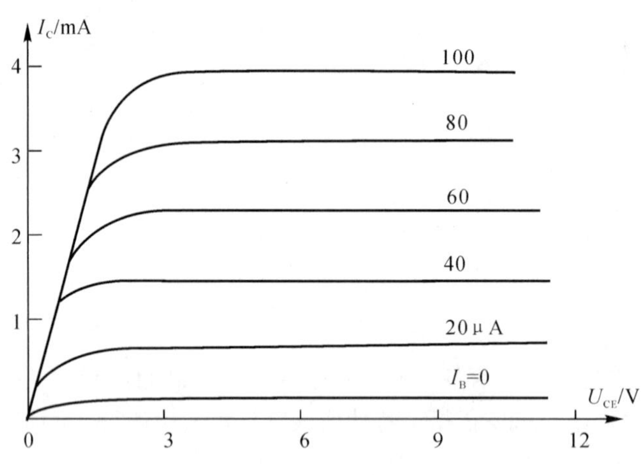

图 2-10　三极管的输出特性曲线

(1) 截止区:$I_B=0$ 的特性曲线以下区域称为截止区。在这个区域中,集电结处于反偏,$V_{BE}\leqslant 0$ 发射结反偏或零偏,即 $V_C>V_E\geqslant V_B$。电流 I_C 很小(等于反向穿透电流 I_{CEO}),工作在截止区时,晶体管在电路中犹如一个断开的开关。

(2)饱和区:特性曲线靠近纵轴的区域是饱和区。当 $V_{CE}<V_{BE}$时,发射结、集电结均处于正偏,即 $V_B>V_C>V_E$。在饱和区 I_B 增大,I_C 几乎不再增大,三极管失去放大作用。规定 $V_{CE}=V_{BE}$时的状态称为临界饱和状态,用 V_{CES}表示,此时集电极临界饱和电流。

2.5.2　三极管的主要参数

1. 共射电流放大系数 h_{FE} 和 β

在共射极放大电路中，若交流输入信号为零，则管子各极间的电压和电流都是直流量，此时的集电极电流 I_C 和基极电流 I_B 的比为 $\bar{\beta}$，称为共射直流电流放大系数。

当共射极放大电路有交流信号输入时，因交流信号的作用，必然会引起 I_B 的变化，相应的也会引起 I_C 的变化，两电流变化量的比称为共射交流电流放大系数 β，即

$$\beta=\frac{\Delta I_C}{\Delta I_B} \tag{2-1}$$

上述两个电流放大系数 $\bar{\beta}$ 和 β 的含义虽然不同，但工作在输出特性曲线放大区平坦部分的三极管，两者的差异极小，可做近似相等处理，故在今后应用时，通常不加区分，直接互相替代使用。

由于制造工艺的分散性，同一型号三极管的 β 值差异较大。常用的小功率三极管，β 值一般为 20～100。β 过小，管子的电流放大作用小，β 过大，管子工作的稳定性差，一般选用 β 在 40～80 之间的管子较为合适。

2. 极间反向饱和电流 I_{CBO} 和 I_{CEO}

(1)集电结反向饱和电流 I_{CBO} 是指发射极开路，集电结加反向电压时测得的集电极电流。常温下，硅管的 I_{CBO} 在 nA(10^{-9})的量级，通常可忽略。

(2)集电极-发射极反向电流 I_{CEO} 是指基极开路时，集电极与发射极之间的反向电流，即穿透电流，穿透电流的大小受温度的影响较大，穿透电流小的管子热稳定性好。

3. 极限参数

(1)集电极最大允许电流 I_{CM}。晶体管的集电极电流 I_C 在相当大的范围内 β 值基本保持不变，但当 I_C 的数值大到一定程度时，电流放大系数 β 值将下降。使 β 明显减少的 I_C 即为 I_{CM}。为了使三极管在放大电路中能正常工作，I_C 不应超过 I_{CM}。

(2)集电极最大允许功耗 P_{CM}。晶体管工作时、集电极电流在集电结上将产生热量，产生热量所消耗的功率就是集电极的功耗 P_{CM}，即

$$P_{CM}=I_C U_{BE} \tag{2-2}$$

功耗与三极管的结温有关，结温又与环境温度、管子是否有散热器等条件相关。根据式(2-2)可在输出特性曲线上作出三极管的允许功耗线，如图 2-11 所示。功耗线的左下方为安全工作区，右上方为过损耗区。

手册上给出的 P_{CM} 值是在常温下 25℃时测得的。硅管集电结的上限温度为 150℃左右，锗管为 70℃左右，使用时应注意不要超过此值，否则管子将损坏。

(3)反向击穿电压 $U_{BR(CEO)}$。反向击穿电压 $U_{BR(CEO)}$ 是指基极开路时，加在集电极与发射极之间的最大允许电压。使用中如果管子两端的电压 $U_{CE}>U_{BR(CEO)}$，集电极电流 I_C 将急剧增大，这种现象称为击穿。管子击穿将造成三极管永久性的损坏。三极管电路在电源电压 EC 的值选得过大时，有可能会出现，当管子截止时，$U_{BE}>U_{BR(CEO)}$ 导致三极管击穿而损坏的现象。一般情况下，三极管电路的电源电压 EC 应小于 1/2 $U_{BR(CEO)}$。

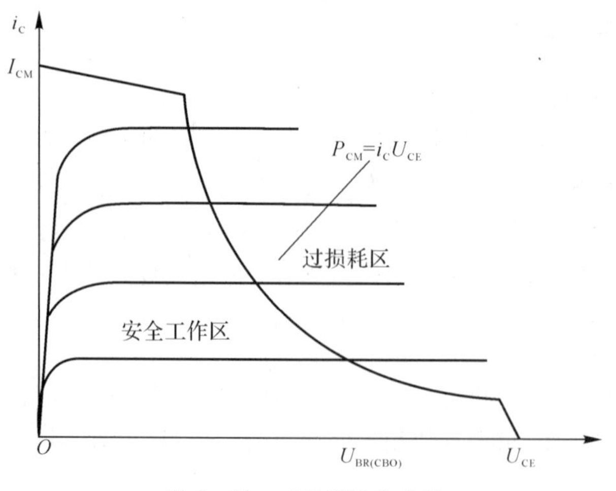

图 2-11　三极管输出功耗

4. 温度对三极管参数的影响

几乎所有的三极管参数都与温度有关，因此不容忽视。温度对下列的 3 个参数影响最大。

(1)对 β 的影响：三极管的 β 随温度的升高将增大，温度每上升 1℃，β 值约增大 0.5%～1%，其结果是在相同的 I_B 情况下，集电极电流 I_C 随温度上升而增大。

(2)对反向饱和电流 I_{CEO} 的影响：I_{CEO} 是由少数载流子漂移运动形成的，它与环境温度关系很大，I_{CEO} 随温度上升会急剧增加。温度上升 10℃，I_{CEO} 将增加一倍。由于硅管的 I_{CEO} 很小，因而，温度对硅管 I_{CEO} 的影响不大。

(3)对发射结电压 U_{BE} 的影响：和二极管的正向特性一样，温度上升 1℃，U_{BE} 将下降 2～2.5mV。

综上所述，随着温度的上升，β 值将增大，I_C 也将增大，U_{CE} 将下降，这对三极管放大作用不利，使用中应采取相应的措施克服温度的影响。

2.5.3　三极管的选用

1. 选用晶体三极管的基本思路

晶体三极管的类型众多，仅普通晶体三极管就有几千种类型，再加上光敏三极管、复合管、开关晶体三极管、磁敏三极管等特殊用途的晶体三极管，使选择和使用的范围很宽。在选用晶体三极管时，要根据具体电路的要求选用不同类型的管，选好各项主要技术参数，选好外形尺寸和封装形式等。

(1)根据具体电路要求进行选用。家用电器和其他电子设备的种类很多，每一种设备又有不同的电路，比如彩色电视机有高频电路、音频功放电路、中放处理电路、行和场输出电路、开关电源调整电路等；收录机和音响设备同样也有高放电路、前置低放电路、变频电路、低放和功放电路、振荡电路等。电视机的高放和变频电路要求噪声小，应选用噪声系数小的高频三极管；电视机的中放电路除要求噪声低以外，还要求具有良好的自动音频控制功能，应选用二者兼顾的高频管；音响设备和晶体管收音机的高频电路应选用高频管，并选用功率和放大倍数适宜的高频晶体管；在低频功率放大电路中，可选用低频大功率管或低频小功率管；在驱动电路开关稳压电路可选用功率复合管；彩色电视机的开关电源电路可选用大功率开关三极管；数字电路、驱动电路可选用小功率开关三极管;在家用电器、通信设备的光控电路中,可选用光敏三极管等等。

(2)根据三极管的主要参数进行选用。在选好三极管种类、型号的基础上,再观察一下晶体三极管的各项参数是否符合电路要求。我们选用的晶体管的参数应尽量满足下述条件:特征频率要高,一般高频三极管可满足此参数要求。特征频率一般比电路的工作频率高3倍以上。

1)电流放大系数一般为40～80,电流放大系数过高也不好,容易引起自激。

2)集电极结电容要小,以提高频率高端的灵敏度。

3)高频噪声系数应尽可能小些,以使灵敏度相对提高。

4)集电极反向电流要小,一般应小于10μA。

5)选用开关管就要求有较快的开关速度和较好的开关特性,特征频率要高,反向电流要小,发射极和集电极的饱和压降较低等。

6)选用光敏三极管时,除了选择最高工作电压、集电极最大电流、最大允许耗散功率等参数外,还要注意暗电流和光电流以及光谱响应范围等特殊参数。

7)选用高频低噪声三极管时,其技术参数有很多项,其主要特性参数有正向增益自动控制、噪声系数、特征频率等。

2.晶体三极管的具体选用方法

在家用电器和其他电子设备中,常用的普通三极管是硅小功率管和锗小功率管。硅管和锗管在电气性能上有以下差异。

1)硅管比锗管的反向截止电流小。

2)硅管比锗管的耐反向击穿电压高。

3)硅管比锗管的饱和压降高。

4)硅管比锗管导通电压高。硅管的正向导通电压为0.6～0.8V;锗管的正向导通电压为0.2～0.3V 。

3.晶体三极管的使用常识

(1)使用晶体三极管焊接在电路上之前,必须首先要弄清三极管的类型和电极。不能接错管脚。判定时可查阅有关资料手册,也可通过仪表测量判定。

(2)焊接晶体三极管时,为防止管子过热,电烙铁的功率不要过大,一般选25～45W为宜。焊装时间不要过长。晶体三极管焊装到印制电路板上时,为了避免虚焊,焊前要在管脚上涂锡。在焊接和涂锡时,要用镊子夹住管脚靠近焊点部分或管脚根部,帮助散热。

(3)三极管装入印制电路板时,小功率管最好是直插,中功率三极管可用管座固定,不要硬插,特殊情况需要将管脚折弯时,应用钳子夹住管脚根部再弯折,而不应直接将管子从根部弯折。

1)在电路上拆装晶体三极管时,要先断开电路的电源,再进行拆装焊接,以免损坏晶体管。

2)为了确保晶体管的使用安全,提高整机的可靠性要求,最好对晶体管的极限参数降额使用。比如,普通型三极管,功率可降低30%使用。

3)在高频电路中使用的晶体三极管应采用适当措施防止自激。印制电路板布线应注意输入、输出端隔离,接地点应集中在一点。接入电路中的晶体三极管脚应尽量短些。

4)大功率三极管用在功率驱动电路中使用时一定要加散热片;中小功率三极管用作功率驱动时也要采用适当的散热措施。

5)在电路中使用对管时，为防止对管的参数不完全一致，应采用补尝元件和平衡调节措施；另外，为防止管脚之间的相碰和便于识别电极，管脚之间可采用绝缘措施，如装上不同颜色的塑料套管。

6)在使用晶体三极管时，有时损坏了要及时更换新管。更换三极管时，原则上要选用与原用晶体三极管同型号、同规格的管子。焊接时，要先断开电源，并记住损坏管的电极在电路上的排列顺序。

2.5.4 三极管的检测

1. 用指针万用表测试

(1)测 NPN 三极管。将万用表欧姆挡置“R×100”或“R×1k”处，把黑表笔接在基极上，将红表笔先后接在其余两个极上，如果两次测得的电阻值都较小，再将红表笔接在基极上，将黑表笔先后接在其余两个极上，如果两次测得的电阻值都很大，则说明三极管是好的。

(2)测 PNP 三极管。将万用表欧姆挡置“R×100”或“R×1k”处，把红表笔接在基极上，将黑表笔先后接在其余两个极上，如果两次测得的电阻值都较小，再将黑表笔接在基极上，将红表笔先后接在其余两个极上，如果两次测得的电阻值都很大，则说明三极管是好的。

当三极管上标记不清楚时，可以用万用表来初步确定三极管的好坏及类型（NPN 型还是 PNP 型），并辨别出 e,b,c 3 个电极。测试方法如下：

1)用指针式万用表判断基极 b 和三极管的类型。将万用表欧姆挡置“R×100”或“R×1k”处，先假设三极管的某极为“基极”，并把黑表笔接在假设的基极上，将红表笔先后接在其余两个极上，如果两次测得的电阻值都很小(或约为几百欧至几千欧)，则假设的基极是正确的，且被测三极管为 NPN 型管；同上，如果两次测得的电阻值都很大(约为几千欧至几十千欧)，则假设的基极是正确的，且被测三极管为 PNP 型管。如果两次测得的电阻值是一大一小，则原来假设的基极是错误的，这时必须重新假设另一电极为“基极”，再重复上述测试。

2)判断集电极 c 和发射极 e。将指针式万用表欧姆挡置“R×100”或“R×1k”处，以 NPN 管为例，把黑表笔接在假设的集电极 c 上，红表笔接到假设的发射极 e 上，并用手捏住 b 和 c 极（不能使 b,c 直接接触），通过人体，相当于 b,c 之间接入偏置电阻，如图 2－12(a)所示为测试方法。读出表头所示的阻值，然后将两表笔反接重测。若第一次测得的阻值比第二次小，说明原假设成立，因为 c,e 间电阻值小说明通过万用表的电流大，偏置正常。其等效电路如图 2－12(b)所示，图中 V_{CC}是表内电阻挡提供的电池，R 为表内阻，R_m为人体电阻。

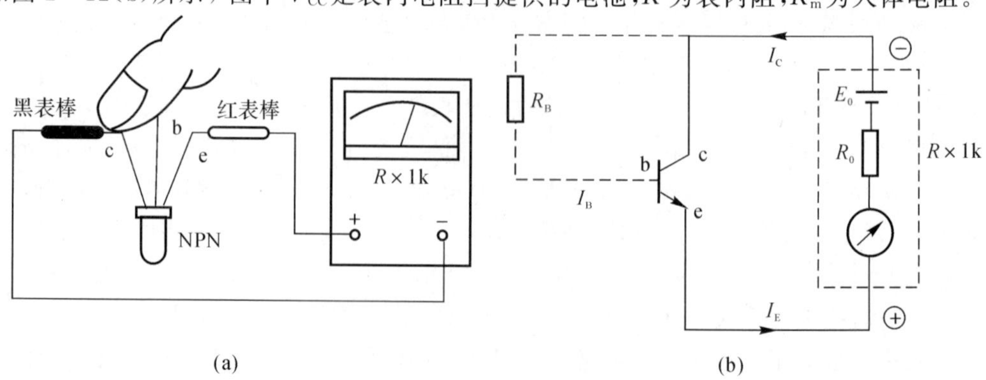

图 2－12 判定三极管 c,e 极

(a)测试方法； (b)等效电路

2. 用数字万用表检测

利用数字式万用表不仅能判断晶体管的电极，测量管子的共发射极电流的放大系数 h_{FE}，还可以鉴别晶体三极管是硅管还是锗管。由于数字式万用表电阻挡测试电流很小，因而不适合用于检测晶体管，应使用二极管挡或者 h_{FE} 进行测试。具体方法第 4 章将详细介绍。

2.6　集成电路

集成电路是一种微型电子器件或部件。采用一定的工艺，把一个电路中所需的晶体管、二极管、电阻、电容和电感等元件及布线互连一起，制作在一小块或几小块半导体晶片或介质基片上，然后封装在一个管壳内，成为具有所需电路功能的微型结构。其中所有元件在结构上已组成一个整体，使电子元件向着微小型化、低功耗和高可靠性方面迈进了一大步。它在电路中用字母“IC”表示。当今半导体工业大多数应用的是基于硅的集成电路。

集成电路具有体积小、重量轻、引出线和焊接点少、寿命长、可靠性高、性能好等优点，同时成本低，便于大规模成产。它不仅在工业制造和民用电子设备如电视机、计算机等方面得到广泛的应用，同时在军事通信等方面也得到广泛应用。

2.6.1　国产集成电路型号名称各部分意义

国产集成电路型号名称各部分意义见表 2-11。

表 2-11　国产集成电路型号名称各部分意义

第一部分		第二部分		第三部分	第四部分		第五部分	
用字母表示器件符合国家标准		用字母表示器件的类型		阿拉伯数字表示器件的系列和品牌代号	用字母表示器件的工作温度范围		用字母表示器件的封装	
符号	意义	符号	意义		符号	意义	符号	意义
C	中国制造	T	TTL	不同类型的集成电路，该部分数字不同	C	0～70℃	W	陶瓷扁平
		H	HTC		E	−24～85℃	B	塑料扁平
		E	ECL		R	−55～85℃	F	全封闭扁平
		C	CMOS		M	−55～125℃	D	陶瓷直插
		F	线性放大电路				P	塑料直插
		D	音响、电视电路				J	黑瓷双列直插
		W	稳压器				K	金属菱形
		J	接口电路				T	金属圆形

例如，国产型号“CF741CT”的集成电路型号所代表的意义如下：

C——中国国家标准；

F——线性放大器；

741——器件代号；

C——0～70℃；

T——金属圆形封装。

2.6.2 集成电路引脚的识别

集成电路通常有扁平、双列直插、单列直插等几种封装形式。单列直插、双列直插封装形式如图 2-13 所示。集成电路的引脚的排列的次序有一定的规律,不论是哪种集成电路的外壳上都有供识别管脚排序定位(或称第一脚)的标记。对于扁平封装的,一般在器件正面的一端标上小圆点(或小圆圈、色点)作标记。塑封双列直插式集成电路的定位标记通常是弧形凹口、圆形凹坑或小圆圈。识别扁平式或双列直插型集成电路管脚的方法是:将集成电路正面的字母、代号对着自己,使定位标记朝左下方,则处于最左下方的管脚是第 1 脚,再按逆时针方向依次数管脚,便是第 2 脚、第 3 脚等等。

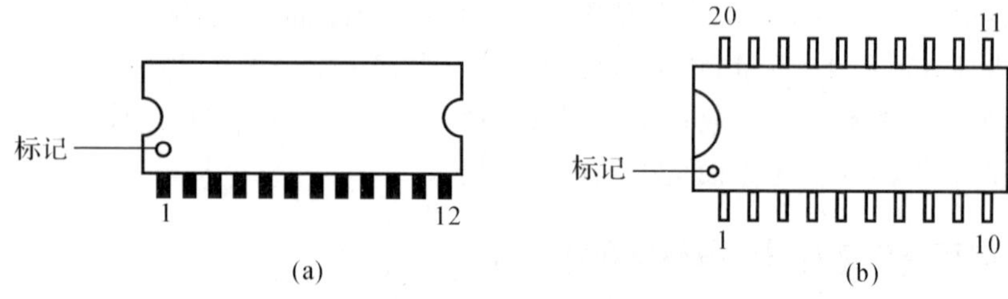

图 2-13 单列、双列封装

(a)单列直插式集成电路； (b)双列直插式集成电路

对于圆形结构的集成电路和金属壳封装的半导体三极管大多如图 2-14 所示,只不过体积大、电极引脚多。这种集成电路引脚排列方式为:从识别标记开始,沿顺时针方向依次为 1,2,3,…,如图 2-14 所示。

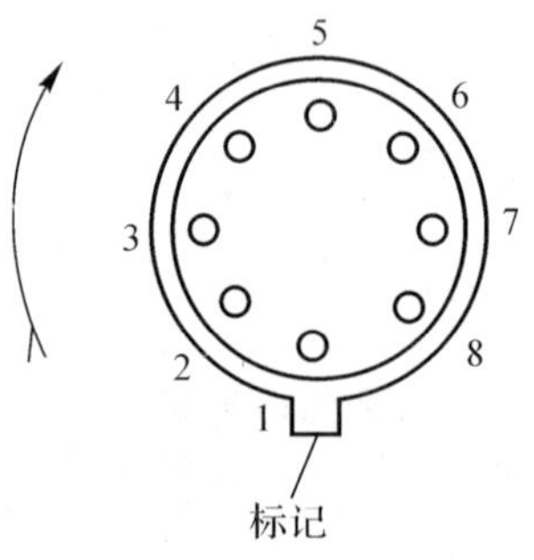

图 2-14 圆形封装

2.6.3 集成电路的封装识别

集成电路芯片的封装技术已经历了好几代的变迁,从 DIP,QFP,PGA,BGA 到 CSP 再到 MCM,技术指标一代比一代先进,芯片面积与封装面积之比越来越接近于 1∶1,适用率越来越高,耐温性能越来越好,引脚数增多,引脚间距减小,重量减小,可靠性提高,使用更加方便。

现在对几种封装形式进行简要说明。

1. DIP 双列直插式封装

DIP 是指采用双列直插形式封装的集成电路芯片，如图 2-15 所示。绝大多数中小规模集成电路(IC)均采用这种封装形式，其引脚数一般不超过 100 个。采用 DIP 封装的 CPU 芯片有两排引脚，需要插入到具有 DIP 结构的芯片插座上。当然，也可以直接插在有相同焊孔数和几何排列的电路板上进行焊接。DIP 封装的芯片在从芯片插座上插拔时应特别小心，以免损坏引脚。

DIP 封装具有以下特点。

(1)适合在 PCB(印制电路板)上穿孔焊接，操作方便。

(2)芯片面积与封装面积之间的比值较大，故体积也较大。

2. QFP 塑料方型扁平式封装和 PFP 塑料扁平组件式封装

QFP(Plastic Quad Flat Package)封装的芯片引脚之间距离很小，管脚很细，一般大规模或超大型集成电路都采用这种封装形式，其引脚数一般在 100 个以上，如图 2-16 所示。用这种形式封装的芯片必须采用 SMD(表面安装设备技术)将芯片与主板焊接起来。采用 SMD 安装的芯片不必在主板上打孔，一般在主板表面上有设计好的相应管脚的焊点。将芯片各脚对准相应的焊点，即可实现与主板的焊接。用这种方法焊上去的芯片，如果不使用专用工具是很难拆卸的。

PFP(Plastic Flat Package)方式封装的芯片与 QFP 方式基本相同。唯一的区别是 QFP 一般为正方形，而 PFP 既可以是正方形，也可以是长方形。

QFP/PFP 封装具有以下特点。

(1)适用于 SMD 表面安装技术在 PCB 电路板上安装布线。

(2)适合高频使用。

(3)操作方便，可靠性高。

(4)芯片面积与封装面积之间的比值较小。

图 2-15　DIP 封装

图 2-16　QFP 封装

3. PGA 插针网格阵列封装

PGA 芯片封装形式是在芯片的内外有多个方阵形的插针，每个方阵形插针沿芯片的四周间隔一定距离排列。根据引脚数目的多少，可以围成 2～5 圈。安装时，将芯片插入专门的 PGA 插座。为使 CPU 能够更方便地安装和拆卸，从 486 芯片开始，出现一种名为 ZIF 的 CPU 插座，专门用来满足 PGA 封装的 CPU 在安装和拆卸上的要求。

ZIF 是指零插拔力的插座。把这种插座上的扳手轻轻抬起，CPU 就可轻松地插入插座中。然后将扳手压回原处，利用插座本身的特殊结构生成的挤压力，将 CPU 的引脚与插座牢牢地接触，绝对不存在接触不良的问题。而拆卸 CPU 芯片只需将插座的扳手轻轻抬起，则压力解除，CPU 芯片即可轻松取出。

PGA 封装具有以下特点。

(1)插拔操作更方便,可靠性高。

(2)可适应更高的频率。

4. BGA 球栅阵列封装

随着集成电路技术的发展,对集成电路的封装要求更加严格。这是因为封装技术关系到产品的功能性,当 IC 的频率超过 100MHz 时,传统封装方式可能会产生所谓的"Cross Talk"现象,而且当 IC 的管脚数大于 208Pin 时,传统的封装方式有其困难度。因此,除使用 QFP 封装方式外,现今大多数的高脚数芯片(如图形芯片与芯片组等)皆转而使用 BGA(Ball Grid Array Package)封装技术。BGA 一出现便成为 CPU、主板上南/北桥芯片等高密度、高性能、多引脚封装的最佳选择。

BGA 封装技术又可详分为五大类。

(1)PBGA(Plastic BGA)基板,一般为 2～4 层有机材料构成的多层板。Intel 系列 CPU 中,Pentium II,III 和 IV 处理器均采用这种封装形式。

(2)CBGA(Ceramic BGA)基板:即陶瓷基板,芯片与基板间的电气连接通常采用倒装芯片(Flip Chip,FC)的安装方式。Intel 系列 CPU 中,Pentium Ⅰ,Pentium Ⅱ,Pentium Pro 处理器均采用过这种封装形式。

(3)FCBGA(Flip Chip BGA)基板:硬质多层基板。

(4)TBGA(Tape BGA)基板:基板为带状软质的 1～2 层 PCB 电路板。

(5)CDPBGA(Cavity Down PBGA)基板:指封装中央有方型低陷的芯片区(又称空腔区)。

BGA 封装具有以下特点:

1)I/O 引脚数虽然增多,但引脚之间的距离远大于 QFP 封装方式,提高了成品率。

2)虽然 BGA 的功耗增加,但由于采用的是可控塌陷芯片法焊接,从而可以改善电热性能。

3)信号传输延迟小,适应频率大大提高。

4)组装可用共面焊接,可靠性大大提高。

2.6.4 集成电路的代换技巧

1. 直接代换

直接代换是指用其他集成电路不经任何改动而直接取代原来的集成电路,代换后不影响机器的主要性能与指标。代换原则是:代换集成电路的功能、性能指标、封装形式、引脚用途、引脚序号和间隔等几方面均相同。

直接代换有以下两种形式。

(1)同一型号集成电路的代换一般是可靠的,安装集成电路时,要注意方向不要搞错,否则,通电时集成电路很可能被烧毁。有的单列直插式功放集成电路,虽型号、功能、特性相同,但引脚排列顺序的方向是有所不同的。例如,双声道功放 IC LA4507,其引脚有"正""反"之分,其起始脚标注(色点或凹坑)方向不同;没有后缀与后缀为"R"的 IC 等例如 M5115P 与 M5115RP。

(2)不同型号集成电路的代换。

1)型号前缀字母相同、数字不同的集成电路的代换。这种代换只要相互间的引脚功能完全相同，其内部电路和电参数稍有差异，也可相互直接代换。如：伴音中放 IC LA1363 和 LA1365，后者除了比前者在集成电路第⑤脚内部增加了一个稳压二极管，其他完全一样。

2)型号前缀字母不同、数字相同的集成电路的代换。一般情况下，前缀字母是表示生产厂家及电路的类别，前缀字母后面的数字相同，大多数可以直接代换。例如，三端稳压器 LM317 可以和 W317 直接代替。但也有少数，虽数字相同。例如，RC4558 和 NJM4558 均为 8 脚的运算放大器，而 CD4558 为 14 脚的数字集成电路。

3)型号前缀字母和数字都不同的集成电路的代换。有的厂家生产的同种功能的集成电路命名方式不完全一样，这就导致可能有些功能、参数、引脚排列都相同的集成电路可能名称不一样，如常用的四运算放大器 LM324 就可以采用 HA17324 直接代替。

2. 非直接代换

非直接代换是指不能进行直接代换的集成电路，需要稍加修改外围电路，改变原引脚的排列或增减个别元件等，使之成为可代换的集成电路的方法。代换原则：代换所用的集成电路可与原来的 IC 引脚功能不同、外形不同，但集成电路功能要相同，特性要相近。代换后不应影响原机性能。

实际操作时应注意以下几方面。

(1)集成电路引脚的编号顺序，切勿接错。

(2)为适应代换后的集成电路的特点，与其相连的外围电路的元件要做相应的改变。

(3)电源电压要与代换后的集成电路相符，如果原电路中电源电压高，应设法降压；电压低，要看代换集成电路能否工作。

(4)代换以后要测量集成电路的静态工作电流，如电流远大于正常值，则说明电路可能产生自激，这时须进行去耦、调整。若增益与原来有所差别，可调整反馈电阻阻值。

(5)代换后集成电路的输入、输出阻抗要与原电路相匹配，检查其驱动能力。

(6)在改动时要充分利用原电路板上的脚孔和引线，外接引线要求整齐，避免前后交叉，以便检查和防止电路自激，特别是防止高频自激。

(7)在通电前，在电源主线上最好再串接一直流电流表，由大到小变化降压电阻阻值，观察集成电路总电流的变化是否正常。

2.6.5　集成电路的检测

集成电路的检测对集成电路的质量检测一般分非在路集成电路的检测和在路集成电路的检测。

1. 非在路集成电路的检测

非在路集成电路是指与实际电路完全脱开的集成电路，即集成电路本身。为减少不应有的损失，集成电路在往印制电路板上焊接前应先进行测试，证明其性能良好，然后再进行焊接，这一点尤其重要。

检测非在路集成电路的准确方法是：按制造厂商给定的测试电路和条件，逐项进行检测。而在一般性电子制作或维修过程中，较为常用的准确方法是：先在印制板的对应位置上焊接上一个集成电路插座，在断电情况下将被测集成电路插上。通电后，若电路工作正常，说明该集成电路的性能是好的；反之，若电路工作不正常，说明该集成电路的性能不良或者已损坏。此方法的优点是准确、实用，但焊接的工作量大，往往受到客观条件的限制。

检测非在路集成电路比较简单的方法是：用万用表电阻挡测量集成电路各脚对地的正、负电阻值。具体方法如下：将万用表拨在 R×1k 挡、R×100 挡或 R×10 挡上，先让红表笔接集成电路的接地引脚，然后将黑表笔从第一根引脚开始，依次测出各脚相对应的阻值（正阻值）；再让黑笔表接集成电路的同一接地脚，用红表笔按以上方法与顺序，测出另一电阻值（负阻值）。将测得的两组正、负阻值和标准值比较，从中发现问题。

2. 在路集成电路的检测

（1）根据引脚在路阻值的变化判断集成电路的好坏。用万用表电阻挡测量集成电路各脚对地的正、负电阻值，然后与标准值进行比较，从中发现问题。

（2）根据引脚电压变化判断 IC 的好坏。用万用表的直流电压挡依次检测在路集成电路各脚的对地电压，在集成电路供电电压符合规定的情况下，如有不符合标准电压值的引出脚，再查其外围元件，若无损坏或失效，则可认为是集成电路的问题。

（3）根据引脚波形变化判断 IC 的好坏。用示波器观测引脚的波形，并与标准波形进行比较，从中发现问题。

还可以用同型号的集成电路进行替换试验，这是见效最快的方法，但拆焊较麻烦。

第3章　焊接技术

虽然电子产品广泛采用机器(波峰焊或回流焊)焊接,但是在企业生产过程中,现在还没有一种焊接方法可以完全不用手工焊接。即使在自动化程度很高的在生产线上,总有一些不规则元件,或不适合自动焊接元件的元件需要手工焊接,另一种情况是机器焊接的合格率还达不到100%总会有些错装、漏装的元件需要修复。因此手工焊接技术仍然是一线技术人员必备的生产技能。同时手工焊接的操作技术也是其他焊接技术的基础。有人也许认为手工焊接非常容易,没有技术含量,其实不然。正确手工焊接的方法,需要深入理解上述各焊接要素和通过长期的练习,只有达到形意结合,才能保证焊接的质量.

随着电子元器件的封装更新换代加快,由原来的直插式改为了平贴式,连接排线也由FPC软板进行替代,电子发展已朝向小型化、微型化发展,手工焊接难度也随之增加,在焊接中稍有不慎就会损伤元器件,或引起焊接不良,所以一线手工焊接人员必须对焊接原理、焊接过程、焊接方法、焊接质量的评定及电子基础有一定的了解。

电子设备中使用大量各种电子元器件,每个电子元器件都要焊接在电路板上,每个焊点的质量都关系到整机产品的质量。从事电子技术工作的人员,尤其是初学者,必须认真学习有关焊接的理论知识,掌握焊接技术要领,并能熟练地进行焊接操作,这样才能保证焊接质量,提高工作效率。

焊接是电子制作工艺中非常重要的环节,焊接的质量直接影响产品的质量。若没有掌握好焊接的要领,容易产生虚焊;若焊接过程中加入焊锡过多会造成桥接(短路),致使制作出来的产品性能达不到设计要求。

3.1　焊接的基本知识

3.1.1　焊接原理

锡焊是一门科学,其原理是通过加热的烙铁将固态焊锡丝加热熔化,再借助于助焊剂的作用,使其流入被焊金属之间,待冷却后形成牢固可靠的焊接点。

当焊料为锡铅合金焊接面为铜时,焊料先对焊接表面产生润湿,伴随着润湿现象的发生,焊料逐渐向金属铜扩散,在焊料与金属铜的接触面形成附着层,使两者牢固地结合起来。所以焊锡是通过润湿、扩散和冶金结合这3个物理和化学过程来完成的。

1. 润湿阶段

润湿过程是指已经熔化了的焊料借助毛细管力沿着母材金属表面细微的凹凸和结晶的间隙向四周漫流,从而在被焊母材表面形成附着层,使焊料与母材金属的原子相互接近,达到原子引力起作用的距离。被焊母材的表面必须是清洁的,不能有氧化物或污染物。

2. 扩散阶段

伴随着润湿的进行，焊料与母材金属原子间的相互扩散现象开始发生。通常原子在晶格点阵中处于热振动状态，一旦温度升高。原子活动加剧，使熔化的焊料与母材中的原子相互越过接触面进入对方的晶格点阵，原子的移动速度与数量决定于加热的温度与时间。

3. 合金结合阶段

由于焊料与母材相互扩散，在两种金属之间形成了一个中间层——金属化合物，要获得良好的焊点，被焊母材与焊料之间必须形成金属化合物，从而使母材达到牢固的合金结合状态。

3.1.2 焊接的种类

焊接是使金属连接的一种方法，是电子产品生产中必须掌握的一种基本操作技能。现代焊接技术主要分为三大类：熔焊、钎焊和接触焊。

(1)熔焊。熔焊是利用加热被焊件，使其熔化产生合金而焊接在一起的焊接技术，如气焊、电弧焊、超声波焊等。

(2)钎焊。用加热熔化成液态的金属，把固体金属连接在一起的方法。在钎焊中起连接作用的金属材料称为焊料。作为焊料的金属，其熔点一定要低于被焊接的金属材料。常见的钎焊有软钎焊和硬钎焊两种。电子整机装配中常大量采用软钎焊，即锡焊。

(3)接触焊。接触焊为一种不用焊料与焊剂即可获得可靠连接的焊接技术，如点焊、碰焊等。

3.1.3 锡焊及其特点

1. 锡焊

锡焊是焊接的一种，它是将焊件和熔点比焊件低的焊料共同加热到锡焊温度，在焊件不熔化的情况下，焊料熔化并浸润焊接面，依靠二者原子的扩散形成焊件的连接。其主要特征有以下 5 点。

(1)焊料熔点低于焊件。

(2)焊接时将焊料与焊件共同加热到锡焊温度，焊料熔化而焊件不熔化。

(3)易于形成焊点，焊接方法简便。

(4)成本低廉、操作方便。

(5)容易实现焊接自动化。

2. 焊点形成的必要条件

(1) 焊件必须具有良好的可焊性。所谓可焊性是指在适当温度下，被焊金属材料与焊锡能形成良好结合的合金的性能。不是所有的金属都具有好的可焊性，有些金属如铬、钼、钨等的可焊性就非常差；有些金属的可焊性又比较好，如紫铜、黄铜等。在焊接时，由于高温使金属表面产生氧化膜，影响材料的可焊性。为了提高可焊性，可以采用表面镀锡、镀银等措施来防止材料表面的氧化。

(2) 焊件表面必须保持清洁。为了使焊锡和焊件达到良好的结合，焊接表面一定要保持清洁。即使是可焊性良好的焊件，由于储存或被污染，都可能在焊件表面产生对浸润有害的氧化膜和油污。在焊接前务必把污膜清除干净，否则无法保证焊接质量。金属表面轻度的氧化层可以通过焊剂作用来清除，氧化程度严重的金属表面，则应采用机械或化学方法清除，例如进行刮除或酸洗等。

(3) 要使用合适的助焊剂。助焊剂的作用是清除焊件表面的氧化膜。不同的焊接工艺，应该选择不同的助焊剂，如镍铬合金、不锈钢、铝等材料，没有专用的特殊焊剂是很难实施锡焊的。在焊接印制电路板等精密电子产品时，为使焊接可靠稳定，通常采用以松香为主的助焊剂。一般是用酒精将松香溶解成松香水使用。

(4) 焊件要加热到适当的温度。焊接时，热能的作用是熔化焊锡和加热焊接对象，使锡、铅原子获得足够的能量渗透到被焊金属表面的晶格中而形成合金。焊接温度过低，对焊料原子渗透不利，无法形成合金，极易形成虚焊、焊接温度过高，会使焊料处于非共晶状态，加速焊剂分解和挥发速度，使焊料品质下降，严重时还会导致印制电路板上的焊盘脱落。

需要强调的是，不但焊锡要加热到熔化，而且应该同时将焊件加热到能够熔化焊锡的温度。

(5) 合适的焊接时间。焊接时间是指在焊接全过程中，进行物理和化学变化所需要的时间。它包括被焊金属达到焊接温度的时间、焊锡的熔化时间、助焊剂发挥作用及生成金属合金的时间几个部分。焊接温度确定后，就应根据被焊件的形状、性质、特点等来确定合适的焊接时间。焊接时间过长，易损坏元器件或焊接部位；过短，则达不到焊接要求。一般来说，每个焊点焊接一次的时间最长不超过 5s。

3.2 焊接材料与工具

3.2.1 焊接材料

1. 焊料

焊料是一种熔点低于被焊金属，在被焊金属不熔化的条件下，能润湿被焊金属表面，并在接触面处形成合金层的物质。焊料是用来连接两种或多种金属表面，同时在被连接金属的表面之间起冶金学桥梁作用的金属材料。

电子产品生产中，最常用的焊料为锡铅合金焊料(又称焊锡)，它具有熔点低、凝固快 、机械强度高、抗腐蚀性能好、有良好的浸润作用、要有良好的导电性和足够的机械强度的特点。

(1)常用的锡铅合金焊料。

1)管状焊锡丝。管状焊锡丝由助焊剂与焊锡制作在一起形成管状，在焊锡管中夹带固体助焊剂。助焊剂一般选用特级松香为基质材料，并添加一定的活化剂。管状焊锡丝一般适用于手工焊接。表 3-1 为电子产品中常用焊锡的种类。

管状焊锡丝的直径有 0.5mm，0.8mm，1.2mm，1.5mm，2.0mm，2.3mm，2.5mm，4.0mm和 5.0mm。

2)抗氧化焊锡。抗氧化焊锡是在锡铅合金中加入少量的活性金属，能使氧化锡、氧化铅还原，并漂浮在焊锡表面形成致密覆盖层，从而保护焊锡不被继续氧化。这类焊锡适用于浸焊和波峰焊。

3)含银焊锡。含银焊锡是在锡铅焊料中加 0.5% ～2.0% 的银，可减少镀银件中银在焊料中的熔解量，并可降低焊料的熔点。

表 3-1 电子产品中常用焊锡的种类

序 号	焊锡中各金属成分比例				焊锡熔点/℃
	锡(Sn)	铅(Pb)	镉(Cd)	铋(Bi)	
1	61.9%	38.9%			182
2	35%	42%		23%	150
3	50%	32%	18%		145
4	23%	40%		37%	125
5	20%	40%		40%	110

2. 焊剂(助焊剂)

焊剂是进行锡铅焊接的辅助材料。焊剂是用来增加润湿,以帮助和加速焊接的进程,故焊剂又称助焊剂。

(1)助焊剂的作用原理:

1)化学作用,主要表现在达到焊接温度前,去除被焊金属表面的氧化物,防止焊接时被焊金属和焊料再次出现氧化。

2)物理作用,主要表现在两个方面:一是改善焊接时的热传导作用,促使热量从热源向焊接区扩散传送。二是施加焊剂能减少熔融焊剂的表面张力,提高焊料的流动性。

(2)对助焊剂的基本要求:

1)有清洗被焊金属和焊料表面的作用。

2)熔点要低于所有焊料的熔点。

3)在焊接温度下能形成液状,具有保护金属表面的作用。

4)有较低的表面张力,受热后能迅速均匀地流动。

5)熔化时不产生飞溅或飞沫。

6)不产生有害气体和有强烈刺激性的气味。

7)不导电,无腐蚀性,残留物无副作用。

8)助焊剂的膜要光亮,致密,干燥快,不吸潮,热稳定性好。

(3)助焊剂的作用:

1)除氧化膜。在进行焊接时,为使被焊物与焊料焊接牢靠,就必须要求金属表面无氧化物和杂质,只有这样才能保证焊锡与被焊物的金属表面固体结晶组织之间发生合金反应,即原子状态的相互扩散。因此在焊接开始之前,必须采取各种有效措施将氧化物和杂质除去。除去氧化物与杂质,通常有两种方法,即机械方法和化学方法。机械方法是用砂纸和刀将其除掉;化学方法则是用助焊剂清除。化学方法不仅不损坏被焊物,而且效率高,因此焊接时,一般都采用这种方法。

2)防止氧化。助焊剂除上述的去氧化物功能外,还具有加热时防止氧化的作用。由于焊接时必须把被焊金属加热到使焊料润湿并产生扩散的温度,而随着温度的升高,金属表面的氧化就会加速,助焊剂此时就在整个金属表面上形成一层薄膜,使其同空气隔绝,从而起到了加热过程中防止氧化的作用。

3)促使焊料流动,减少表面张力熔化后将贴附于金属表面,由于焊料本身表面张力的作用,力图变成球状,从而减小了焊料的附着力,而助焊剂则有减少焊料表面张力、促使焊料流动的功能,故使焊料附着力增强,使焊接质量得到提高。

4)把热量从烙铁头传递到焊料和被焊物表面。因为在焊接中,烙铁头的表面及被焊物的表面之间存在许多间隙,在间隙中有空气,空气又为隔热体,这样必然使被焊物的预热速度减慢。而助焊剂的熔点比焊料和被焊物的熔点都低,故能够先熔化,并填满间隙和润湿焊点,使电烙铁的热量通过它很快地传递到被焊物上,使预热的速度加快。

3.常用的助焊剂分类

助焊剂一般可分为无机、有机和树脂三大类。

(1)无机助焊剂。无机包括无机酸和无机盐。无机酸有盐酸、氟化氢酸、溴化氢酸、磷酸等。无机盐有氯化锌、氯化铵、氟化钠等。无机盐的代表助焊剂是氯化锌和氯化铵的混合物(氯化锌75%,氯化铵25%)。它的熔点约为180℃,是适用于钎焊的助焊剂。由于其具有强烈的腐蚀作用,不能在电子产品装配中使用,只能在特定场合使用,并且焊后一定要清除残渣。

(2)有机助焊剂。有机类助焊剂由有机酸、有机类卤化物以及各种胺盐树脂类等合成。这类助焊剂由于含有酸值较高的成分,因而具有较好的助焊性能,可焊性好。由于此类助焊剂具有一定程度的腐蚀性,残渣不易清洗,焊接时有废气污染,因而限制了它在电子产品装配中的使用。

(3)树脂类助焊剂。这类助焊剂在电子产品装配中应用较广,其主要成分是松香。在加热情况下,松香具有去除焊件表面氧化物的能力,同时焊接后形成的膜层具有覆盖和保护焊点不被氧化腐蚀的作用。由于松脂残渣为非腐蚀性、非导电性、非吸湿性,焊接时没有什么污染,且焊后容易清洗,成本又低,所以这类助焊剂至今还被广泛使用。松香助焊剂的缺点是酸值低,软化点低(55℃左右),且易氧化,易结晶,稳定性差,在高温时很容易脱羧炭化而造成虚焊。目前出现了一种新型的助焊剂——氢化松香,它是用普通松脂提炼来的,氢化松香在常温下不易氧化变色,软化点高,脆性小,酸值稳定,无毒,无特殊气味,残渣易清洗,适用于波峰焊接。

4.清洗剂

在完成焊接操作后,要对焊点进行清洗,避免焊点周围的杂质腐蚀焊点。常用的清洗剂有无水乙醇(无水酒精)、航空洗涤汽油和三氯三氟乙烷。

5.阻焊剂

阻焊剂是一种耐高温的涂料。在焊接时,可将不需要焊接的部位涂上阻焊剂保护起来,使焊料只在需要焊接的焊接点上进行。阻焊剂广泛用于浸焊和波峰焊。

(1)阻焊剂的优点:

1)可避免或减少浸焊时桥接、拉尖、虚焊和连条等弊病,使焊点饱满,大大减少板子的返修量,提高焊接质量,保证产品的可靠性。

2)使用阻焊剂后,除了焊盘外,其余线条均不上锡,可节省大量焊料。另外,由于受热少、冷却快、降低印制电路板的温度,起了保护元器件和集成电路的作用。

3)由于板面部分为阻焊剂膜所覆盖,增加了一定硬度,是印制电路板很好的永久性保护膜,还可以起到防止印制电路板表面受到机械损伤的作用。

(2)阻焊剂的分类:

阻焊剂的种类很多,一般分为干膜型阻焊剂和印料型阻焊剂。现广泛使用印料型阻焊剂,这种阻焊剂又可分为热固化和光固化两种。

1)热固化阻焊剂的优点是价格便宜、附着力强,能耐300℃高温;缺点是要在200℃高温下烘烤2h,板子易翘曲变形,能源消耗大,生产周期长。

2)光固化阻焊剂(光敏阻焊剂)的优点是在高压汞灯照射下,只要2～3min就能固化,节约了大量能源,大大提高了生产效率,便于组织自动化生产。另外,其毒性低,减少了环境污染。不足之处是它溶于酒精,会和印制电路板上喷涂的助焊剂中的酒精成分相溶而影响印制电路板的质量。

3.2.2 焊接工具

焊接工具是指电气焊接用的工具。电子产品装配中使用的焊接工具主要有电烙铁、电热风枪和烙铁架等。

1. 电烙铁

电烙铁是电子制作和电器维修的必备工具,主要用途是焊接元件及导线。按机械结构可分为内热式电烙铁和外热式电烙铁,按功能可分为无吸锡电烙铁和吸锡式电烙铁,根据用途不同又分为大功率电烙铁和小功率电烙铁。电烙铁用于各类无线电整机产品的手工焊接、补焊、维修及更换元器件。

在电子产品中,装配常用的电烙铁一般为直热式电烙铁。直热式电烙铁又分为内热式、外热式和恒温电烙铁等三大类。

(1)内热式电烙铁。

1)内热式电烙铁的组成结构。内热式电烙铁的发热部分(烙铁芯)安装于烙铁头内部,其热量由内向外散发,故称为内热式电烙铁。图3-1给出了内热式电烙铁和外热式电烙铁的结构图。

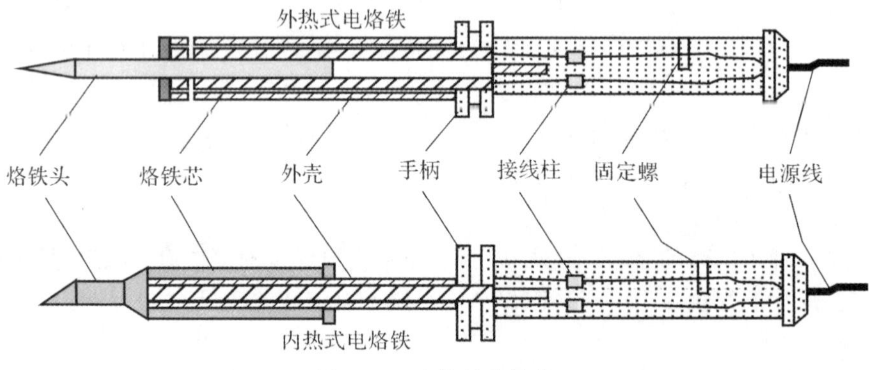

图3-1 电烙铁的结构

2)内热式电烙铁的特点。内热式电烙铁的热效率高,烙铁头升温快,相同功率时的温度高、体积小、重量轻。但烙铁头易氧化、烧死,因而内热式烙铁寿命较短,不适合做大功率的烙铁。

内热式电烙铁特别适合修理人员或业余电子爱好者使用,也适合偶尔需要临时焊接的工种,如调试、质检等。一般电子产品电路板装配多选用35W以下功率的电烙铁。

(2)外热式电烙铁。

1)外热式电烙铁的组成结构。外热式电烙铁的烙铁头安装在烙铁芯的里面,即产生热能的烙铁芯在烙铁头外面,故称为外热式电烙铁,结构如图 3-1 所示。

2)外热式电烙铁的特点。外热电烙铁的优点是经久耐用、使用寿命长,长时间工作时温度平稳,焊接时不易烫坏元器件。但外热式电烙铁的体积大,热效率低。

(3)恒温(调温)电烙铁。恒温电烙铁头内装有带磁铁式的温度控制器,可控制通电时间而实现温控,即给电烙铁通电时,烙铁的温度上升,当达到预定的温度时,因强磁体传感器达到了居里点而磁性消失,从而使磁芯触点断开,这时便停止向电烙铁供电;当温度低于强磁体传感器的居里点时,强磁体便恢复磁性,并吸动磁芯开关中的永久磁铁,使控制开关的触点接通,继续向电烙铁供电。如此循环往复,便达到了控制温度的目的,恒温室电烙铁如图 3-2 所示。

图 3-2　恒温室电烙铁

恒温电烙铁的特点:① 省电;② 使用寿命长;③ 焊接质量高;④ 烙铁头的温度不受电源电压、环境温度的影响;⑤ 恒温电烙铁的体积小、重量轻。

(4)烙铁头的形状及处理。烙铁头的形状要适应焊接物的要求,常见的有锥形、凿形、圆斜面形等形状。图 3-3 所示为常见烙铁头的形状。

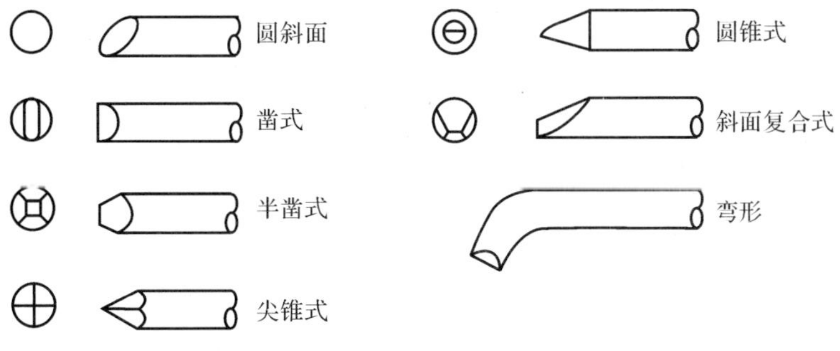

图 3-3　各种常用烙铁头形状

普通的新烙铁第一次使用前要用锉刀去掉烙铁头表面的氧化层,并给烙铁头上锡。烙铁头长时间工作后,由于氧化和腐蚀作用,使烙铁面变得凹凸不平,也须用锉刀锉平。

烙铁头的休整。烙铁头一般是用紫铜材料制成的,内热式电烙铁的烙铁头还经过一次电镀,目的是保护烙铁头不受腐蚀。还有一种烙铁头是用合金制成,该种烙铁头的寿命比紫铜材料烙铁头的寿命要长得多,多用于固定产品印制电路板的焊接。但目前市场上出售的烙铁头大多只是在紫铜表面镀一层锌合金。锌镀层虽然有一定的保护作用,但经过一段时间的使用之后，由于高温和焊接的作用，烙铁头被氧化，使表面凹凸不平，这时就需要修整。

修整的方法一般是将烙铁头拿下来，根据焊接对象的形状及焊点的密度、确定烙铁头的形状和粗细。夹到台钳上用粗锉刀修整，然后用细锉刀修平，最好用细砂纸打磨光。修整过的烙铁头要马上镀锡，方法是将烙铁头装好后，在松香水中浸一下，然后接通电源，待烙铁热后，在木板上放些松香及一些锡焊，用烙铁头沾上锡，在松香中来回摩擦，直到整个烙铁头的修整面均匀地镀上焊锡为止。

(5)电烙铁的选用。电烙铁的种类及规格有很多种，而且被焊工件的大小又有所不同，因而合理地选用电烙铁的功率及种类，对提高焊接质量和效率有直接的关系。

1)焊接集成电路、晶体管及受热易损元器件时，应选用 20W 内热式或 25W 的外热式电烙铁。

2)焊接导线及同轴电缆时，应先用 45～75W 外热式电烙铁，或 50W 内热式电烙铁。

3)焊接较大的元器件时，如行输出变压器的引线脚、大电解电容器的引线脚，金属底盘接地焊片等，应选用 100W 以上的电烙铁。具体电烙铁的选用依据见表 3-2。

4)电烙铁使用可调式的恒温烙铁较好。平时不用烙铁的时候，要让烙铁嘴上保持有一定量的锡，不可把烙铁嘴在海绵上清洁后存放于烙铁架上，海绵须保持有一定量的水分，以使海绵一整天湿润。拿起烙铁开始使用时，须清洁烙铁嘴，但在使用过程中无须将烙铁嘴拿到海绵上清洁，只须将烙铁嘴上的锡放入集锡盒内，这样保持烙铁嘴的温度不会急速下降，若集成芯片上尚有锡提取困难，再加一些锡(因锡丝中含有助焊剂)，就可以轻松地提取多的锡了。烙铁温度在 340～380℃之间为正常情况，但部分敏感元件只可接受 240～280℃的焊接温度；烙铁头发黑，不可用刀片之类的金属器件处理，而是要用松香或锡丝来解决；每天用完后，先清洁，再加足量的锡，然后马上切断电源。

表 3-2 电烙铁的选择依据

焊接对象及工作性质	烙铁头的温度/℃	选用电烙铁
一般印制板和导线	300～400	20W 内热式，30W 外热式，恒温式
集成电路	350～400	20W 内热式，恒温式
电位器，2～8W 电阻，大电解电容，大功率管	350～450	35～50W 内热式，恒温式，50～75W 外热式
8W 以上的电阻	400～500	100W 内热式，150～200W 外热式
金属板、汇流排	500～630	300W 外热式
维修、调试一般电子产品		20W 内热式，感应式，恒温式

(6)电烙铁常见故障及其维护。在使用电烙铁之前，为了保证安全，在使用之前应该检测电烙铁的两个特性：导热性和绝缘性。电烙铁使用过程中常见故障有：电烙铁通电后不热，烙铁头不吃锡，烙铁带电等。

1)电烙铁通电后不热。遇到此故障可用万用表欧姆挡测量插头两端，如表针不动，说明有断路故障。当插头本身无断路故障可卸下胶木柄，用万用表测烙铁芯的两根引线。每个电烙铁根据功率不同所呈现的电阻不同，由公式 $P=UI=U^2/R=I^2R$ 计算可以得到电阻的阻值，用万用表测烙铁芯的两根引线，如表针不动，说明烙铁芯损坏，应该更换新的烙铁芯。若 20W 的内热式电烙铁，如测得电阻值为 2.5kΩ 左右，说明烙铁芯是好的，故障出现在引线上或插头上，多为电源引线断路或插头的接点的断开。进一步用R×1挡测电源引线电阻值，即可发现问题。

更换烙铁芯的方法是：将固定烙铁芯的引线螺钉卸下，把烙铁芯从连接杆中取出，然后将新的同规格烙铁芯插入连接杆将引线固定在固定的螺钉上，并将烙铁芯多余引线头剪掉，以防两引线不慎短路。

2)烙铁头带电。烙铁头带电除电源引线错接在接地线的接线柱上的原因外，多为电源线从烙铁芯接线螺钉上脱落后，碰到了接地的螺钉上，从而造成烙铁头带电。这种故障最易造成触电事故，并损坏元器件。为此，要经常检查压线螺钉是否松动或脱落，应及时修理。

3)烙铁头不“吃锡”。烙铁头经长时间使用后，就会因氧化而不沾锡，这种现象就称为“烧死”，也叫“不吃锡”。当出现“不吃锡”情况时，可用细砂纸或锉将烙铁头重新打磨或锉出新茬，然后重新镀上焊锡就可使用。烙铁头出现凹坑或氧化腐蚀层，使烙铁头的刃面不平，遇此情况，可用锉刀将氧化层及凹坑锉掉，锉成烙铁头原来的形状，然后再上锡，即可重新使用。

(7)烙铁的保养。

1)为何要保养烙铁。烙铁头的工作平面温度较高，长时间暴露于空气中时，极易被氧化。若烙铁头表面被氧化，其表面温度将会严重下降，影响焊接工作，同时会降低烙铁头的使用寿命。保养烙铁就是为了避免以上危害。

2)焊接时烙铁头的保养及使用方法。

ⅰ)使用焊台前的准备工作。必须先检查清洁海绵是否用水浸湿，要先把清洁海绵湿水，再挤干多余的水分。这样才可以使烙铁头得到良好的清洁效果。如果使用非湿润的清洁海绵，会使烙铁头受损而导致不上锡。

ⅱ)进行焊接工作时的保护。焊接前先用清洁海绵清洁烙铁头上的杂质，这样可以保证焊点的质量不会出现虚焊、假焊，可以减慢烙铁头的氧化速度。所以保证烙铁头的清洁度可以延长烙铁头的使用寿命。

ⅲ)焊接工作完毕后的保护。焊接完成后，先清洁烙铁头，再加上一层新焊锡作为保护，这样可以将烙铁头和空气隔离，烙铁头不会和空气中的氧气接触发生氧化反应。

ⅳ)当不使用焊台时的保护。在不使用焊台时，不可让烙铁头长时间处在高温状态，这样会使烙铁头上的焊剂转化为氧化物，致使烙铁头的导热功能大为减退。当焊台不使用时应把电源关掉(针对非控温及无自动休眠功能的焊台)。

ⅴ)当烙铁头已经氧化，应该先通电等烙铁发热后(温度在300℃左右)，用清洁海绵清理烙铁头，并检查烙铁头状况，如果烙铁头的镀锡层部分含有黑色氧化物时，可镀上新锡层，再用清洁海绵抹净烙铁头。如此重复清理，直到彻底去除氧化物，然后在镀上新锡层。当烙铁头变形或穿孔时，必须替换新烙铁头。

ⅵ)其他注意事项。①请经常保持烙铁头上锡，防止氧化。②焊接时，请勿施压过大，否则会使烙铁头受损变形，只要烙铁头能充分接触焊点，热量就可以充分传递。另外选择合适的烙铁头也能帮助您更好地达到焊接效果，提高工作效率。③发热芯的正常保养方法：焊接时不要用力敲烙铁头，高温时容易把发热芯碰坏。

2.常用的辅助工具

(1)尖嘴钳。尖嘴钳是组装电子产品的常用工具，如图3-4所示。钳柄上套有额定电压500V的绝缘套管。用途：主要用来剪切线径较细的单股与多股线，以及给单股 导线接头弯圈、剥塑料绝缘层等，能在较狭小的工作空间操作，不带刃口者只能夹捏工作，带刃口者能剪切细小零件。它是电子产品中装配及修理工作常用工具常用的工具之一。

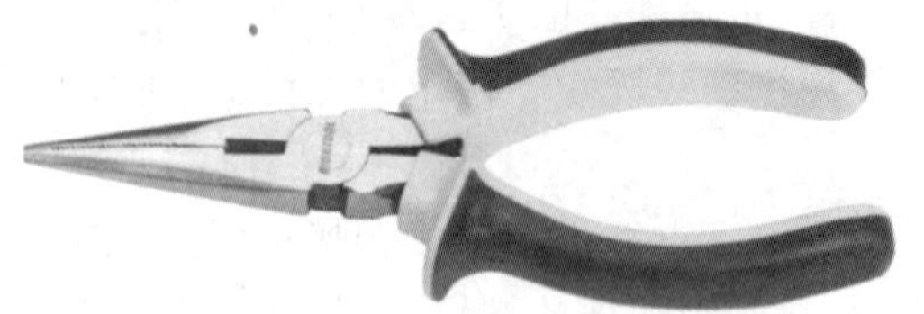

图 3-4 尖嘴钳

(2)斜口钳。斜口钳又称偏口钳，如图 3-5 所示。功能以切断导线为主，但是使用钳子要量力而行，不可以用来剪切钢丝，钢丝绳和过粗的铜导线和铁丝，否则容易导致钳子崩牙和损坏。

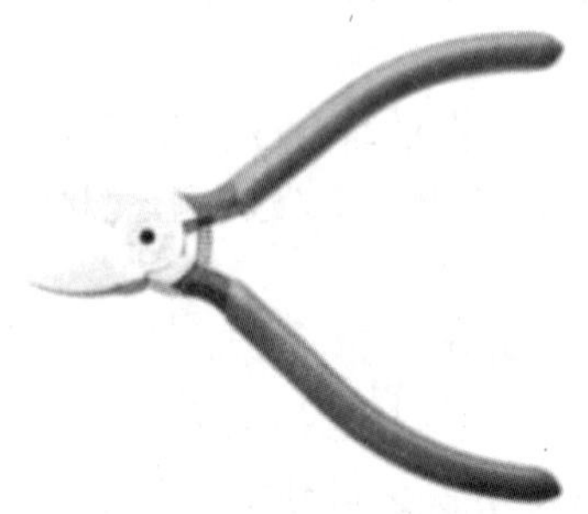

图 3-5 斜口钳

(3)剥线钳。剥线钳是仪器仪表电工常用的工具之一，如图 3-6 所示。主要用途是剥离导线端口的表面绝缘层，通过刀片的不同刃孔可剥除不同导线的绝缘层。剥线钳具有使用率高、剥线尺寸准确、不易损伤芯线等优点。使用剥线钳应注意以下事项：

1)根据缆线的粗细型号，选择相应的剥线刀口；

2)将准备好的电缆放在剥线工具的刀刃中间，选择好要剥线的长度；

3)握住剥线工具手柄，将电缆夹住，缓缓用力使电缆外表皮慢慢剥落，特别注意剥线时，握剥线钳的手不能用力过大，以免损伤导线；

4)松开工具手柄，取出电缆线，这时电缆金属整齐露出外面，其余绝缘塑料应完好无损。

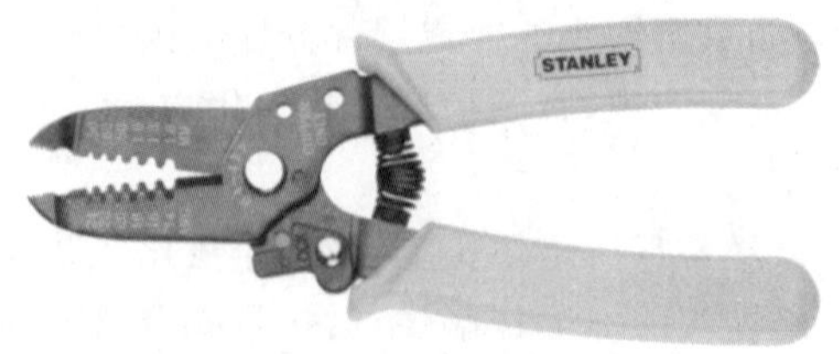

图 3-6 剥线钳

(4)镊子。镊子适用于夹持细小的元器件和导线，在焊接某些怕热的元器件时，用镊子夹住元器件的引脚，能起到散热的作用。镊子是手机维修中经常使用的工具，常常用它夹持导线、元件及集成电路引脚等。

(5)螺丝刀。螺丝刀俗称改锥,用于紧固或拆卸螺钉。常见的螺丝刀有平口和十字两大类,特殊的有无感改锥等,无感改锥的旋杆通常用绝缘材料制成,专用于无线电产品中电感类元件调试,可以减少调试过程中人体对电路的干扰。

3.3　手工焊接技术

3.3.1　焊接准备

手工焊接是焊接技术的基础,也是电子产品装配中的基本操作技能之一。手工焊接适合于产品试制、电子产品的小批量生产、电子产品的调试与维修以及某些不适合自动焊接的场合。

1. 手工焊接的要点

(1)保证正确的焊接姿势。一般采用坐姿焊接,工作台和座椅的高度要合适。

(2)熟练掌握焊接的基本操作步骤。

2. 电烙铁的使用方法

手工焊接时,可以根据烙铁的大小和被焊元件规格及焊盘的大小密集程度,决定手持电烙铁的方法,通常电烙铁的握法有 3 种,如图 3-7 所示。

(1)反握法:适合于较大功率的电烙铁,对大焊点的焊接操作。

(2)正握法:适用于中功率的电烙铁及带弯头的电烙铁的操作,或直烙铁头在大型机架上的焊接。

(3)笔握法:此法适用于小功率的电烙铁,用于焊接散热量小的被焊件,如焊接收音机、电视机的印制电路板及其维修等。小的电子制作大部分都采用该握法。

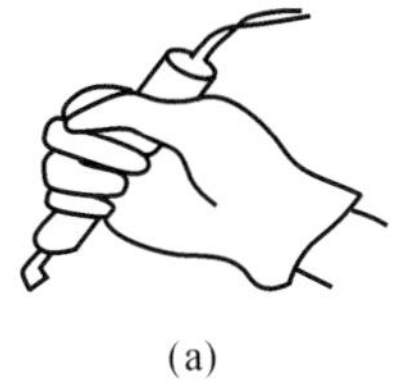

(a)

(b)

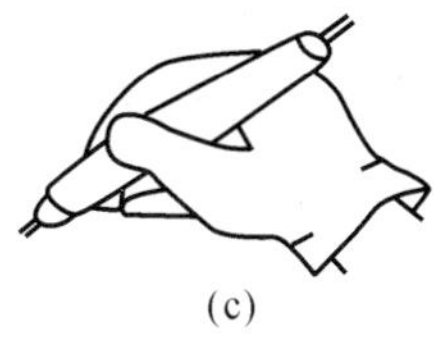

(c)

图 3-7　电烙铁握法

(a)反握法;　(b)正握法;　(c)笔握法

3. 焊锡的基本拿法

焊锡丝一般有两种拿法。焊接时,一般左手拿焊锡,右手拿电烙铁。进行连续焊接时采用图 3-8 所示的拿法,这种拿法可以连续向前递送焊锡丝。图 3-9 所示的拿法在只焊接几个焊点或断续焊接时适用,不适合连续焊接。

图 3-8　连续焊接

图 3-9　断续焊接

4. 电烙铁使用注意事项

(1)在使用前或更换烙铁芯后,必须检查电源线与地线的接头是否正确。

(2)电烙铁加热后的温度很高,一般都在300℃以上,因此千万不能触摸电烙铁,暂时不用的时候必须放在烙铁架上(一般将烙铁架放置于工作台的右前方)。

(3)在使用电烙铁的过程中,一定要轻拿轻放。拿烙铁的手柄部位并且要拿稳。

(4)电烙铁在焊接时,如果要用到助焊剂,最好选用松香焊剂,以保护烙铁头不被腐蚀。

(5)如果使用的是合金烙铁头(长寿烙铁)时切忌用锉刀修整。

(6)人体头部与烙铁头之间一般要保持30 cm以上的距离,以避免过多的有害气体吸入体内,因为焊剂加热时挥发出的化学物质对人体是有害的。

3.3.2 焊接操作的基本步骤

为了保证焊点的质量,掌握好烙铁的温度和焊接时间是焊接的基本要领。手工焊接的方法通常分为5个步骤,具体操作如图3-10所示。

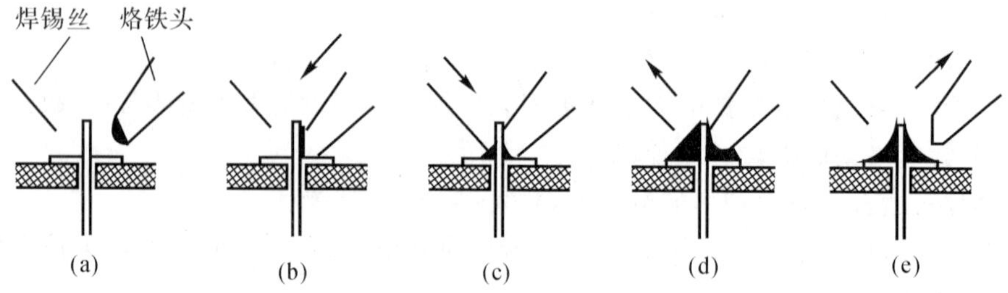

图3-10 焊接步骤示意图

(a)准备; (b)加热; (c)加焊锡丝; (d)去焊锡丝; (e)撤离烙铁

(1)准备。首先将被焊件、焊锡丝和烙铁准备好,处于随时可焊状态,即左手拿焊锡丝,右手握住已上锡的烙铁,做好焊接准备。要求保持烙铁干净,并在表面镀一层锡。

(2)加热焊件。烙铁头靠在焊件与焊盘之间的连接处,加热时间为2s左右,对于在印制板上焊接元器件时,要注意烙铁头同时紧密接触焊盘和元器件的引脚,烙铁头与印制板应保持45°夹角,以保证元器件引脚与焊盘同时均匀受热。

(3)加焊锡丝。被焊件经过加热达到一定温度后,立即将左手中的焊锡丝接触被焊件,熔化适量的焊料,焊锡应加到被焊件上烙铁头对称的一侧,而不是直接加到烙铁头上。

(4)去焊锡丝。移走焊锡丝,焊锡丝熔化一定数量后,迅速向左上45°方向移开焊锡丝。

(5)撤离烙铁。焊料的扩散范围达到要求后移开烙铁,撤离烙铁的方向和速度的快慢与焊接质量有关,操作时应注意。

3.3.3 手工焊接技巧

在焊接过程中除了应严格按照焊接步骤操作外,还应注意以下几方面。

(1)焊件表面要处理好。焊接时焊件金属的表面应保持清洁,因此在焊接前要对焊件进行清理,去除焊件表面的氧化层、油污、锈迹、杂质等。

(2)保持烙铁头的清洁。焊接时,由于烙铁头的温度很高,且经常接触助焊剂,其表面容易形成黑色的杂质,这些杂质容易形成隔热层,使烙铁头失去加热作用且影响焊接质量及美观,应及时用浸湿的棉布或湿海绵进行擦拭。

(3)加热焊件的位置要合理。焊接时，烙铁头应同时给两个焊件加热，使得两个焊件受热均匀，防止出现虚焊的现象。对于圆斜面形的烙铁头在焊接时应将其斜面向上，利于观察焊锡的量。

(4)焊接时间要适当。从加热焊件到撤离电烙铁的时间一般应在 2～3s 内。如果时间过长，会使得焊点中的助焊剂完全挥发，失去助焊的作用，导致焊点表面粗糙、颜色发黑、无光泽、形状不好；如果时间过短，焊接处的温度达不到焊接要求，焊料不能充分熔化，容易造成虚焊。

(5)焊料供给要恰当。焊料的供给量要根据焊件的大小来定，过多造成浪费且使得焊点过于饱满，过少则不能使得焊件牢固结合，降低焊接强度。另外，焊料供给的位置应在焊点上离烙铁头较远的部位，利用焊料由低温处向高温处流动的特性自动填充整个焊点。

(6)电烙铁的撤离方向要正确。撤离电烙铁是整个焊接过程中相当关键的一步，当焊点接近饱满，助焊剂尚未完全挥发、焊点最光亮、流动性最强的时候，应以向右上 45°方向迅速移开烙铁。电烙铁撤离的方向会对焊点的焊锡量造成一定的影响，如图 3－11 所示为电烙铁的撤离方向与焊锡量的关系。

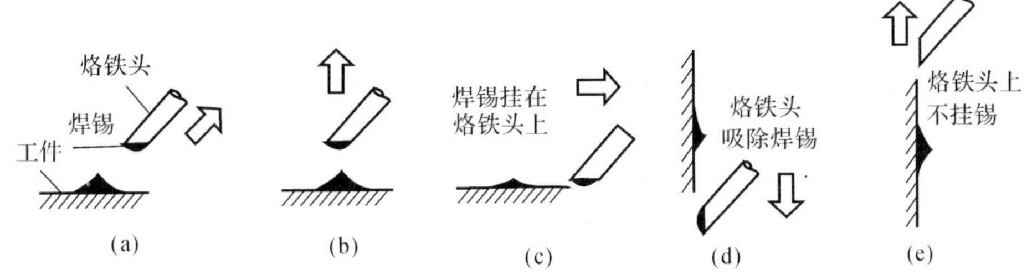

图 3－11　电烙铁撤离方向与焊锡量的关系

(a)沿烙铁轴向 45°撤离；(b)向上方撤离；(c)水平方向撤离；(d)垂直向下撤离；(e)垂直向上撤离

(7)焊锡凝固要注意。在焊点上的焊锡没有凝固之前，切勿使焊件移动或受到震动，特别是用镊子夹住焊件时，一定要等焊锡凝固后再移走镊子，否则极易造成焊点结构疏松或虚焊。表 3－3 给出了烙铁头撤离方向对焊料的影响。

表 3－3　烙铁头撤离方向对焊料的影响

操作示意图	烙铁撤离方向	结　果
	与印制板成 45°方向撤离	焊点圆滑，带走少量焊料
	与印制板成 90°向上撤离	焊点容易拉尖形成毛刺
	沿印制板水平方向撤离	带走大量焊料，容易造成搭焊和桥焊

(8)防止焊接点上的焊锡任意流动,理想情况下的焊接是焊锡只焊接在需要焊接的部位。在焊接操作时,应严格控制焊锡流向。

(9)焊接过程中不能烫伤周围的元器件及导线,对于电路结构比较紧凑、形状比较复杂的产品。在焊接时注意不要使电烙铁烫伤周围导线的塑料绝缘层及元器件表面。

(10)不要使用烙铁头作为运载焊料的工具,会造成焊料的氧化。

3.3.4 焊点质量检查

焊点质量直接关系着电子产品的稳定性与可靠性。对焊点的质量要求,应该包括电气接触良好、机械结合牢固和美观三方面。保证焊点质量最关键的一步就是避免虚焊。

1.虚焊产生的原因及危害

虚焊主要是由待焊金属表面的氧化物和污垢造成的,它使焊点成为有接触电阻的连接状态,导致电路工作不正常,出现时好时坏的不稳定现象,噪声增加而没有规律性,给电路的调试、使用和维护带来重大的隐患。

此外,也有一部分虚焊点在电路开始工作的一段时间内,尚可保持接触,因此不容易被发现。但在温度、湿度和震动等环境条件的作用下,接触表面逐步被氧化,接触慢慢地变得不完全。虚焊点的接触电阻会引起局部发热,局部温度升高又促使不完全接触的焊点情况进一步恶化,最终甚至导致焊点脱落,使电路完全不能正常工作。

一般来说,造成虚焊的主要原因是:焊锡质量差;助焊剂的还原性不好或用量不够;被焊接处表面未预先清洁好,镀锡不牢;烙铁头的温度过高或过低,表面有氧化层;焊接时间掌握不好;焊接中焊锡尚未凝固时,焊接元件松动。

2.焊点的质量要求与检查

焊接点的质量检验标准:

(1)可靠的电气性能。一个良好的焊接点应是焊料与被焊金属物表面互相扩散,形成金属化合物,而不是简单地将焊料堆积在被焊金属表面。如果焊锡只是简单的堆积在焊件的表面或只有少部分焊接,那么,在最初的测试工作中,焊点能实现一定的电器连接,但随着工作环境和时间的推移,会造成接触层氧化而出现脱离现象,导致电路产生间歇通断或者完全不工作。所以焊点质量良好,才能保证良好的导电性。

(2)足够的机械强度。为保证被焊件在受到振动或冲击时不致松动、脱离,要求焊点要有足够的机械强度。

(3)焊点美观。一个良好的焊点表面要有光泽且表面光滑,不应凹凸不平或有毛刺。相邻的两个焊点若有毛刺或空隙时,在高频电路中容易造成尖端放电。这主要与焊接的温度和焊剂的使用有关。

3.焊点的外观检查

(1)颜色和光亮。表面光滑且有特殊的光泽和颜色,如果颜色和光泽发灰发白,焊点表面不平或呈渣状和有针孔,说明焊接质量不好。

(2)外形。良好的焊点形状为近似圆锥形,它们外形以焊接导线为中心,均匀、成裙形拉开;焊料的连接呈半弓形凹面,焊料与焊件交界面处平滑,润湿角较小;表面有光泽且平滑、无裂纹、针孔、夹渣。

(3)焊锡量。焊点的焊锡量应当适量,焊接点上焊料过少,机械强度差,在低温环境下容易变脆而脱焊，还会随着氧化加深，容易造成焊点失效；焊料过多，有可能掩盖焊点内部焊接不良的现象且在焊点密度较大处容易造成桥连，或因细小的灰尘在潮湿的气候里引起短路，而且使成本上升。典型焊点外观要求如图 3－12 所示。

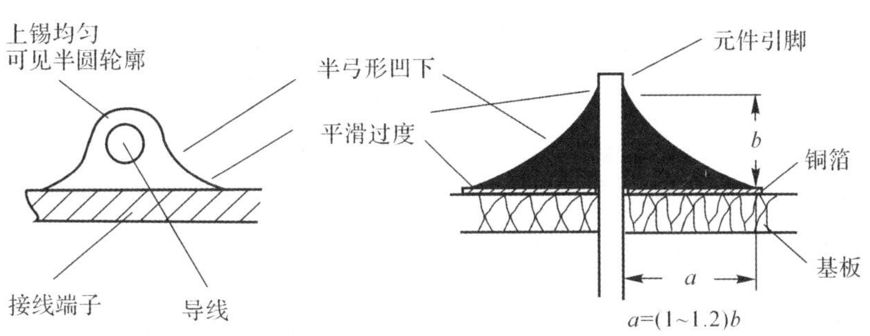

图 3－12　典型焊点外观特征

4. 手触检查及通电检查

在外观检查中如果发现可疑现象，可采用手触检查。主要用手指触摸元器件有无松动、焊接不牢的现象，也可用镊子轻轻拨动焊接部分或者夹住元器件引脚轻轻拉动观察有无松动现象。

在外观检查结束后认为连线无误时，才可进行通电检查，这是检验电路性能的关键步骤。如果不经过严格的外观检查，通电检查不仅困难较多，而且可能损坏设备仪器，造成安全事故。

5. 常见焊点缺陷与原因分析

造成焊点的缺陷的原因很多，但主要是由材料、工具、焊接的方式方法以及操作者的责任心等造成的。表 3－4 所示为常见焊点的缺陷分析。

表 3－4　常见焊点的缺陷和分析

焊点缺陷	外观特点	危　害	原因分析
虚焊	焊锡与元器件引线和铜箔之间有明显黑色界限，焊锡向界限凹陷	不能正常工作	1. 元器件引线未清洁好、未镀好锡或锡氧化； 2. 印制板未清洁好，喷涂的助焊剂质量不好
焊料过多	焊点表面向外凸出	浪费焊料，可能包藏缺陷	焊丝撤离过迟
焊料过少	焊点面积小于焊盘的 80%，焊料未形成平滑的过渡面	机械强度不足	1. 焊锡流动性差或焊锡撤离过早； 2. 助焊剂不足； 3. 焊接时间太短

续 表

焊点缺陷	外观特点	危　害	原因分析
松香焊	焊缝中夹有松香渣	强度不足，导通不良，可能时通时断	1. 助焊剂过多或已失效； 2. 焊接时间不够，加热不足； 3. 焊件表面有氧化膜
过热	焊点发白，表面较粗糙，无金属光泽	焊盘强度降低，容易剥落	烙铁功率过大，加热时间过长
冷焊	表面呈豆腐渣状颗粒，可能有裂纹	强度低，导电性能不好	焊料未凝固前焊件抖动
不对称焊	焊锡未流满焊盘	强度不足	1. 焊料流动性差； 2. 助焊剂不足或质量差； 3. 加热不足
松动	导线或元器件引线可移动	不导通或导通不良	1. 焊锡未凝固前引线移动造成间隙； 2. 引线未处理好（不浸润或浸润差）
拉尖	焊点出现尖端	外观不佳，容易造成桥接短路	1. 助焊剂过少而加热时间过长； 2. 烙铁撤离角度不当
桥接	相邻导线连接	电气短路	1. 焊锡过多； 2. 烙铁撤离角度不当
针孔	目测或低倍放大镜可见焊点有孔	强度不足，焊点容易腐蚀	引线与焊盘孔的间隙过大
铜箔翘起	铜箔从印制板上剥离	印制板已被损坏	焊接时间太长，温度过高

3.4 手工拆焊

在调试、维修电子设备的工作中，经常需要更换一些元器件。拆卸元器件必须遵循两条原则：一是拆下来的元器件不受损伤；二是拆完元器件后的电路板应完好无损。

对于一般电阻、电容、晶体管这样管脚不多，且每个引线能够相对活动的元器件，可以用烙铁直接拆焊。方法是先将印制板竖起来固定，一边用烙铁加热元器件的焊点至焊料熔化，同时用镊子或尖嘴钳夹住元器件的引线，轻轻地拉出来。

重新焊接时，必须保证拆掉元器件的焊孔是畅通的，才能把新的元器件引线插进去进行焊接。假如在拆焊时焊孔被锡堵住，就要在电烙铁加热熔化焊锡的情况下，用锥子将焊孔再次扎通。需要指出的是，这种方法不宜在一个焊点上多次使用，原因在于印制导线和焊盘经过反复加热、拆焊、补焊以后很容易脱落，印制板将被损坏。

3.4.1 拆焊的基本原则

良好的拆焊技术可以保证调试、维修工作的顺利进行，避免由于更换器件不当而增加电子产品的故障率。

在进行拆焊操作前，应先弄清楚原焊接点的特点，并遵循以下原则。

(1)拆焊的同时不要损坏待拆除的元器件、导线及周围的相关元器件。

(2)拆焊操作时，不可以损坏印制电路板上的焊盘与印制导线。

(3)若已经确定元器件损坏时，应先将损坏元器件的引脚剪断，然后再拆除，这样就可以减少其他损伤。

(4)在拆焊过程中，应尽量避免拆动其他元器件或是变动其他元器件的位置，如果确实需要对其他元器件进行拆卸时，应做好复原的准备。

3.4.2 拆焊工具

拆焊的工具有以下几种：

(1)吸锡电烙铁。吸锡电烙铁用于吸取融化的焊盘，使焊盘与元器件和导线剥离，达到解除焊接的目的。这种吸锡电烙铁的不足之处是每次只能对一个焊点进行拆焊。

(2)吸锡器。吸锡器是一种修理电器用的工具，收集拆卸焊盘电子元件时融化的焊锡。其有手动、电动两种。维修拆卸零件需要使用吸锡器，尤其是大规模集成电路，更为难拆，拆不好容易破坏印制电路板，造成不必要的损失。简单的吸锡器是手动式的，且大部分是塑料制品，它的头部由于常常接触高温，因此通常都采用耐高温塑料制成。

吸锡器的使用技巧：

1)要确保吸锡器活塞密封良好。通电前，用手指堵住吸锡器器头的小孔，按下按钮，如活塞不易弹出到位，说明密封是好的。

2)吸锡器头的孔径有不同尺寸，要选择合适的规格使用。

3)吸锡器头用旧后，要适时更换。

4)接触焊点以前，都蘸一点松香，改善焊锡的流动性。

5)头部接触焊点的时间稍长些，焊锡融化后，以焊点针脚为中心，手向外按顺时针方向画一个圆圈之后，再按动吸锡器按钮。

（3）吸锡绳。吸锡绳用于吸取焊点上的焊锡，使用时将焊锡融化使之吸附在吸锡绳上。

（4）热风枪。热风枪主要是利用发热电阻丝的枪芯吹出的热风来对元件进行焊接与摘取元件的工具。其主要用于集成电路的拆焊。热风枪是手机维修中用得最多的工具之一，使用的工艺要求很高。从取下或安装小元件到大片的集成电路都要用到热风枪。在不同的场合，对热风枪的温度和风量等有特殊要求，温度过低会造成元件虚焊，温度过高会损坏元件及线路板。

3.4.3 拆焊方法

1. 操作方法

在进行拆焊操作时，可以根据不同的焊接点选择不同的拆焊方法。常用的拆焊方法主要有分点拆焊法、集中拆焊法、保留拆焊法和剪断拆焊法。

（1）分点拆焊法。此法适用于卧式安装的电子元器件，其两个焊点距离较远，可以使用电烙铁分点加热，逐点拔出，若是元器件的引脚是弯曲的，应用电烙铁头撬直后再进行拆除。使用烙铁拆焊注意：

1）烙铁头加热被拆焊点时，焊料一熔化，就应及时按垂直印制电路板的方向拔出元器件的引线。不管元器件的安装位置如何，是否容易取出，都不要强拉或扭转元器件，以避免损伤印制电路板和其他元器件。

2）插装新元器件之前，必须把焊盘插线孔内的焊料清除干净，否则可在插装新元器件引线时，将造成印制电路板的焊盘翘起。消除焊盘插线孔用捅针，从印制电路板的非焊盘面插入孔内。然后用电烙铁对准焊盘插线孔加热，持焊料熔化时，用捅针从中穿出，从而清除孔内焊料。

（2）集中拆焊法。若是拆焊类似于排电阻器这样的电子元器件时，可以使用集中拆焊法进行操作，使用热风焊机对几个焊接点进行加热，等焊锡熔化后，可以使用镊子将其一次拔出。

（3）保留拆焊法。在拆焊操作时，若是需要保留电子元器件的引脚和导线端头，可以使用吸锡器先吸去被拆焊接点外面的焊锡。进行该操作前，应先使用电烙铁将焊点上的焊锡熔化后，再使用吸锡器吸锡。一般情况下，用吸锡器吸去焊锡后就可以将元器件顺利摘下。

拆焊时，如果遇到多引脚的电子元器件，则需要借助热风焊机对多引脚的引脚进行同时加热，使其表面的焊锡熔化，使用镊子即可将整个元器件焊下。使用热风焊机焊接集成电路时。在集成电路下方放置一块木板或其他隔热装置，以防止在使用热风焊机加热电路板时，热量太大损坏其他的装置。将集成电路引脚的焊点熔化时，使用镊子及时将集成点取下，防止焊点重新固化。

（4）剪断拆焊法。拆焊操作时，若是确定电子元器件已经损坏，可以先将电子元器件或导线剪下，然后再使用电烙铁和吸锡器将焊盘上的线头拆下。

在对电子元器件进行拆焊操作时，还应注意一些相关的要点。

1）拆焊的加热时间和温度与焊接时相比要长、要高，但是要严格控制温度和加热时间，以免高温损坏其他元器件。

2）在高温状态下，元器件封装的强度会有所下降，尤其是塑封器件，过度地进行拉、摇、扭元器件都会损坏元器件和焊盘，所以拆焊时力度应小一些。

3）拆焊前，用吸锡工具吸去焊料，有时可以直接将元器件拔下。即使还有少量锡连接，也可以减少拆焊的时间，降低元器件和印制板损坏的可能性。在没有吸锡工具的情况下，则可以将印制电路板或能移动的部件倒过来，用电烙铁加热拆焊点，利用重力原理，让焊锡自动流向电烙铁，也能达到部分去锡的目的。

2. 拆焊的操作要领

严格控制加热的时间和温度。一般元器件及导线的绝缘层耐热性较差，受热易损元器件对温度更是敏感，在拆焊时如果时间太长或温度过高可能损坏元器件，甚至有可能损坏印刷版焊盘，使焊盘翘起甚至焊盘脱落。因此应该严格控制加热的时间和温度。

拆焊时不要用力过猛。在高温条件下，元器件的封装强度会下降，尤其是塑封元器件，用力摇、拉会损坏元器件和焊盘。

吸去拆焊点上的焊料。在拆焊前可以用拆焊工具吸去焊料，有时可直接将元器件拆下。

3. 贴片元器件的手工焊接和拆焊

该操作最好在一种带有照明灯的放大镜下进行。

(1)分立贴片元器件的焊接(电阻、电容、二极管等)。焊锡丝采用0.5mm规格，电烙铁采用20W，必要时可在烙铁头上加缠铜丝改制成较细小的烙铁头。操作的关键是在焊第一个焊点时要对准焊盘的位置。

(2)集成贴片元器件的焊接。其采用“滚焊”(或称拖焊)的手法实现，具体操作如下：

首先用镊子夹持待焊元器件放在电路板上准确的位置，使元件焊端对齐两端焊盘，先将对角线上两个引脚焊好，然后将电路板按一定的角度倾斜搁置，让大量的焊料在充足的焊剂的保护下，从上到下在引脚上慢慢拖滚下来，要控制好印制电路板摆放的角度以及掌握好电烙铁在每一个引脚处停留引导的时间，焊锡所经之处会自动留下一个个完美的焊点，滚焊时所用的电烙铁功率不能太小。实际操作要多练习才能掌握。

更好的方法是利用备有与各种元器件规格相匹配的热风焊头，不仅可以用来拆焊那些需要更换的元器件，还能吹熔焊料，把新贴装的元器件焊接上去。

3.5 实用焊接工艺

元器件在印制板上的焊接是电子产品制造的最重要环节，其好坏直接影响电子产品的质量。

3.5.1 元器件在印制板上的焊接

元器件在印制板上的焊接是电子装配的核心环节，其焊接质量的好坏直接决定产品的质量。

1. 准备工作

(1)焊前检查。在焊接前应该读懂电路原理图，然后对印制电路板和元器件进行检查，主要检查印制板图和电路图是否相符合，有没有短路、断路、缺孔等现象，印制板表面有无氧化、腐蚀等情况。

(2)元器件的检查。在焊接前首先从外观检查所有元器件引脚有无氧化或者腐蚀，然后对所有元器件进行测量检查是否有损坏情况，并根据元器件清单对所有元件进行分类。

(3)镀锡。为了提高元件的焊接质量和速度，避免虚焊等缺陷，应在焊接前对焊接表面进行镀锡处理，这是焊接前的重要环节。特别是对一些可焊性差的元件，镀锡是为了保证焊点的可靠连接。

2. 一般元器件的安置布局

元器件的布设应该遵循以下几条原则：

(1)元器件在整个板面上分布均匀、疏密一致。

(2)元器件不要占满板面，注意板边四周要留有一定空间。

(3)对于通孔安装，元器件一般只能布设在印制板的元件面上，不能布设在焊接面。

(4)元器件的布设不能立体交叉或重叠上下交叉，避免元器件外壳相碰。

(5)元器件的安装高度要尽量低，一般元件和引线离开板面不要超过 5mm，过高则承受振动和冲击的稳定性变差，容易倒伏或与相邻的元器件碰接。

(6)根据印制板在整机中的安置位置及状态，确定元件的轴线方向。

(7)对晶体管的安装一定要分清集电极、基极、发射极。在元件密集的地方应给三引脚套上不同颜色的塑料套管，防止碰级短路。

(8)对于电位器、可变电容器或可调电感线圈等调节元件的布局，要考虑整机结构的安排。

(9)为了保证调试、维修的安全，特别要注意带高电压的元器件(例如显示器的阳极高压电路元件)，尽量将它们布置在操作时人手不易触及的地方。

3. 元器件引脚的弯曲成形

为了提高电路板焊接的质量和美观，元器件在电路板上的焊接时排列整齐、高低一致是元器件成型必不可少的条件。元器件成型的各种形状如图 3 - 13 所示。

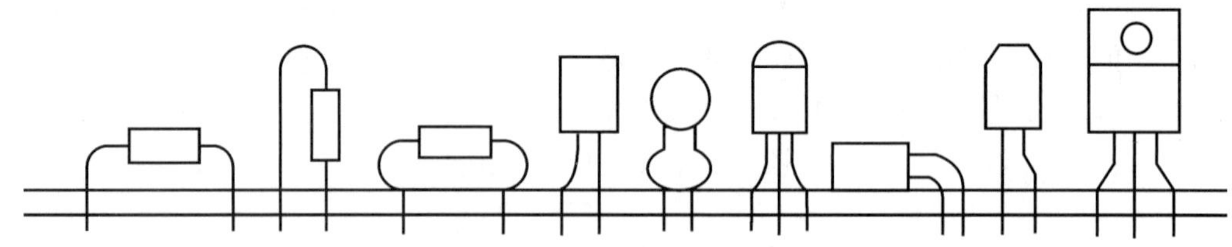

图 3 - 13 印制板上元器件成型

元器件成型应注意以下几点。

(1)所有的元器件均不能从根部弯曲，因为制作工艺的原因，根部容易折断，一般应保留 1.5mm 以上。

(2)元器件弯曲不能成直角，一般应该成圆弧状，且圆弧半径大于引线直径的 1～2 倍。

(3)要尽量将所有的元器件的字符置于容易观察的位置。

4. 元器件的插装

在印制板上，元器件的插装安装方式可分为卧式与立式两种。卧式是指元件的轴向与板面平行，立式则是垂直于板面的，如图 3 - 14 所示。

(1)立式安装。立式固定的元器件占用面积小，单位面积上容纳元器件的数量多。这种安装方式适合于元器件排列密集紧凑的产品。立式安装的元器件要求体积小、重量轻，过大、过重的元器件不宜使用。

(2)卧式安装。与立式安装相比，卧式安装的元器件具有机械稳定性好、板面排列整齐等优点。卧式安装使元器件的跨距加大，两焊点之间容易走线，导线布设十分有利。

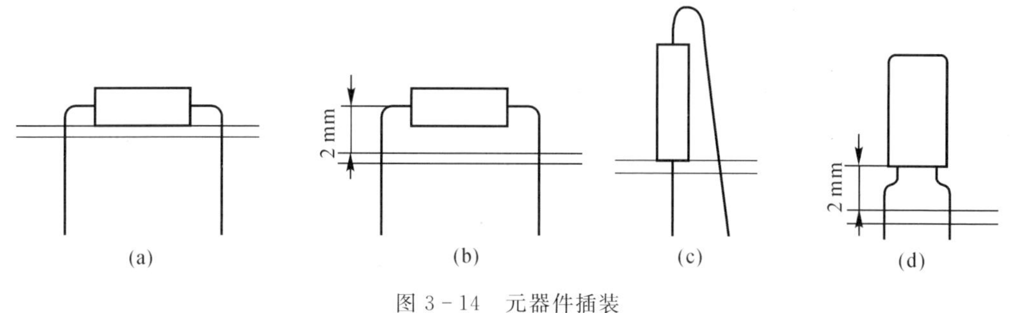

图 3-14 元器件插装

(a)卧式贴板； (b)卧式悬空； (c)立式贴板； (d)立式悬空

插装元器件还要注意以下原则：

1)装配时，应该先安装那些需要机械固定的元器件，如功率器件的散热器、支架、卡子等，然后再安装靠焊接固定的元器件。否则，就会在机械紧固时，使印制板受力变形而损坏其他元器件。

2)各种元器件的安装，应该使它们的标记(用色码或字符标过的数值、精度等)朝上或朝着易于辨认的方向，并注意与标记的读数方向一致(从左到右或从上到下)。卧式安装的元器件，尽量使两端引线的长度相等对称，把元器件放在两孔中央，排列要整齐；立式安装的色环电阻应该高度一致，最好让起始色环向上以便检查安装错误，上端的引线不要留得太长以免与其他元器件短路，有极性的元器件，插装时要保证方向正确。

3)在非专业化条件下批量制作电子产品的时候，通常是安装元器件与焊接同步进行操作。应该先装配焊接那些比较耐热的元器件，如接插件、小型变压器、电阻、电容等；然后再装配焊接那些比较怕热的元器件，如各种半导体器件及塑料封装的元件。

4)安装时不要用手直接碰元器件的引线和印制板上的铜箔。

5. 集成电路的安装

(1)双列直插式集成电路的安装。安装集成电路时一定要弄清其方向和引线脚的排列顺序，不能插错。双列直插式(DIP型)器件一般采用专用插座进行安装。装配和焊接的规范程度，主要取决于印制板设计、制作的精度，因此比较容易掌握。当然，这种集成芯片也能直接插焊在印制板上。

插拔双列直插式集成电路一定要注意方法。插入时，如果插脚间距与插座不符，可以用平口钳小心地矫正引脚，注意用力要轻柔。将所有管脚都对准插座以后，再均匀地用力插入。拔出时，应该使用专用的集成电路起拔器。如果手头暂时没有这种工具，可以用小一字螺丝刀轮流从两端轻轻橇起。切勿只从一边猛撬，导致管脚变形甚至折断。

(2)功率器件的安装。功率器件，通常是指功率在1W以上的器件。不论是功率晶体管还是功率集成电路，在使用中都会因消耗电能而发热。为保证电路内部的PN结不致温度过高而损坏，安装时都要配有相应的散热器。一个耗散功率为100W的晶体管，如果不安装散热器，并设法使装配中的热阻尽可能小，则只能承受50W或更小的功率。

整机产品的实际电路中又可以分成两种具体形式。一种是直接将器件和散热片用螺钉固定在印制板上，像其他元器件一样在板的另一面进行焊接。另一种是将功率器件及散热器作为一个独立部件安装在设备中便于散热的地方，例如安装在侧面板或后面板上，器件的电极通过安装导线同印制板电路相连接。

6.印制电路板焊接

焊接印制板,除了遵循焊接要领外,还须注意以下几点。

(1)电烙铁一般选用内热式(20～30W)或者调温式的,烙铁头形状应该根据印制电路板上焊盘的大小而定。

(2)加热时,应尽量使烙铁头同时接触印制板上的铜箔和元器件的引脚。对较大的焊盘焊接时可移动烙铁,即烙铁绕焊盘转动焊接,以免局部过热损坏元器件。

(3)耐热式元器件应使用工具辅助散热。

(4)印制板焊后处理。在印制板焊接完成后应剪去多余的引线,注意不要对焊点施加剪切力以外的力。还应该检查印制电路板上所有元器件引线的焊点,修补焊点缺陷。

3.5.2 导线的焊接

1.常用导线

电子产品中常见的导线有以下四种:单股导线、多股导线、排线和屏蔽线。

(1)单股导线。绝缘层内只有一根导线,俗称"硬线",容易成型固定,常用于固定位置连接。漆包线也属于此范围,只不过它的绝缘层不是塑胶而是绝缘漆。这类导线抗折性差,常用于不需要经常拉动的两固定点的连接。

(2)多股导线。绝缘层内有 4～67 根或更多的导线,俗称"软"线,由于柔软性好,使用较广泛。

(3)排线。属于多股导线,常常用于数据的传输。

(4)屏蔽线。在弱信号的传输中应用很广,它的作用是防止相邻元器件的相互干扰,同时也可防止外来的电磁干扰。同样结构的还有高频传输线,一般叫作同轴电缆导线。

2. 导线焊前处理

(1)剥绝缘层。导线焊接前要除去末端绝缘层。剥除绝缘层可用普通工具或专用工具。大规模生产中有专用机械。

在一般情况下,可用专门的剥线钳。若无剥线钳,可用普通钳子的剪口,但要细心操作。也可自制剥线器,用宽 1～2cm、长 10cm 以上的铜片,弯曲固定在烙铁的外壳前端,在 1～2cm 长上,剪几个缺口,适用不同规格导线,利用烙铁余热,割断剥皮部分与导线间的绝缘层,如图 3-15 所示。也可用废旧指甲剪,用锉刀在刃口上锉出缺口,专门用来剥线。

剥线时,不能伤及导线,更不能断线。对多股导线剥除绝缘层时,注意将芯拧成螺旋状,如图 3-16 所示。一般采用边拽边拧的方式。

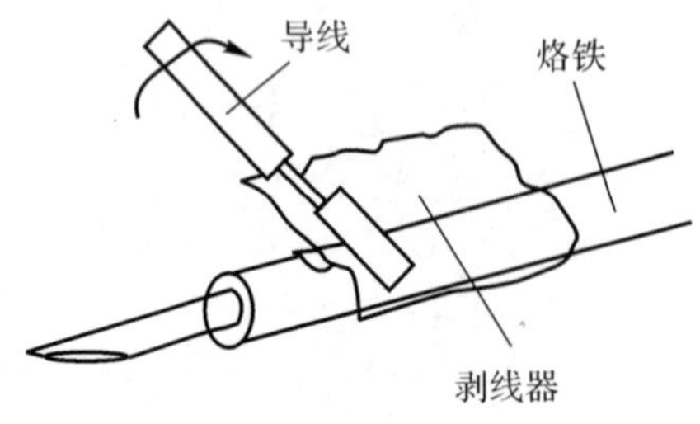

图 3-15 简易剥线器

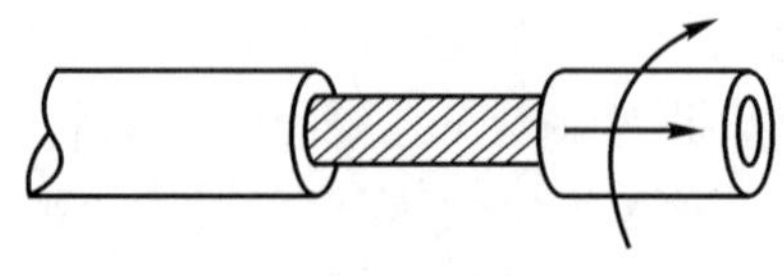

图 3-16 多股导线剥线技巧

(2)预焊。导线焊接,预焊是必不可少的一步。尤其是多股导线,如不进行预焊,焊接质量很难保证。

导线的预焊又叫挂锡或镀锡,方法同元器件引线预焊一样。但对于多股导线挂锡时的旋转要与绞合方向一致,避免散丝。同时也要注意不要让焊锡浸入绝缘层内,出现"烛心效应",会使软线变硬,容易折断。预焊时,在线头根部一般应留 1mm 长度的不镀锡段,有利于提高抗折弯性能。

3. 导线焊接及末端处理

导线同接线端子的连接有 3 种基本形式如图 3-17 所示。

(1)绕焊。把经过上锡的导线端头在接线端子上缠一圈,用钳子拉紧,缠牢后进行焊接,如图 3-17(b)所示。注意导线要紧贴端子,导线根部留出 1～3mm 为宜。

(2) 钩焊。将导线弯成钩状,钩在接线端子上,并且钳子夹紧后施焊,如图 3-17(c)所示,这种方法强度低于绕焊,操作方便。

(3)搭焊。把经过镀锡的导线搭到接线端子上施焊,如图 3-17(d)所示,这种形式连接方便,但可靠性差,仅用于临时连接不便于缠钩的地方或某些接插件上。

4. 导线与导线的连接

导线与导线的连接以绕焊为主,其操作步骤:

(1)去掉一定长度的绝缘皮。

(2)端头上锡,并穿上合适套管。

(3)绞合,施焊。

(4)趁热套上套管,冷却后套管固定在接头处。

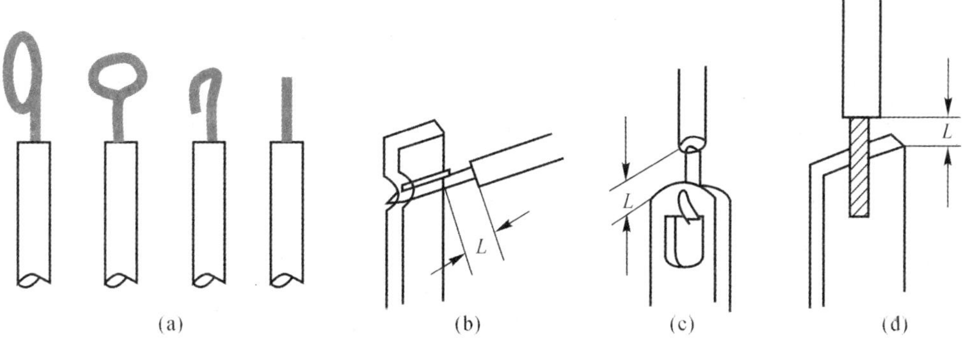

图 3-17　连接的 3 种基本形式

(a)导线弯曲形状；(b)绕焊；(c)钩焊；(d)搭焊

3.5.3　易损元器件的焊接

在焊接过程中,对于一些容易因为电烙铁的高温或静电等原因而损坏的元器件,应采取一定的措施。如绝缘栅型场效应管,由于输入阻抗很高,如果不按规定程序操作,很可能使内部电路击穿而失效;又如集成电路由于内部集成度高,通常管子的隔离层都很薄,一旦受到过量的热也容易损坏,不能承受高于 200℃ 的温度。

焊接这类器件时应该注意以下几点:

(1)引线如果采用镀金处理或已经镀锡的,可以直接焊接。不要用刀刮引线,最多只需要用酒精擦洗或用绘图橡皮擦干净。

(2)对于绝缘栅型场效应管,如果事先已将各引线短路,焊前不要拿掉短路线,对使用的电烙铁,最好采用防静电措施。

(3)在保证浸润的前提下,尽可能缩短焊接时间,一般不要超过 2s。

(4)注意保证电烙铁良好接地。必要时,还要采取人体接地的措施(佩戴防静电腕带、穿防静电工作鞋)。

(5)使用低熔点的焊料,熔点一般不要高于 180℃。

(6)工作台上如果铺有橡胶、塑料等易于积累静电的材料,则元器件及印制板等不宜放在台面上,以免静电损伤。工作台最好铺上防静电胶垫。

(7)使用电烙铁,内热式的功率不超过 20W,外热式的功率不超过 30W,且烙铁头应该尖一些,防止焊接一个端点时碰到相邻端点。

(8)非必要时,不要用助焊剂。必须添加时,要尽可能少用助焊剂,以防止其进入电接触点。

(9)集成电路若不使用插座直接焊到印制板上,安全焊接的顺序是:地端→输出端→电源端→输入端。

不过,现代的元器件在设计、生产的过程中,都认真地考虑了静电及其他损坏因素,只要按照规定操作,一般不会损坏。

3.6 工业生产中的焊接技术

3.6.1 波峰焊

波峰焊是让插件板的焊接面直接与高温液态锡接触达到焊接目的,其高温液态锡保持一个斜面,并由特殊装置使液态锡形成一道道类似波浪的现象,所以叫"波峰焊"。

波峰焊是指将熔化的软钎焊料(铅锡合金),经电动泵或电磁泵喷流成设计要求的焊料波峰,亦可通过向焊料池注入氮气来形成,使预先装有元器件的印制板通过焊料波峰,实现元器件焊端或引脚与印制板焊盘之间、机械与电气连接的软钎焊。

波峰焊机的钎料在锡锅内始终处于流动状态,使工作区域内的钎料表面无氧化层。由于印刷版和波峰之间处于相对运动状态,因而助焊剂容易挥发,焊点内不会出现气泡。波峰焊接适合大批量的生产需要。但由于焊料过多的原因,波峰焊容易造成焊点的短路现象,补焊的工作量比较大。自动波峰焊的工艺流程如图 3-18 所示。

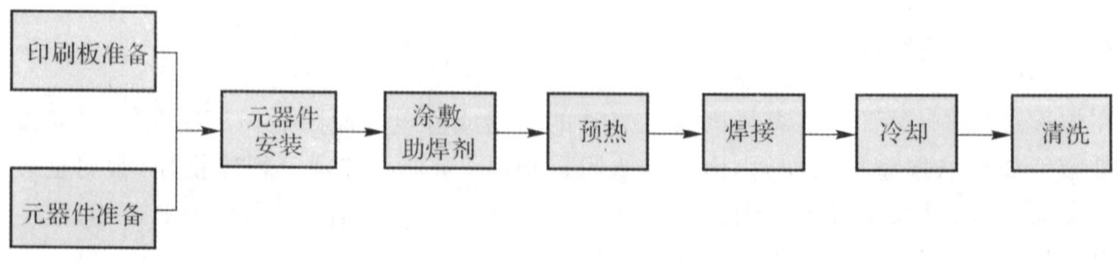

图 3-18 自动波峰焊的工艺流程

波峰焊接工艺主要是用于通孔和各种不同类型元件的焊接，是一种关键的群焊工艺。尽管波峰焊接工艺已有多年的历史，但是要是能够用上切实可行的、有生命力的波峰焊接工艺仍需时日，因为这种工艺必须达到快速、生产率高和成本合理等要求。换言之，这种工艺与焊接前的每一工艺步骤密切相关，其中包括资金投入、PCB板设计、元件可焊性、组装操作、焊剂选择、温度/时间的控制、焊料及晶体结构等。

3.6.2　浸焊

浸焊就是利用锡炉把大量的锡煮熔，把焊接面浸入，使焊点上锡。它不仅比手工焊接的效率高，而且可以消除漏焊现象。浸焊有手工浸焊和机器浸焊两种。

1. 手工浸焊

手工浸焊是由人手持夹具夹住插装好的PCB板，人工完成浸锡的方法，其操作过程如下：

(1)加热使锡炉中的锡温控制在250℃左右。为了去掉焊锡表面的氧化层，要随时加一下助焊剂，通常使用松香粉。

(2)在PCB板上涂一层(或浸一层)助焊剂。

(3)用夹具夹住PCB板浸入锡炉中，使焊锡表面与PCB板接触，浸锡厚度以PCB板厚度的1/2～2/3为宜，浸锡的时间约3～5s。

(4)以PCB板与锡面成5～10℃的角度使其离开锡面，略微冷却后检查焊接质量。如有较多的焊点未焊好，要重复浸锡一次，对只有个别不良焊点的板，可用手工补焊。注意经常刮去锡炉表面的锡渣，保持良好的焊接状态，以免因锡渣的产生而影响PCB板的干净度。

手工浸焊的特点为：设备简单、投入少，但效率低。焊接质量与操作人员熟练程度有关，易出现漏焊，用于焊接有贴片的PCB板较难取得良好的效果。

2. 机器浸焊

机器浸焊是用机器代替手工夹具夹住插装好的PCB板进行浸焊的方法。当焊接的电路板面积大，元件多，无法靠手工夹具夹住浸焊时，可采用机器浸焊。

机器浸焊的过程为：线路板在浸焊机内运行至锡炉上方时，锡炉作上下运动或PCB板作上下运动，使PCB板浸入锡炉焊料内，浸入深度为PCB板厚度的1/2～2/3，浸锡时间3～5s，然后PCB板离开浸锡位出浸锡机，完成焊接。该方法主要用于电视机主板等面积较大的电路板焊接，以此代替高波峰机，减少锡渣量，并且板面受热均匀，变形相对较小。

3.6.3　再流焊

再流焊也叫作回流焊，是伴随微型化电子产品的出现而发展起来的锡焊技术，主要应用于各类表面安装元器件的焊接。预先在印制电路板的焊接部位施放适量和适当形式的焊锡膏，然后贴放表面组装元器件，焊锡膏将元器件黏在PCB板上，利用外部热源加热，使焊料熔化而再次流动浸润，将元器件焊接到印制板上。采用在再流焊接技术将片状元器件焊接到电路板上的工艺流程图如图3-19所示。

(1) 与波峰焊技术相比，再流焊工艺具有以下技术特点：

1)元件不直接浸渍在熔融的焊料中，所以元件受到的热冲击小(由于加热方式不同，有些情况下施加给元器件的热应力也会比较大)。

2)能在前导工序里控制焊料的施加量，减少了虚焊、桥接等焊接缺陷，所以焊接质量好，可靠性高。

3)假如前导工序在PCB板上施放焊料的位置正确而贴放元器件的位置有一定偏离,在再流焊过程中,当元器件的全部焊端、引脚及其相应的焊盘同时浸润时,由于熔融焊料表面张力的作用,产生自定位效应,能够自动校正偏差,把元器件拉回到近似准确的位置。

4)再流焊的焊料是能够保证正确组分的焊锡膏,一般不会混入杂质。

5)可以采用局部加热的热源,因此能在同一基板上采用不同的焊接方法进行焊接。

6)工艺简单,返修的工作量很小。

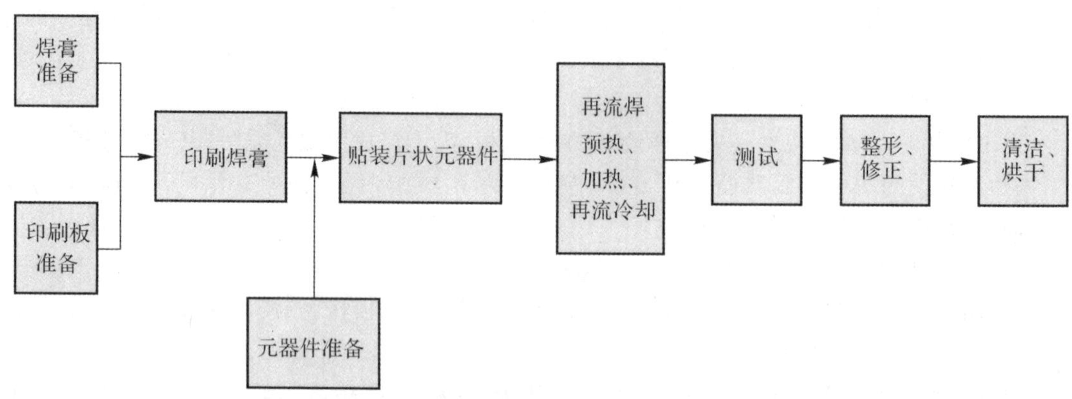

图3-19　再流焊工艺流程

(2) 再流焊的工艺要求有以下几点:

1)要设置合理的温度曲线。再流焊是SMT生产中的关键工序,假如温度曲线设置不当,会引起焊接不完全、虚焊、元件翘立、锡珠飞溅等焊接缺陷,影响产品质量。

2)SMT电路板在设计时就要确定焊接方向,应当按照设计方向进行焊接。

3)在焊接过程中,要严格防止传送带震动。

4)必须对第一块印制电路板的焊接效果进行判断,适当调整焊接温度曲线。检查焊接是否完全、有无焊膏熔化不充分或虚焊和桥接的痕迹、焊点表面是否光亮、焊点形状是否向内凹陷、是否有锡珠飞溅和残留物等现象,还要检查PCB板的表面颜色是否改变。在批量生产过程中,要定时检查焊接质量,及时对温度曲线进行修正。

第 4 章　常用电子仪器仪表

在实际工作中，电子仪器经常用来给电子装置提供所需的直流电源和各种信号源，电子仪表用来对电子装置中的各种参数及输出信号进行测量，并将测量结果以多种形式展现出来。下面本章介绍几种常用的电子仪器仪表。

4.1　指针式万用表的使用与原理

“万用表”是万用电表的简称，它是电子制作中必不可少的工具。万用表可以测量电流、电压、电阻，有的还可以测量三极管的放大倍数、频率、电容值、逻辑电位、分贝值等。万用表有很多种，现在最流行的有机械指针式的和数字式的万用表，图 4－1 所示为指针式万用表。它们各有优点。对于电子初学者，建议使用指针式万用表，因为它对我们熟悉一些电子知识原理很有帮助。下面介绍一些机械指针式万用表的原理和使用方法。

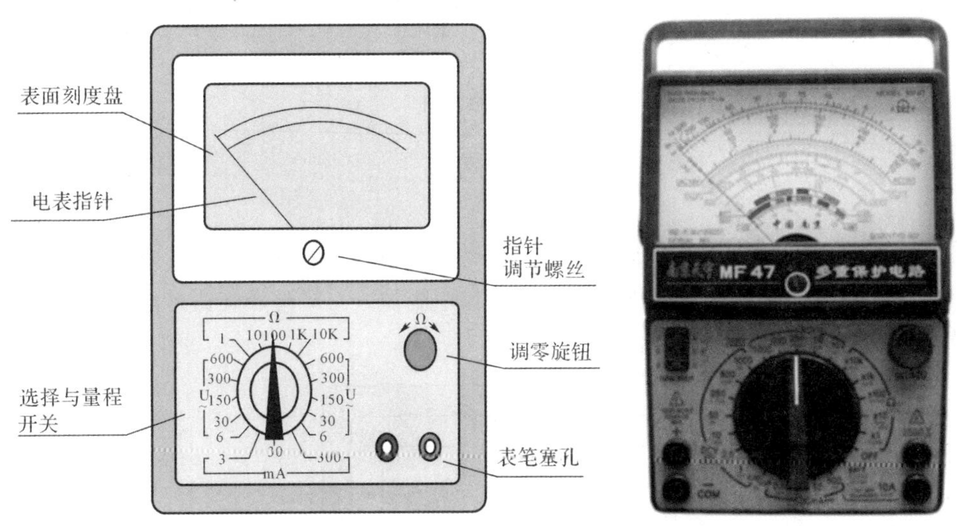

图 4－1　指针式万用表

4.1.1　万用表的基本原理

万用表的基本原理是利用一只灵敏的磁电式直流电流表（微安表）做表头。当微小电流通过表头时，就会有电流指示。但表头不能通过大电流，所以，必须在表头上并联与串联一些电阻进行分流或降压，从而测出电路中的电流、电压和电阻。图 4－2 中分别介绍了万用表测量的基本原理。

1. 测直流电流原理

如图 4－2(a)所示，在表头上并联一个适当的电阻（称为分流电阻）进行分流，就可以扩展电流量程。改变分流电阻的阻值，就能改变电流测量范围。

2. 测直流电压原理

如图 4－2(b)所示，在表头上串联一个适当的电阻(称为倍增电阻)进行降压，就可以扩展电压量程。改变倍增电阻的阻值，就能改变电压的测量范围。

3. 测交流电压原理

如图 4－2(c)所示，因为表头是直流表，所以测量交流时，须加装一个并、串式半波整流电路，将交流进行整流变成直流后再通过表头，这样就可以根据直流电的大小来测量交流电压。扩展交流电压量程的方法与直流电压量程相似。

4. 测电阻原理

如图 4－2(d)所示，在表头上并联和串联适当的电阻，同时串接一节电池，使电流通过被测电阻，根据电流的大小，就可测量出电阻值。改变分流电阻的阻值，就能改变电阻的量程。

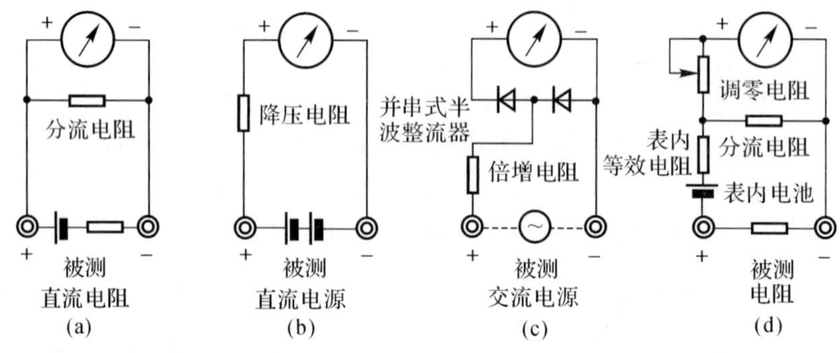

图 4－2　测量原理

4.1.2　万用表的使用

万用表(以 105 型为例)的表盘如图 4－3 所示。通过转换开关的旋钮来改变测量项目和测量量程。机械调零旋钮用来保持指针在静止处在左零位。“Ω”调零旋钮是用来测量电阻时使指针对准右零位，以保证测量数值准确。

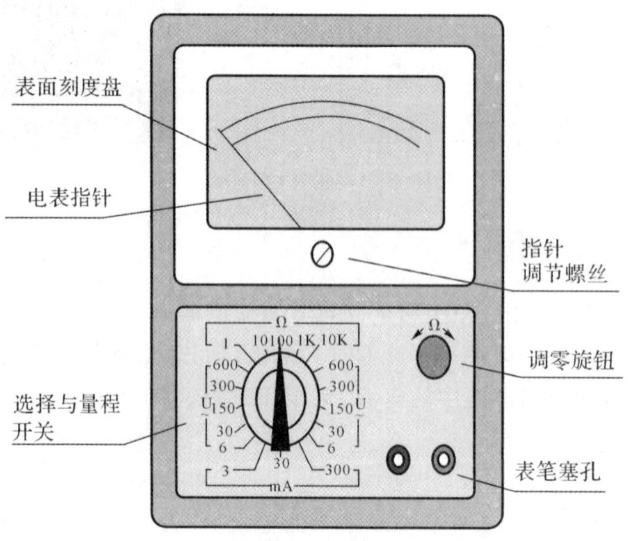

图 4－3　万用表表盘

万用表的测量范围如下：

直流电压：分 5 挡——0～6V；0～30V；0～150V；0～300V；0～600V。

交流电压：分 5 挡——0～6V；0～30V；0～150V；0～300V；0～600V。

直流电流：分 3 挡——0～3mA；0～30mA；0～300mA。

电阻：分 5 挡——R×1Ω；R×10Ω；R×100Ω；R×1kΩ；R×10kΩ。

1. 测量电阻

先将表棒搭在一起短路，使指针向右偏转，随即调整“Ω”调零旋钮，使指针恰好指到 0。然后将两根表棒分别接触被测电阻(或电路)两端，读出指针在欧姆刻度线(第一条线)上的读数，再乘以该挡标的数字，就是所测电阻的阻值。例如，用 $R\times100$ 挡测量电阻，指针指在 80，则所测得的电阻值为 80×100＝8kΩ。由于“Ω”刻度线左部读数较密，难于看准，所以测量时应选择适当的欧姆挡。使指针在刻度线的中部或右部，这样读数比较清楚准确。每次换挡，都应重新将两根表棒短接，重新调整指针到零位。

2. 测量直流电压

首先估计一下被测电压的大小，然后将转换开关拨至适当的 V 量程，将正表棒接被测电压“＋”端，负表棒接被测量电压“－”端。然后根据该挡量程数字与标直流符号“DC－”刻度线(第二条线)上的指针所指数字，来读出被测电压的大小。如用电压 300V 挡测量，可以直接读 0～300 的指示数值。如用电压 30V 挡测量，只须将刻度线上 300 这个数字去掉一个“0”，看成是 30，再依次把 200，100 等数字看成是 20，10 即可直接读出指针指示数值。例如，用 6V 挡测量直流电压，指针指在 15，则所测得电压为 1.5V。

3. 测量直流电流

先估计一下被测电流的大小，然后将转换开关拨至合适的 mA 量程，再把万用表串接在电路中。同时观察标有直流符号“DC”的刻度线，如电流量程选在 3mA 挡，这时，应把表面刻度线上 300 的数字，去掉两个“0”，看成 3，又依次把 200，100 看成是 2，1，这样就可以读出被测电流数值。例如用直流 3mA 挡测量直流电流，指针在 100，则电流为 1mA。

4. 测量交流电压

测交流电压的方法与测量直流电压相似，所不同的是因交流电没有正、负之分，所以测量交流时，表棒也就不须分正、负。读数方法与上述的测量直流电压的读法一样，只是数字应看标有交流符号“AC”的刻度线上的指针位置。

5. 测电容好坏

拨 1k 挡，然后用表笔先将电容的两极短路。再然后将两个表笔分别去测电容的两极，如果万用表的指针摆动后再回到几乎无穷大的地方说明电容完好，否则就是电容损坏。

6. 判断二极管好坏

普通二极管(包括检波二极管、整流二极管、阻尼二极管、开关二极管、续流二极管)是由一个 PN 结构成的半导体器件，具有单向导电特性。通过用万用表检测其正、反向电阻值，可以判别出二极管的电极，还可估测出二极管是否损坏。

(1)极性的判别。将万用表置于 $R\times100$ 挡或 $R\times1\text{k}$ 挡，两表笔分别接二极管的两个电极，测出一个结果后，对调两表笔，再测出一个结果。两次测量的结果中，有一次测量出的阻值较大(为反向电阻)，一次测量出的阻值较小(为正向电阻)。在阻值较小的一次测量中，黑表笔接的是二极管的正极，红表笔接的是二极管的负极。

(2)正负导电性能的检测及好坏的判断。通常，锗材料二极管的正向电阻值为 1kΩ 左右，反向电阻值为 300Ω 左右。硅材料二极管的电阻值为 5 kΩ 左右，反向电阻值为∞(无穷大)。正向电阻越小越好，反向电阻越大越好。正、反向电阻值相差越悬殊，说明二极管的单向导电特性越好。若测得二极管的正、反向电阻值均接近 0 或阻值较小，则说明该二极管内部已击穿短路或漏电损坏。若测得二极管的正、反向电阻值均为无穷大，则说明该二极管已开路损坏。

7. 判断三极管

(1)管型判别。首先使用红定黑动法：红表笔接三极管的任一脚，黑表笔分别接三极管的另外两脚。当测得阻值比较小时(几十欧～十几千欧)为 PNP 型；当测得阻值比较大时(几百千欧以上)为 NPN 型。红表笔接的是三极管的基极。其次黑定红动法，与红定黑动法相反。

(2)集电极与发射极的判别如下：

1)PNP 型管：基极与红表笔之间用手指捏住进行测量，阻值小的一次红表笔对应的是 PNP 管的集电极，黑表笔对应的是发射极。

2)NPN 型管：基极与黑表笔之间用手指捏住进行测量，阻值小的一次黑表笔对应的是 NPN 管的集电极，红表笔对应的是发射极。

(3)判断硅管与锗管 用 R×1k 挡，测发射结(eb)和集电结(cb)的正向电阻，硅管大约在 3～10kΩ，锗管大约在 500～1 000Ω 之间，两结的反相电阻，硅管一般大于 500kΩ，锗管在 100kΩ 左右。

(4)判断高频管与低频管。用万用表 $R\times1$k 挡测量基极与发射极之间的反相电阻，如在几百千欧以上，然后将表拔到 $R\times10$k 挡，若表针能偏转至满度的一半左右，表明该管为硅管，也就是高频管，若阻值变化很小，表明该管是合金管，即低频管。

测量 NPN 管时，黑表笔接发射极，红表笔接基极，对 PNP 管红表笔接发射极，黑表笔接基极用数字万用表(测二极管挡位)的红笔接分别接 c，b，e(假定)，黑笔分别接其余两脚各一次，如有 0.65 左右的两次显示便是 NPN 管，此时红笔接的就是 B 极，黑笔接其余两脚时显示数字大的为 e 极，另一脚是 c(如红笔接任意一脚，黑笔接其余两脚，一次显0.65，另一次显 0.67，红笔换三次)。万用表测判三极管管型及管脚的是电子技术初学者的一项基本功，为了帮助读者迅速掌握测判方法，笔者总结出 4 句口诀："三颠倒，找基极；PN 结，定管型；顺箭头，偏转大；测不准，动嘴巴。"下面逐句进行解释。

1)三颠倒，找基极。三极管是含有两个 PN 结的半导体器件。根据两个 PN 结连接方式不同，可以分为 NPN 型和 PNP 型两种不同导电类型的三极管，测试三极管要使用万用电表的欧姆挡，并选择 $R\times100$ 或 $R\times1$k 挡位。假定我们并不知道被测三极管是 NPN 型还是 PNP 型，也分不清各管脚是什么电极。测试的第一步是判断哪个管脚是基极。这时，任取两个电极(如这两个电极为 1，2)，用万用电表两支表笔颠倒测量它的正、反向电阻，观察表针的偏转角度；接着，再取 1，3 两个电极和 2，3 两个电极，分别颠倒测量它们的正、反向电阻，观察表针的偏转角度。在这 3 次颠倒测量中，必然有两次测量结果相近；且颠倒测量中表针一次偏转大，一次偏转小；剩下一次必然是颠倒测量前后指针偏转角度都很小，这一次未测的那只管脚就是要寻找的基极。

2)PN 结，定管型。找出三极管的基极后，就可以根据基极与另外两个电极之间 PN 结的方向来确定管子的导电类型。将万用表的黑表笔接触基极，红表笔接触另外两个电极中的任一电极，若表头指针偏转角度很大，则说明被测三极管为 NPN 型管；若表头指针偏转角度很小，则被测管即为 PNP 型管。

3)顺箭头，偏转大。找出了基极 b，另外两个电极哪个是集电极 c，哪个是发射极 e 呢？这时可以用测穿透电流 I_{CEO} 的方法确定集电极 c 和发射极 e。

ⅰ)对于 NPN 型三极管，测量电路穿透电流时。用万用电表的黑、红表笔颠倒测量两极间的正、反向电阻 R_{ce} 和 R_{ec}，虽然两次测量中万用表指针偏转角度都很小，但仔细观察，总会有一次偏转角度稍大，此时电流的流向一定是：黑表笔→c 极→b 极→e 极→红表笔，电流流向正好与三极管符号中的箭头方向一致(“顺箭头”)，所以此时黑表笔所接的一定是集电极 c，红表笔所接的一定是发射极 e。

ⅱ)对于 PNP 型的三极管，道理也类似于 NPN 型，其电流流向一定是：黑表笔→e 极→b 极→c 极→红表笔，其电流流向也与三极管符号中的箭头方向一致，所以此时黑表笔所接的一定是发射极 e，红表笔所接的一定是集电极 c。

4)测不出，动嘴巴。若在“顺箭头，偏转大”的测量过程中，若由于颠倒前后的两次测量指针偏转均太小难以区分时，就要“动嘴巴”了。具体方法是：在“顺箭头，偏转大”的两次测量中，用两只手分别捏住两表笔与管脚的结合部，用嘴巴含住(或用舌头抵住)基电极 b，仍用“顺箭头，偏转大”的判别方法即可区分开集电极 c 与发射极 e。其中人体起到直流偏置电阻的作用，目的是使效果更加明显。

4.1.3　使用万用表的注意事项

万用表是比较精密的仪器，如果使用不当，不仅造成测量不准确且极易损坏。但是，只要掌握万用表的使用方法和注意事项，谨慎从事，那么万用表就能经久耐用。使用万用表时应注意以下事项：

(1)测量电流与电压不能旋错挡位。如果误将电阻挡或电流挡去测电压，就极易烧坏电表。万用表不用时，最好将挡位旋至交流电压最高挡，避免因使用不当而损坏。

(2)测量直流电压和直流电流时，注意“＋”“－”极性，不要接错。如发现指针反转，应立即调换表棒，以免损坏指针及表头。

(3)如果不知道被测电压或电流的大小，应先用最高挡，而后再选用合适的挡位来测试，以免表针偏转过度而损坏表头。所选用的挡位愈靠近被测值，测量的数值就愈准确。

(4)测量电阻时，不要用手触及元件的裸体的两端(或两支表棒的金属部分)，以免人体电阻与被测电阻并联，使测量结果不准确。

(5)测量电阻时，如将两支表棒短接，调“零欧姆”旋钮至最大，指针仍然达不到 0 点，这种现象通常是由于表内电池电压不足造成的，应换上新电池方能准确测量。

(6)万用表不用时，不要旋在电阻挡，因为其内有电池，如不小心易使两根表棒相碰短路，不仅耗费电池，对表头也会造成损坏。

(7)用万用表不同倍率的欧姆挡测量非线性元件的等效电阻时，测出的电阻值是不同的，这是由于各挡位的中值电阻和满度电流各不相同所造成的，机械表中，一般倍率越小，测出的阻值越小。

(8)使用万用表电流挡测量电流时，应将万用表串联在被测电路中，因为只有串联才能使流过电流表的电流与被测支路电流相同。测量时，应断开被测支路，将万用表红、黑表笔串接在被断开的两点之间。特别应注意测量电流时万用表不能并联接在被测电路中，这样做是很危险的，极易使万用表烧毁。

(9)如果被测的直流电流大于2.5A，则可将2.5A挡扩展为5A挡。方法很简单，使用者可以在"2.5A"插孔和黑表笔插孔之间接入一支0.24Ω的电阻，这样该挡位就变成了5A电流挡了。接入的0.24Ω电阻应选取用2W以上的线绕电阻，如果功率太小会使之烧毁。

4.2 数字型万用表

数字万用表是利用模数转换的原理，将被测得模拟量转换为数字量，经计算、分析、比较后显示测量结果的多功能、多量程测量仪表。数字型万用表是在电气测量中经常用到的电子仪器。它有很多特殊功能，但主要功能就是对电压、电阻和电流进行测量。数字万用表作为现代化的多用途电子测量仪器，主要用于物理、电气、电子等测量领域。

4.2.1 操作面板说明

数字万用表的面板图如图4-4所示，具体说明如下：

(1)数字表的型号。

(2)LCD显示器：显示仪表测量的数值及单位。

(3)选择DC和AC的工作方式：测量电流电压时选择。

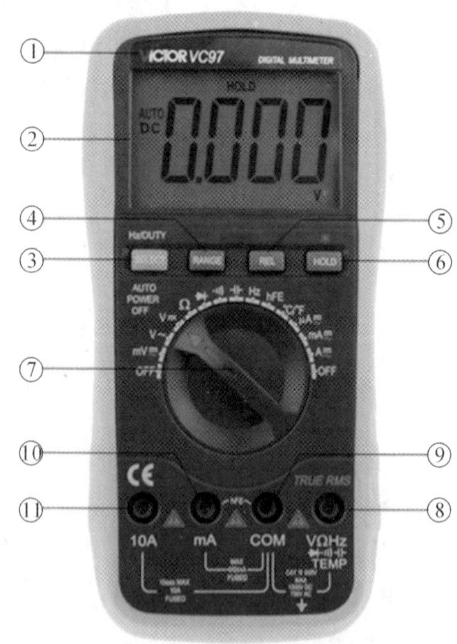

图4-4 数字万用表

(4)RANGE 键:选择自动量程或手动量程的工作方式。仪表起始为自动量程状态,显示“AUTO”符号,按此功能键转为手动量程,按一次增加一挡,由低到高依次循环。长按几秒,回到自动量程状态。

(5)REL 键:电压、电流、电容挡按下此键,读数清零,进入相对值测量,显示器出现“REL”符号,再按一次退出。

(6) HOLD 键:按下此按键,仪表当前所测数值保持在液晶显示器上,显示器出现“HOLD”符号,再按一次,退出保持状态。

(7)旋钮开关:用于改变测量功能及量程。

(8)电压、电阻、频率插座。

(9)公共地。

(10)小于 400mA 电流测试插座。

(11)10A 电流测试插座。

4.2.2　数字万用表的使用

1. 电压的测量

(1)直流电压的测量,如电池、随身听电源等。首先将黑表笔插进“com”孔,红表笔插进“VΩHZ ”孔。把旋钮选到比估计值大的量程(注意:表盘上的数值均为最大量程,“V－”表示直流电压挡,“V～”表示交流电压挡,“A”是电流挡),接着把表笔接电源或电池两端,保持接触稳定。测量数值可以直接从显示屏上读取,若显示为“1.”,则表明量程太小,需要加大量程后再测量其电压。如果在数值左边出现“－”,则表明表笔极性与实际电源极性相反,应将红、黑表笔位置对调。

(2)交流电压的测量。表笔插孔与直流电压的测量一样,不过应该将旋钮打到交流挡“V～”处,选择所需的量程。交流电压无正负之分,测量方法跟前面相同。

无论测交流还是直流电压,都要注意人身安全,不要随便用手触摸表笔的金属部分。

2. 电流的测量

(1)直流电流的测量。先将黑表笔插入“COM”孔。若测量大于 200mA 的电流,则要将红表笔插入“10A”插孔并将旋钮旋转到直流 “10A”挡,若测量小于 200mA 的电流,则将红表笔插入 “200mA”插孔,将旋钮旋转到直流 200mA 以内的合适量程。调整好后,就可以测量了。将万用表串联进电路中,保持稳定,即可读数。若显示为“1.”,那么就要加大量程;如果在数值左边出现“－”,则表明电流从黑表笔流进万用表。

(2)交流电流的测量。测量方法与直流测量方法相同,不过挡位应该旋转到交流挡位,电流测量完毕后应将红笔插回“VΩ”孔。

禁止在“COM”与“mA”或“A”端输入高于 36V 直流或 25V 交流峰值电压。

3. 电阻的测量

将黑表笔插进“COM”插孔,红表笔插入“VΩHZ”孔中,把功能旋钮打旋到“Ω”中所需的量程,用表笔接在电阻两端金属部位,如果测阻值比较小的电阻,应先将表笔短路,按“REL”键一次,然后再进行测量,这样才能显示电阻的实际阻值。测量中可以用手接触电阻,但手不要同时接触电阻两端,这样会影响测量的精确度,因为人体是电阻很大但是有限大的导体。读数时,要保持表笔和电阻有良好的接触。注意单位,在“200”挡时单位是“Ω”,在“2k”到“200k”

挡时单位为“kΩ”,“2M”以上的单位是“MΩ”。

(1)使用手动测量方式时,如果对事先电阻测量范围没有概念,应将开关调至最高挡位。

(2)测量在线电阻时,要确认被测电路所有电源已经断开及所有电容都已经完全放电,才能测量。

(3)请勿在万用表的电阻挡输入电压。

4. 电容的测量

(1)将功能开关转到“┤├”挡。

(2)将黑表笔插进“COM”插孔,红表笔插入“VΩHZ”孔中。

(3)如果显示不是零,按“REL”键清零。

(4)将被测电容对应的极性插入测试表笔“VΩHZ”(红表笔的极性为正极),被测电容的负端接入“COM”,屏幕将显示电容容量。

注意:在测前要对被测电容进行放电,以防损坏数字万用表。

5. 二极管的测量

数字万用表测量发光二极管、整流二极管时,表笔位置与电压测量一样,将旋钮旋到二极管挡,用红表笔接二极管的正极,黑表笔接负极,这时会显示二极管的正向压降。肖特基二极管的压降是 0.2V 左右,普通硅整流管(1N4000,1N5400 系列等)约为 0.7V,发光二极管约为 1.8～2.3V。调换表笔,显示屏显示“1.”则为正常,因为二极管的反向电阻很大,否则此管已被击穿。

6. 三极管的测量

(1)将功能键开关转到 hFE 挡,确定所测晶体管为 NPN 型或 PNP 型,将发射极、基极、集电极分别插入相应的附件测试孔进行测量。

(2)表笔插位和二极管相同,其原理同二极管。先假定 A 脚为基极,用黑表笔与该脚相接,红表笔与其他两脚分别接触若两次读数均为 0.7V 左右,再用红表笔接 A 脚,黑笔接触其他两脚,若均显示“1”,则 A 脚为基极,且此管为 PNP 管。数字表不能像指针表那样利用指针摆幅来判断,那么集电极和发射极如何判断呢?我们可以利用“hFE”挡来判断:先将挡位打到“hFE”挡,可以看到挡位旁有一排小插孔,分为 PNP 和 NPN 管的测量。前面已经判断出管型,将基极插入对应管型“b”孔,其余两脚分别插入“c”“e”孔,此时可以读取数值,即 β 值。再固定基极,其余两脚对调;比较两次读数,读数较大的管脚位置与表面“c”“e”相对应。

4.3 双踪示波器

示波器是一种综合性电信号显示和测量仪器,它不但可以直接显示出电信号随时间变化的波形及其变化过程,测量出信号的幅度、频率、脉宽、相位差等,还能观察信号的非线性失真,测量调制信号的参数等。配合各种传感器,示波器还可以进行各种非电量参数的测量。

4.3.1 示波器的组成和工作原理

模拟示波器的基本结构框图如图 4－5 所示。它由垂直系统(Y 轴信号通道)、水平系统(X 轴信号通道)、示波管及其电路、电源等组成。

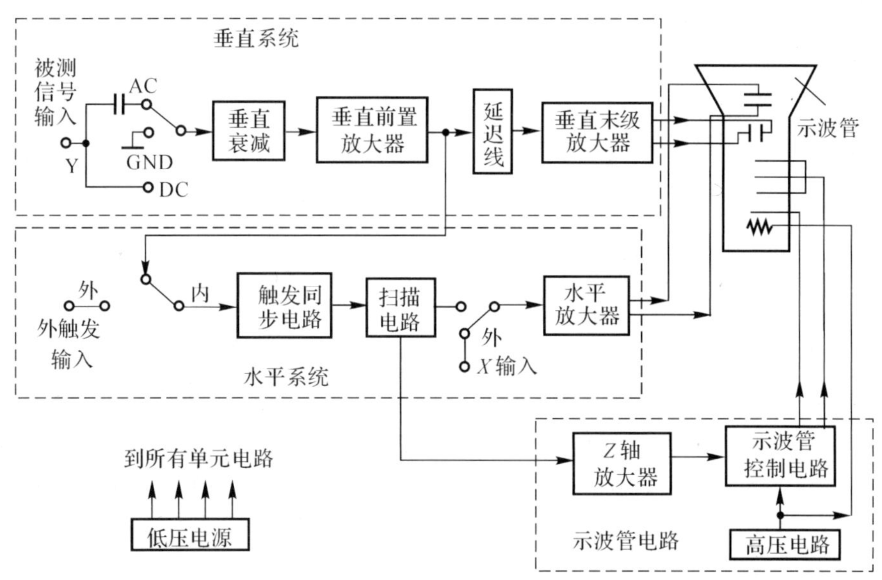

图 4-5　模拟示波器结构图

1. 示波管的结构和工作原理

(1)示波管的结构。示波管是一个光电转换器件，它可将显示被测电信号转变为光信号。它主要由电子枪、偏转系统和荧光屏三部分组成，如图 4-6 所示。

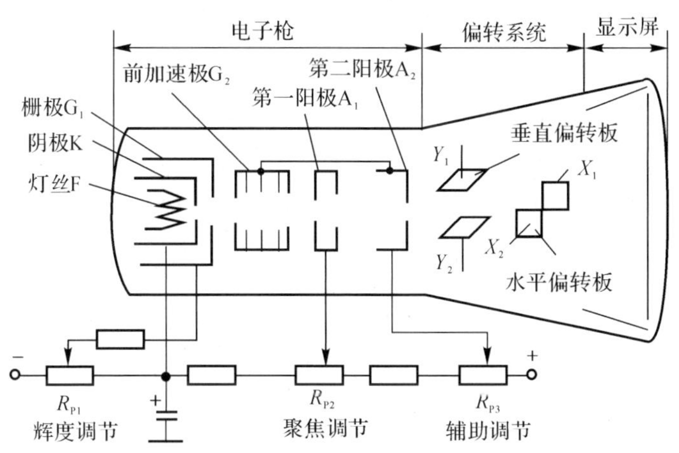

图 4-6　示波管结构示意图

1)电子枪。电子枪由灯丝 F、阴极 K、栅极 G_1、前加速极 G_2、第一阳极 A_1 和第二阳极 A_2 组成。阴极 K 是一个表面涂有氧化物的金属圆筒，灯丝 F 装在圆筒内部，灯丝通电后加热阴极，使其发热并发射电子，经栅极 G_1 顶端的小孔、前加速极 G_2 圆筒内的金属限制膜片、第一阳极 A_1、第二阳极 A_2 汇聚成可控的电子束冲击荧光屏使之发光。栅极 G_1 套在阴极外面，其电位比阴极低，对阴极发射出的电子起控制作用。调节栅极电位可以控制射向荧光屏的电子流密度。栅极电位较高时，绝大多数初速度较大的电子通过栅极顶端的小孔奔向荧光屏，只有少量初速度较小的电子返回阴极，电子流密度大，荧光屏上显示的波形较亮；反之，电子流密度小，荧光屏上显示的波形较暗。当栅极电位足够低时，电子会全部返回阴极，荧光屏上不显示光点。调节电阻 R_{p1} 即“辉度”调节旋钮，就可改变栅极电位，也即改变显示波形的亮度。

第一阳极 A_1 的电位远高于阴极，第二阳极 A_2 的电位高于 A_1，前加速极 G_2 位于栅极 G_1 与第一阳极 A_1 之间，且与第二阳极 A_2 相连。G_1，G_2，A_1，A_2 构成电子束控制系统。调节 R_{p2}（“聚焦”调节旋钮）和 R_{p3}（“辅助聚焦”调节旋钮），即第一、第二阳极的电位，可使发射出来的电子形成一条高速且聚集成细束的射线，冲击到荧光屏上会聚成细小的亮点，以保证显示波形的清晰度。

2）偏转系统。偏转系统由水平（X 轴）偏转板和垂直（Y 轴）偏转板组成。两对偏转板相互垂直，每对偏转板相互平行，其上加有偏转电压，形成各自的电场。电子束从电子枪射出之后，依次从两对偏转板之间穿过，受电场力作用，电子束产生偏移。其中，垂直偏转板控制电子束沿垂直（Y）轴方向上下运动，水平偏转板控制电子束沿水平（X）轴方向运动，形成信号轨迹并通过荧光屏显示出来。例如，只在垂直偏转板上加一直流电压，如果上板正，下板负，电子束在荧光屏上的光点就会向上偏移；反之，光点就会向下偏移。可见，光点偏移的方向取决于偏转板上所加电压的极性，而偏移的距离则与偏转板上所加的电压成正比。示波器上的“X 位移”和“Y 位移”旋钮就是用来调节偏转板上所加的电压值，以改变荧光屏上光点（波形）的位置。

3）荧光屏。荧光屏内壁涂有荧光物质，形成荧光膜。荧光膜在受到电子冲击后能将电子的动能转化为光能形成光点。当电子束随信号电压偏转时，光点的移动轨迹就形成了信号波形。

由于电子打在荧光屏上，仅有少部分能量转化为光能，大部分会转化为热能，因而使用示波器时，不能将光点长时间停留在某一处，以免烧坏该处的荧光物质，在荧光屏上留下不能发光的暗点。

（2）波形显示原理。电子束的偏转量与加在偏转板上的电压成正比。将被测正弦电压加到垂直（Y 轴）偏转板上，通过测量偏转量的大小就可以测出被测电压值。但由于水平（X 轴）偏转板上没有加偏转电压，电子束只会沿 Y 轴方向上下垂直移动，光点重合成一条竖线，无法观察到波形的变化过程。为了观察被测电压的变化过程，就要同时在水平（X 轴）偏转板上加一个与时间呈线性关系的周期性的锯齿波。电子束在锯齿波电压作用下沿 X 轴方向匀速移动即“扫描”。在垂直（Y 轴）和水平（X 轴）两个偏转板的共同作用下，电子束在荧光屏上显示出波形的变化过程。

水平偏转板上所加的锯齿波电压称为扫描电压。当被测信号的周期与扫描电压的周期相等时，荧光屏上只显示一个正弦波。当扫描电压的周期是被测电压周期的整数倍时，荧光屏上将显示多个正弦波。示波器上的“扫描时间”旋钮就是用来调节扫描电压周期的。

2.水平系统

水平系统结构框图如图 4－7 所示，其主要作用是：产生锯齿波扫描电压并保持与 Y 通道输入被测信号同步，放大扫描电压或外触发信号，产生增辉或消隐作用以控制示波器 Z 轴电路。

（1）触发同步电路。触发同步电路的主要作用：将触发信号（内部 Y 通道信号或外触发输入信号）经触发放大电路放大后，送到触发整形电路以产生前沿陡峭的触发脉冲，驱动扫描电路中的闸门电路。

1）“触发源”选择开关。用来选择触发信号的来源，使触发信号与被测信号相关分为“内触发”与“外触发”两种。“内触发”：触发信号来自垂直系统的被测信号；“外触发”：触发信号来自示波器“外触发输入(EXT TRIG)”端的输入信号。一般选择“内触发”方式。

2)“触发源耦合”方式开关。用于选择触发信号通过何种耦合方式送到触发输入放大器。“AC”为交流耦合,用于观察低频到较高频率的信号;“DC”为直流耦合,用于观察直流或缓慢变化的信号。

3)触发极性选择开关。用于选择触发时刻是在触发信号的上升沿还是下降沿。用上升沿触发的称为正极性触发;用下降沿触发的称为负极性触发。

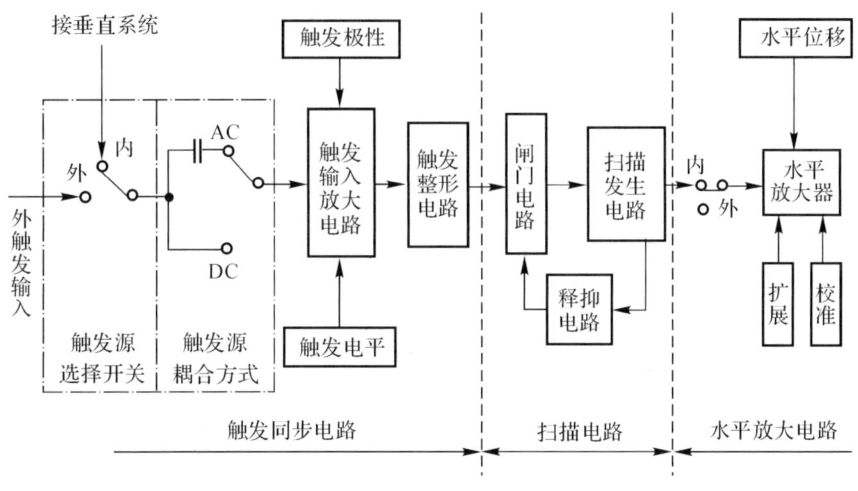

图 4-7　水平结构示意图

4)触发电平旋钮:触发电平是指触发点位于触发信号的什么电平上。触发电平旋钮用于调节触发电平高低。

示波器上的触发极性选择开关和触发电平旋钮,用来控制波形的起始点并稳定显示的波形。

(2)扫描电路。扫描电路主要由扫描发生器、闸门电路和释抑电路等组成。扫描发生器用来产生线性锯齿波。闸门电路的主要作用是在触发脉冲作用下,产生急升或急降的闸门信号,以控制锯齿波的始点和终点。释抑电路的作用是控制锯齿波的幅度,达到等幅扫描,保证扫描的稳定性。

(3)水平放大器。水平放大器的作用是进行锯齿波信号的放大或在 $X-Y$ 方式下对 X 轴输入信号进行放大,使电子束产生水平偏转。

1)工作方式选择开关:选择“内”,X 轴信号为内部扫描锯齿波电压时,荧光屏上显示的波形是时间 T 的函数,称为“$X-T$”工作方式;选择“外”,X 轴信号为外输入信号,荧光屏上显示水平、垂直方向的合成图形,称为“$X-Y$”工作方式。

2)“水平位移”旋钮:“水平位移”旋钮用来调节水平放大器输出的直流电平,以使荧光屏上显示的波形水平移动。

3)“扫描扩展”开关:“扫描扩展”开关可改变水平放大电路的增益,使荧光屏水平方向单位长度(格)所代表的时间缩小为原值的 $1/k$。

3. 垂直系统

垂直系统主要由输入耦合选择器、衰减器、延迟电路和垂直放大器等组成。其作用是将被测信号送到垂直偏转板，用以再现被测信号的真实波形。

(1)输入耦合选择器。选择被测信号进入示波器垂直通道的偶合方式。"AC"(交流耦合)：只允许输入信号的交流成分进入示波器，用于观察交流和不含直流成分的信号；"DC"(直流耦合)：输入信号的交、直流成分都允许通过，适用于观察含直流成分的信号或频率较低的交流信号以及脉冲信号；"GND"(接地)：输入信号通道被断开，示波器荧光屏上显示的扫描基线为零电平线。

(2)衰减器。衰减器用来衰减大输入信号的幅度，以保证垂直放大器输出不失真。示波器上的"垂直灵敏度"开关即为该衰减器的调节旋钮。

(3)垂直放大器。垂直放大器为波形幅度的微调部分，其作用是与衰减器配合，将显示的波形调到适宜观察的幅度。

(4)延迟电路。延迟电路的作用是使作用于垂直偏转板上的被测信号延迟到扫描电压出现后到达，以保证输入信号无失真显示。

4.3.2 操作面板说明

模拟示波器的调整和使用方法基本相同，现以 MOS－620/640 双踪示波器为例作下述介绍。

1. MOS－620/640 双踪示波器前面板简介

MOS－620/640 双踪示波器的调节旋钮、开关、按键及连接器等都位于前面板上，如图 4－8所示。

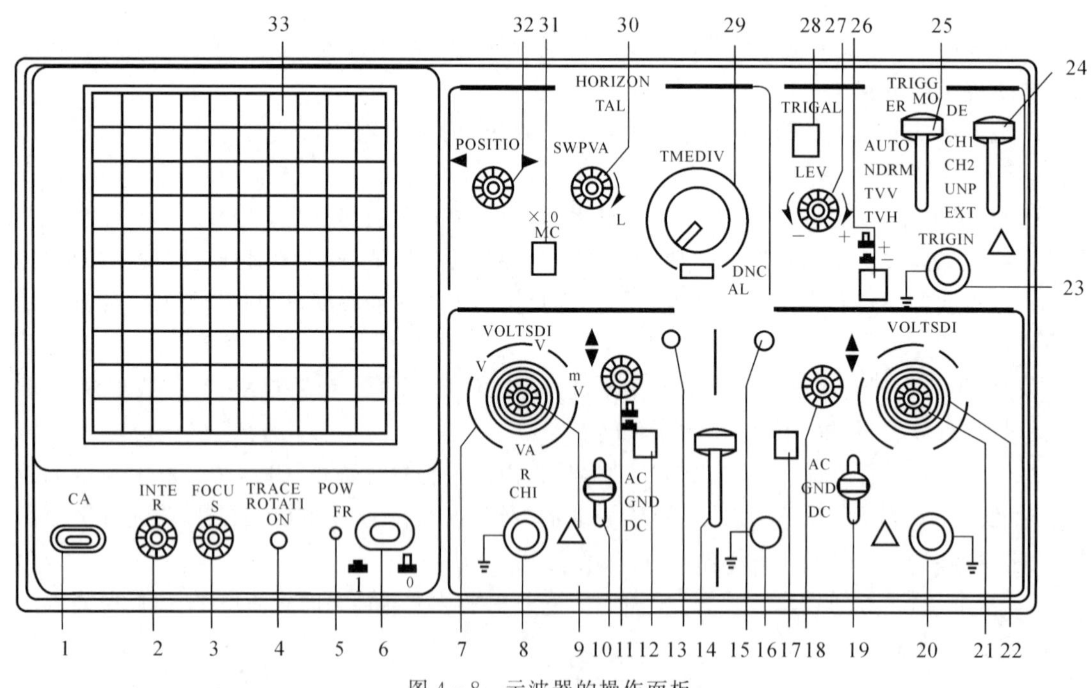

图 4－8 示波器的操作面板

其作用如下：

(1)示波管操作部分。

6:“POWER”,主电源开关及指示灯。按下此开关,其左侧的发光二极管指示灯 5 亮,表明电源已接通。

2:“INTEN”,亮度调节钮。调节轨迹或光点的亮度。

3:“FOCUS”,聚焦调节钮。调节轨迹或亮光点的聚焦。

4:“TRACE ROTATION”,轨迹旋转,调整水平轨迹与刻度线相平行。

33:显示屏,显示信号的波形。

(2)垂直轴操作部分。

7,22:“VOLTS/DIV”,垂直衰减钮。调节垂直偏转灵敏度,从 5mV/div～5V/div,共 10 个挡位。

8:“CH1X”,通道 1 被测信号输入连接器。在 $X-Y$ 模式下,作为 X 轴输入端。

20:“CH2Y”,通道 2 被测信号输入连接器。在 $X-Y$ 模式下,作为 Y 轴输入端。

9,21:“VAR”,垂直灵敏度旋钮:微调灵敏度大于或等于 1/2.5 标示值。在校正(CAL)位置时,灵敏度校正为标示值。

10,19:“AC－GND－DC”,垂直系统输入耦合开关。选择被测信号进入垂直通道的耦合方式。“AC”:交流耦合;“DC”:直流耦合;“GND”:接地。

11,18:“POSITION”,垂直位置调节旋钮。调节显示波形在荧光屏上的垂直位置。

12:“ALT”/“CHOP”,交替/断续选择按键,双踪显示时,放开此键(ALT),通道 1 与通道 2 的信号交替显示,适用于观测频率较高的信号波形;按下此键(CHOP),通道 1 与通道 2 的信号同时断续显示,适用于观测频率较低的信号波形。

13,15:“DC BAL”,CH1,CH2 通道直流平衡调节旋钮。垂直系统输入耦合开关在 GND 时,在 5mV 与 10mV 之间反复转动垂直衰减开关,调整“DC BAL”使光迹保持在零水平线上不移动。

14:“VERTICAL MODE”,垂直系统工作模式开关。CH1:通道 1 单独显示;CH2:通道 2 单独显示;DUAL:两个通道同时显示;ADD:显示通道 1 与通道 2 信号的代数或代数差(按下通道 2 的信号反向键“CH2 INV”时)。

17:“CH2 INV”,通道 2 信号反向按键。按下此键,通道 2 及其触发信号同时反向。

(3)触发操作部分。

23:“TRIG IN”,外触发输入端子。用于输入外部触发信号。当使用该功能时,“SOURCE”开关应设置在 EXT 位置。

24:“SOURCE”,触发源选择开关。“CH1”:当垂直系统工作模式开关 14 设定在 DUAL 或 ADD 时,选择通道 1 作为内部触发信号源;“CH2”:当垂直系统工作模式开关 14 设定在 DUAL 或 ADD 时,选择通道 2 作为内部触发信号源;“LINE”:选择交流电源作为触发信号源;“EXT”:选择“TRIG IN”端子输入的外部信号作为触发信号源。

25:“TRIGGER MODE”,触发方式选择开关。“AUTO”(自动):当没有触发信号输入时,扫描处在自由模式下;“NORM”(常态):当没有触发信号输入时,踪迹处在待命状态并不显示;“TV－V”(电视场):当想要观察一场的电视信号时;“TV－H”(电视行):当想要观察一行的电视信号时选用。

26:“SLOPE”,触发极性选择按键。释放为“＋”,上升沿触发;按下为“－”,下降沿触发。

27:“LEVEL”,触发电平调节旋钮。显示一个同步的稳定波形,并设定一个波形的起始点。向“＋”旋转触发电平向上移，向“－”旋转触发电平向下移。

28：“TRIG. ALT”，当垂直系统工作模式开关 14 设定在 DUAL 或 ADD，且触发源选择开关 24 选 CH1 或 CH2 时，按下此键，示波器会交替选择 CH1 和 CH2 作为内部触发信号源。

(4)水平轴操作部分。

29：“TIME/DIV”，水平扫描速度旋钮。扫描速度从 0.2μs/div 到 0.5s/div 共 20 挡。当设置到 X－Y 位置时，示波器可工作在 X－Y 方式。

30：“SWP VAR”，水平扫描微调旋钮。微调水平扫描时间，使扫描时间被校正到于面板上“TIME/DIV”指示值一致。顺时针转到底为校正(CAL)位置。

31：“×10 MAG”，扫描扩展开关。按下时扫描速度扩展 10 倍。

32：“POSITION”，水平位置调节钮。调节显示波形在荧光屏上的水平位置。

(5)其他操作部分。

1：“CAL”，示波器校正信号输出端。提供幅度为 $2V_{pp}$、频率为 1kHz 的方波信号，用于校正 10∶1 探头的补偿电容器和检测示波器垂直与水平偏转因数等。

16：“GND”，示波器机箱的接地端子。

4.3.3 双踪示波器的调整与操作

示波器的正确调整和操作可提高测量精度和延长仪器的使用寿命。

(1)聚焦和辉度的调整。调整聚焦旋钮使扫描线尽可能细，以提高测量精度。扫描线亮度(辉度)应适当，过亮不仅会降低示波器的使用寿命，而且也会影响聚焦特性。

(2)正确选择触发源和触发方式。触发源的选择：如果观测的是单通道信号，就应选择该通道信号作为触发源；如果同时观测两个时间相关的信号，则应选择信号周期长的通道作为触发源。

触发方式的选择：首次观测被测信号时，触发方式应设置于“AUTO”，待观测到稳定信号后，调好其他设置，最后将触发方式开关置于“NORM”，以提高触发的灵敏度。当观测直流信号或小信号时，必须采用“AUTO”触发方式。

(3)正确选择输入耦合方式。根据被观测信号的性质来选择正确的输入耦合方式。一般情况下，被观测的信号为直流或脉冲信号时，应选择“DC”耦合方式；，被观测的信号为交流时，应选择“AC”耦合方式。

(4)合理调整扫描速度。调节扫描速度旋钮，可以改变荧光屏上显示波形的个数。提高扫描速度，显示的波形少；降低扫描速度，显示的波形多。显示的波形不应过多，以保证时间测量的精度。

(5)波形位置和几何尺寸的调整。观测信号时，波形应尽可能处于荧光屏的中心位置，以获得较好的测量线性。正确调整垂直衰减旋钮，尽可能使波形幅度占屏幕一半以上，以提高电压测量的精度。

(6)合理操作双通道。将垂直工作方式开关设置到“DUAL”，两个通道的波形可以同时显示。为了观察到稳定的波形，可以通过“ALT/CHOP”(交替/断续)开关控制波形的显示。按下“ALT/CHOP”开关(置于 CHOP)，两个通道的信号断续的显示在荧光屏上，此设定适用于观测频率较高的信号；释放“ALT/CHOP”开关(置于 ALT)，两个通道的信号交替的显示在荧光屏上，此设定适用于观测频率较低的信号。在双通道显示时，还必须正确选择触发源。当

CH1,CH2 信号同步时,可选择任意通道作为触发源,两个波形都能稳定显示,当 CH1,CH2 信号在时间上不相关时,应按下"TRIG. ALT"(触发交替)开关,此时每一个扫描周期,触发信号交替一次,因而两个通道的波形都会稳定显示。

值得注意的是,双通道显示时,不能同时按下"CHOP"和"TRIG ALT"开关,因为"CHOP"信号成为触发信号而不能同步显示。利用双通道进行相位和时间对比测量时,两个通道必须采用同一同步信号触发。

(7)触发电平调整。调整触发电平旋钮可以改变扫描电路预置的阀门电平。向"+"方向旋转时,阀门电平向正方向移动;向"—"方向旋转时,阀门电平向负方向移动;处在中间位置时,阀门电平设定在信号的平均值上。触发电平过正或过负,均不会产生扫描信号。因此,触发电平旋钮通常应保持在中间位置。

4.3.4　示波器测量实例

1. 直流电压的测量

(1)将示波器垂直灵敏度旋钮置于校正位置,触发方式开关置于"AUTO"。

(2)将垂直系统输入耦合开关置于"GND",此时扫描线的垂直位置即为零电压基准线,即时间基线。调节垂直位移旋钮使扫描线落于某一合适的水平刻度线。

(3)将被测信号接到示波器的输入端,并将垂直系统输入耦合开关置于"DC"。调节垂直衰减旋钮使扫描线有合适的偏移量。

(4)确定被测电压值。扫描线在 Y 轴的偏移量与垂直衰减旋钮对应挡位电压的乘积即为被测电压值。

(5)根据扫描线的偏移方向确定直流电压的极性。扫描线向零电压基准线上方移动时,直流电压为正极性,反之为负极性。

2. 交流电压的测量

(1)将示波器垂直灵敏度旋钮置于校正位置,触发方式开关置于"AUTO"。

(2)将垂直系统输入耦合开关置于"GND",调节垂直位移旋钮使扫描线准确地落在水平中心线上。

(3)输入被测信号,并将输入耦合开关置于"AC"。调节垂直衰减旋钮和水平扫描速度旋钮使显示波形的幅度和数量合适。选择合适的触发源、触发方式和触发电平等使波形稳定显示。

(4)确定被测电压的峰-峰值。波形在 Y 轴方向最高与最低点之间的垂直距离(偏移量)与垂直衰减旋钮对应挡位电压的乘积即为被测电压的峰-峰值。

3. 周期的测量

(1)将水平扫描微调旋钮置于校正位置,并使时间基线落在水平中心刻度线上。

(3)输入被测信号。调节垂直衰减旋钮和水平扫描速度旋钮等,使荧光屏上稳定显示 1～2 个波形。

(3)选择被测波形一个周期的始点和终点,并将始点移动到某一垂直刻度线上以便读数。

(4)确定被测信号的周期。信号波形一个周期在 X 轴方向始点与终点之间的水平距离与水平扫描速度旋钮对应挡位的时间之积即为被测信号的周期。

用示波器测量信号周期时,可以测量信号 1 个周期的时间,也可以测量 n 个周期的时间,

再除以周期个数 n。后一种方法产生的误差会小一些。

4. 频率的测量

由于信号的频率与周期为倒数关系，即 $f=1/T$，因此可以先测信号的周期，再求倒数即可得到信号的频率。

5. 相位差的测量

(1)将水平扫描微调旋钮、垂直灵敏度旋钮置于校正位置。

(2)将垂直系统工作模式开关置于"DUAL"，并使两个通道的时间基线均落在水平中心刻度线上。

(3)输入两路频率相同而相位不同的交流信号至CH1和CH2，将垂直输入耦合开关置于"AC"。

(4)调节相关旋钮，使荧光屏上稳定显示出两个大小适中的波形。

(5)确定两个被测信号的相位差。如图4-9所示，测出信号波形一个周期在 X 轴方向所占的格数 m(5格)，再测出两波形上对应点(如过零点)之间的水平格数 n(1.6格)，则 u_1 超前 u_2 的相位差角 $\Delta\varphi=\frac{n}{m}\times360°=\frac{1.6}{5}\times360°=115.2°$。相位差角 $\Delta\varphi$ 符号的确定：当 u_2 滞后 u_1 时，$\Delta\varphi$ 为负；当 u_2 超前 u_1 时，$\Delta\varphi$ 为正。频率和相位差角的测量还可以采用Lissajous图形法，此处不再赘述。

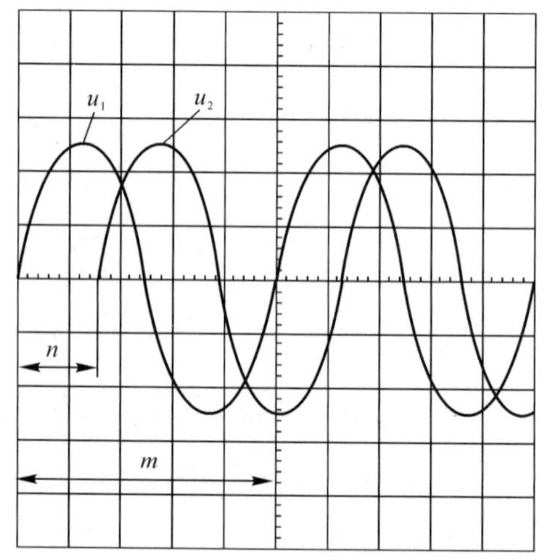

图4-9　测量两正选交流电的相位差

4.4　晶体管特性图示仪

晶体管测量仪器是以通用电子测量仪器为技术基础，以半导体器件为测量对象的电子仪器。用它可以测试晶体三极管(NPN型和PNP型)的共发射极、共基极电路的输入输出、特性；测试各种反向饱和电流和击穿电压，还可以测量场效管、稳压管、二极管、单结晶体管、可控硅等器件的各种参数。现在以XJ4810型晶体特性图示仪为例介绍晶体管图示仪的使用方法，XJ4810 型晶体特性图示仪如图 4 - 10 所示。

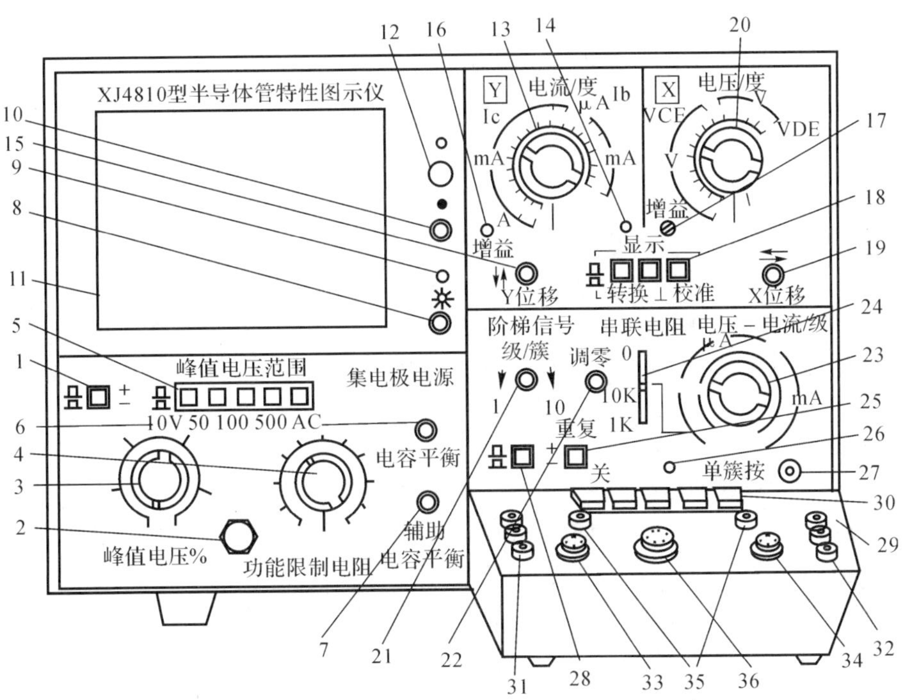

图 4 - 10　XJ4810 型半导体管特性图示仪

4.4.1　XJ4810 型晶体管特性图示仪面板功能介绍

XJ4810 型晶体管特性图示仪面板如图 4 - 10 所示。

1：集电极电源极性按钮，极性可按面板指示选择。

2：集电极峰值电压保险丝，1.5A。

3：峰值电压%。峰值电压可在 0～10V，0～50V，0～100V，0～500V 之连续可调，面板上的标称值是近似值，参考用。

4：功耗限制电阻。它是串联在被测管的集电极电路中，限制超过功耗，也可作为被测半导体管集电极的负载电阻。

5：峰值电压范围。分为 0～10V/5A，0～50V/1A，0～100V/0.5A，0～500V/0.1A 四挡。当由低挡改换高挡观察半导体管的特性时，须先将峰值电压调到零值，换挡后再按需要的电压逐渐增加，否则容易击穿被测晶体管。

AC 挡的设置专为二极管或其他元件的测试提供双向扫描，以便能同时显示器件正反向的特性曲线。

6：电容平衡。由于集电极电流输出端对地存在各种杂散电容，都将形成电容性电流，会在电流取样电阻上产生电压降，造成测量误差。为了尽量减小电容性电流，测试前应调节电容平衡，使容性电流减至最小。

7：辅助电容平衡。是针对集电极变压器次级绕组对地电容的不对称，而再次进行电容平衡调节。

8:电源开关及辉度调节。旋钮拉出,接通仪器电源,旋转旋钮可以改变示波管光点亮度。

9:电源指示。接通电源时灯亮。

10:聚焦旋钮。调节旋钮可使光迹最清晰。

11:荧光屏幕。示波管屏幕,外有坐标刻度片。

12:辅助聚焦。与聚焦旋钮配合使用。

13:Y 轴选择(电流/度)开关。具有 22 挡四种偏转作用的开关。可以进行集电极电流、基极电压、基极电流和外接的不同转换。

14:电流/度×0.1 倍率指示灯。灯亮时,仪器进入电流/度×0.1 倍工作状态。

15:垂直移位及电流/度倍率开关。调节迹线在垂直方向的移位。旋钮拉出,放大器增益扩大 10 倍,电流/度各挡 IC 标值×0.1,同时指示灯 14 亮.

16:Y 轴增益。校正 Y 轴增益。

17:X 轴增益。校正 X 轴增益。

18:显示开关。分转换、接地、校准三挡,其作用是:

(1)转换。使图像在Ⅰ,Ⅲ象限内相互转换,便于由 NPN 管转测 PNP 管时简化测试操作。

(2)接地。放大器输入接地,表示输入为零的基准点。

(3)校准。按下校准键,光点在 X,Y 轴方向移动的距离刚好为 10°,以达到 10°校正目的。

19:X 轴移位。调节光迹在水平方向的移位。

20:X 轴选择(电压/度)开关。可以进行集电极电压、基极电流、基极电压和外接四种功能的转换,共 17 挡。

21:“级/簇”调节。在 0～10 的范围内可连续调节阶梯信号的级数。

22:调零旋钮。测试前,应首先调整阶梯信号的起始级零电平的位置。荧光屏上已观察到基极阶梯信号后,按下测试台上选择按键“零电压”,观察光点停留在荧光屏上的位置,复位后调节零旋钮,使阶梯信号的起始级光点仍在该处,这样阶梯信号的零电位即被准确校正。

23:阶梯信号选择开关:可以调节每级电流大小注入被测管的基极,作为测试各种特性曲线的基极信号源,共 22 挡。一般选用基极电流/级,当测试场效应管时选用基极源电压/级。

24:串联电阻开关。当阶梯信号选择开关置于电压/级的位置时,串联电阻将串联在被测管的输入电路中。

25:重复/关按键。弹出为重复,阶梯信号重复出现;按下为关,阶梯信号处于待触发状态。

26:阶梯信号待触发指示灯。重复按键按下时灯亮,阶梯信号进入待触发状态。

27:单簇按键开关。单簇的按动其作用是使预先调整好的电压(电流)/级,出现一次阶梯信号后回到等待触发位置,因此可利用它瞬间作用的特性来观察被测管的各种极限特性。

28:极性按键。极性的选择取决于被测管的特性。

29:测试台。其结构如图 4-11 所示。

30:测试选择按键。

(1)“左”“右”“二簇”。可以在测试时任选左右两个被测管的特性,当置于“二簇”时,即通过电子开关自动地交替显示左右二簇特性曲线,此时“级/簇”应置适当位置,以利于观察。二簇特性曲线比较时,请不要误按单簇按键。

(2)“零电压”键。按下此键用于调整阶梯信号的起始级在零电平的位置，见(22)项。

(3)“零电流”键。按下此键时被测管的基极处于开路状态，即能测量 I_{CEO} 特性。

31，32：左右测试插孔。插上专用插座(随机附件)，可测试 F1，F2 型管座的功率晶体管。

33，34，35：晶体管测试插座。

36：二极管反向漏电流专用插孔(接地端)。

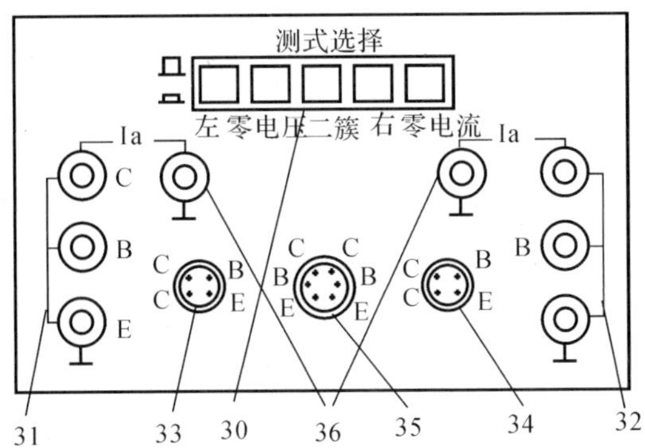

图 4－11　XJ4810 型半导体管特性图示仪测试台

在仪器右侧板上分布有图 4－12 所示的旋钮和端子。

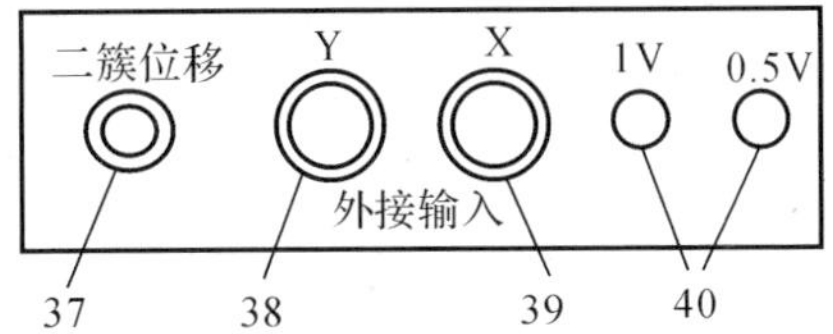

图 4－12　XJ4810 型半导体管特性图示仪右侧板

37：二簇移位旋钮。在二簇显示时，可改变右簇曲线的位置，更方便于配对晶体管各种参数的比较。

38：Y 轴信号输入。Y 轴选择开关置外接时，Y 轴信号由此插座输入。

39：X 轴信号输入。X 轴选择开关置外接时，X 轴信号由此插座输入。

40：校准信号输出端。1V，0.5V 校准信号由此二孔输出。

4.4.2　测试前注意事项

为保证仪器的合理使用，既不损坏被测晶体管，也不损坏仪器内部线路，在使用仪器前应注意以下事项。

(1)对被测管的主要直流参数应有一个大概的了解和估计，特别要了解被测管的集电极最大允许耗散功率 P_{CM}、最大允许电流 I_{CM} 和击穿电压 BV_{EBO}、BV_{CBO}。

(2)选择扫描和阶梯信号的极性，以适应不同管型和测试项目的需要。

(3)根据所测参数或被测管允许的集电极电压，选择合适的扫描电压范围。一般情况下，应先将峰值电压调至零，更改扫描电压范围时，也应先将峰值电压调至零。选择一定的功耗电阻，测试反向特性时，功耗电阻要选大一些，同时将 X，Y 偏转开关置于合适挡位。测试时扫描电压应从零逐步调节到需要值。

(4)对被测管进行必要的估算，以选择合适的阶梯电流或阶梯电压，一般宜先小一点，再根据需要逐步加大。测试时不应超过被测管的集电极最大允许功耗。

(5)在进行 I_{CM} 的测试时，一般采用单簇为宜，以免损坏被测管。

(6)在进行 I_C 或 I_{CM} 的测试中，应根据集电极电压的实际情况选择，不应超过本仪器规定的最大电流，见表 4-1。

表 4-1　最大电流对照表

电压范围/V	0～10	0～50	0～100	0～500
允许最大电流/A	5	1	0.5	0.1

(7)进行高压测试时，应特别注意安全，电压应从零逐步调节到需要值。观察完毕后，及时将峰值电压调到零。

4.4.3　基本操作步骤及应用

1. 操作步骤

(1)按下电源开关，指示灯亮，预热 15min 后，即可进行测试。

(2)调节辉度、聚焦及辅助聚焦旋钮，使光点清晰。

(3)将峰值电压旋钮调至零，峰值电压范围、极性、功耗电阻等开关置于测试所需位置。

(4)对 X,Y 轴放大器进行 10°校准。

(5)调节阶梯调零。

(6)选择需要的基极阶梯信号，将极性、串联电阻置于合适挡位，调节级/簇旋钮，使阶梯信号为 10 级/簇，阶梯信号置重复位置。

(7)插上被测晶体管，缓慢地增大峰值电压，荧光屏上即有曲线显示。

2. 应用实例

(1)稳压二极管的测试 。以 2CW19 稳压二极管为例，查手册得知 2CW19 稳定电压的测试条件 I_R=3mA。测试时。仪器部件置位详见表 4-2。

表 4-2　2CW19 稳压二极管测试时仪器部件的置位

部　件	置　位	部　件	置　位
峰值电压范围	AC　0～10V	X 轴集电极电压	5V/(°)
功耗限止电阻	5 kΩ	Y 轴集电极电流	1mA/(°)

逐渐加大“峰值电压”，即可在荧光屏上看到被测管的特性曲线，如图 4-13 所示。

读数：正向压降约 0.7V，稳定电压约 12.5V。

(2)整流二极管反向漏电电流的测试。以 2DP5C 整流二极管为例，查手册得知 2DP5 的反向电流应≤500nA。测试时，仪器各部件的置位详见表 4-3。

逐渐增大“峰值电压”，在荧光屏上即可显示被测管反向漏电电流特性，如图 4-14 所示。

读数：I_R=4div×0.2μA×0.1(倍率)=80 nA。

测量结果表明，被测管性能符合要求。

表 4-3 2DP5C 整流二极管测试时仪器部件的置位

部 件	置 位
峰值电压范围	0～10V
功耗限制电阻	1 kΩ
X 轴集电极电压	1V/(°)
Y 轴集电极电流	0.2μA/(°)
倍率	Y 轴位移拉出×0.1

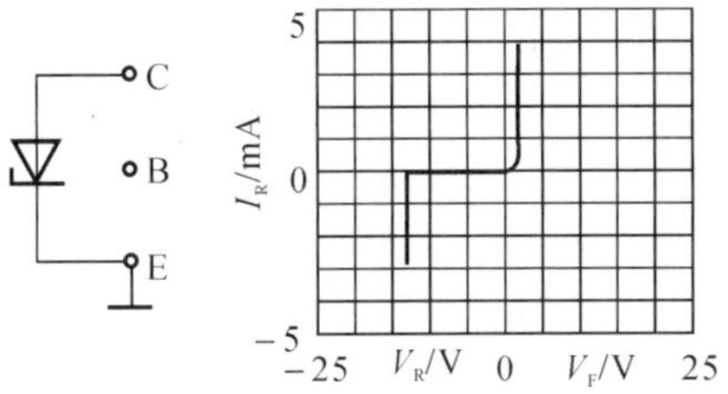

图 4-13 稳压二极管特性曲线

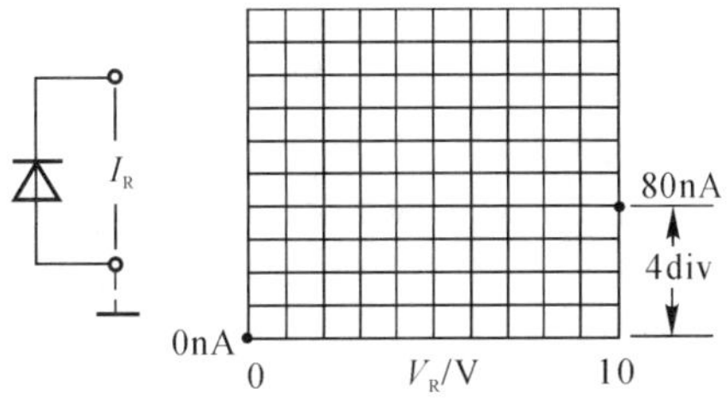

图 4-14 二极管反向电流测试

4.5 函数信号发生器

函数信号发生器是一种信号装置，又称函数发生器。在科研、生产测试和维修中需要信号源时，可用它来提供不同频率、不同波形的电压、电流信号，并将其加到各种电子电路、部件和整机设备上再用其他测量仪器观察有关性能参数。本节将介绍 SP1641B 函数信号发生器的技术指标和使用。

4.5.1 概述

函数信号发生器是一种精密的测试仪器，因其具有连续信号、扫频信号、函数信号、脉冲信号，点频正弦信号等多种输出信号和外部测频功能，故定名为 SP1641B 和 SP1642B 型函数信号发生器/计数器。本仪器是电子工程师、电子实验室、生产线及教学、科研需配备的理想设备。该仪器主要有以下优点。

(1)采用大规模单片集成精密函数发生器电路，使其具有很高的可靠性及优良性价比。

(2)采用单片微机电路进行整周期频率测量监控和智能化管理，用户可以直观、准确地了解到输出信号的频率幅度(特别是低频时亦是如此)。

(3)采用了精密电流电源电路，使输出信号在整个频带内均具有相当高的精度，同时多种电流源的变换使用，使仪器不仅具有正弦波、三角波、方波等基本波形，更具有锯齿波、脉冲波等多种非对称波形的输出，同时对各种波形均可以实现扫描功能。本机还具有失真度极低的点频正弦信号和 TTL 电平标准脉冲信号以及 CMOS 电平可调的脉冲信号以满足各种试验需要。

4.5.2 技术参数

SP1641B 函数信号发生器的技术指标见表 4-4～表 4-7。

表 4-4 SP1641B 函数信号发生器的技术参数(一)

项　目		技术参数
主函数输出频率		0.1Hz～3MHz(SP1641B)0.1Hz～10MHz(SP1642B)按十进制分类,共分八挡,每挡均以频率微调电位器实行频率调节
输出阻抗	函数、点频输出	50Ω
	TTL/CMOS 输出	600Ω
输出信号波形	函数输出	正弦波、三角波、方波(对称或非对称输出)
	TTL/CMOS 输出	脉冲波(CMOS 输出 f≤100kHz)
输出信号幅度	函数输出(1MΩ)	不衰减:(1～20V_{p-p})±10%,连续可调 衰减 20dB:(0.1～2V_{p-p})±10%,连续可调 衰减 40dB:(10～200mV_{p-p})±10%,连续可调 衰减 60dB:(1～20mV_{p-p})±10%,连续可调
	TTL 输出(负载电阻≥600Ω)	"0"电平:≤0.8V,"1"电平:≥1.8V
	CMOS 输出(负载电阻≥2kΩ)	"0"电平:≤0.8V,"1"电平:≥5～15V 连续可调
函数输出信号直流电平(offset)调节范围		关或(-5～+5V)±10%(50Ω 负载) "关"位置时输出信号所携带的直流电平为:<(0V±0.1V) 负载电阻为 1MΩ 时,调节范围为(-10～+10V)±10%
函数输出信号衰减		0dB/20dB/40dB/60dB(0dB 衰减即为不衰减)
输出信号类型		单频信号、扫频信号、调频信号(受外控)
函数输出非对称性(SYM)调节范围		关或 20%～80%
		"关"位置时输出波形为对称波形,误差:≤2%
扫描方式	内扫描方式	线性/对数扫描方式
	外扫描方式	由 VCF 输入信号决定
内扫描方式	扫描时间	10ms～5s±10%
	扫描宽度	≥1 频程
外扫描特性	输入阻抗	约 500kΩ
	输入信号幅度	0～+3V
	输入信号周期	10ms～5s
输出信号特征	正弦波失真度	<1%
	三角波线性度	>99%(输出幅度的 10%～90%区域)
	脉冲波上(下)升沿时间	≤30ns(SP1641B)25ns(SP1642B)(输出幅度的 10%～90%)
	脉冲波、上升、下降沿过冲	≤5%V_0(50Ω 负载)

续 表

项　目		技术参数
输出信号频率稳定度		±0.1%/min
幅度显示	显示位数	三位(小数点自动定位)
	显示单位	V_{p-p}或 mV_{p-p}
	显示误差	V_0 ±20%±1 个字(V_0输出信号的峰峰幅度值),(负载电阻 50Ω 时 V_0读数需乘 1/2)
	分辨率	0.1V_{p-p}(衰减 0dB),10mV_{p-p}(衰减 20dB),1mV_{p-p}(衰减 40dB),0.1mV_{p-p}(衰减 60dB)
频率显示	显示范围	0.1Hz～3 000kHz/10 000kHz
	显示有效位数	五位(1k 挡以下四位)

注:输出信号特征和输出信号频率稳定度测试条件:10kHz 频率输出,输出幅度为 5V_{p-p},直流电平调节为"关"位置,对称性调节为"关"位置,整机预热 10min。

表 4-5　SP1641B 函数信号发生器的技术参数(二)

项　目	技术参数
点频输出频率	100Hz±2Hz
点频输出波形	正弦波
点频输出幅度	≈2V_{p-p}

表 4-6　SP1641B 函数信号发生器的技术参数(三)

项　目		技术参数
频率测量范围		0.1Hz～50MHz
输入电压范围(衰减度为 0dB)		30mV～2V(1Hz～50MHz)
		150mV～2V(0.1～1Hz)
输入阻抗		500kΩ/30pF
波形适应性		正弦波、方波
滤波器截止频率		大约 100kHz(带内衰减,满足最小输入电压要求)
测量时间		0.3s(f_i>3Hz)
		单个被测信号周期　(f_i≤3Hz)
显示方式	显示范围	0.100Hz～50MHz
	显示有效位数	五位
测量误差		时基误差±触发误差(触发误差:单周期测量时)被测信号的信噪比优于 40dB,则触发误差≤0.3%
时基	标称频率	10MHz
	频率稳定度	$\pm5\times10^{-5}$/d

表 4-7　SP1641B 函数信号发生器的技术参数(四)

项　目		技术参数
电源适应性及整机功耗	电压	220V±10%
	频率	50Hz±5%
	功耗	≤30VA
外形尺尺寸		260mm×300mm×90mm
重量		约 2kg
工作环境组别		II 组(0～+40℃)

4.5.3　操作面板说明

SP1641B 信号发生器的操作面板如图 4-15 所示。

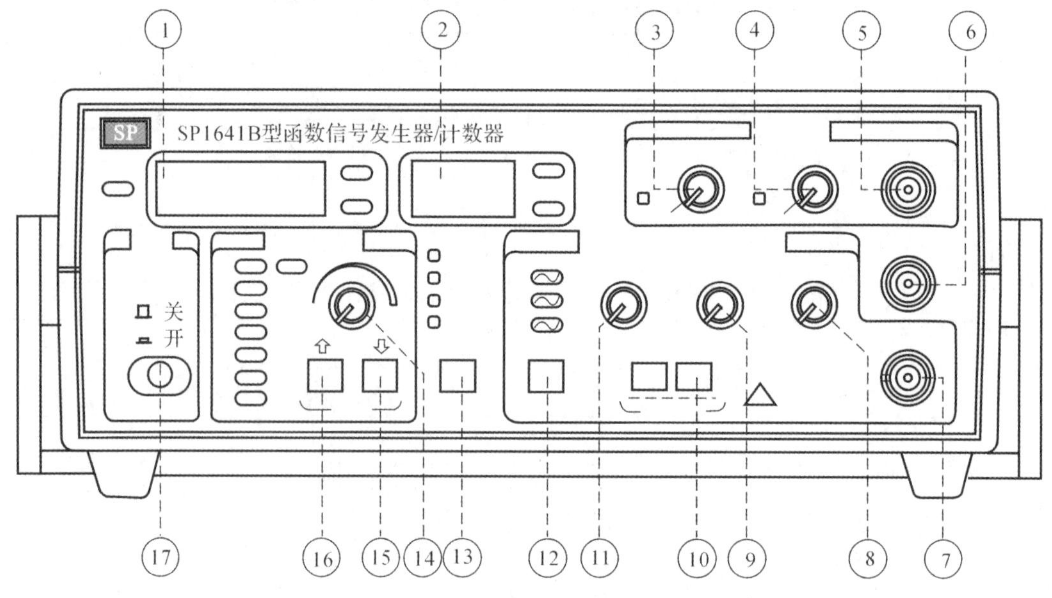

图 4-15　SP1641B 信号发生器前面板

1. 前面板说明

(1)频率显示窗口:显示输出信号的频率或外测频信号的频率。

(2)幅度显示窗口:显示函数输出信号的幅度。

(3)扫描宽度调节旋钮:调节此电位器可调节扫频输出的频率范围。在外测频时,逆时针旋到底(绿灯亮),为外输入测量信号经过低通开关进入测量系统。

(4)扫描速率调节旋钮:调节此电位器可以改变内扫描的时间长短。在外测频时,逆时针旋到底(绿灯亮),为外输入测量信号经过衰减“20dB”进入测量系统。

(5)扫描/计数输入插座:当“扫描/计数键”(13)功能选择在外扫描状态或外测频功能时,外扫描控制信号或外测频信号由此输入。

(6)点频输出端:输出标准正弦波 100Hz 信号,输出幅度 $2V_{p-p}$。

(7)函数信号输出端:输出多种波形受控的函数信号,输出幅度 $20V_{p-p}$(1MΩ 负载),$10V_{p-p}$(50Ω 负载)。

(8)函数信号输出幅度调节旋钮:调节范围 20dB。

(9)函数输出信号直流电平偏移调节旋钮:调节范围:－5～＋5V(50Ω 负载),－10～＋10V(1MΩ 负载)。当电位器处在关位置时,则为 0 电平。

(10)输出波形对称性调节旋钮:调节此旋钮可改变输出信号的对称性。当电位器处在关位置时,则输出对称信号。

(11)函数信号输出幅度衰减开关:"20dB""40dB"键均不按下,输出信号不经衰减,直接输出到插座口。"20dB""40dB"键分别按下,则可选择 20dB 或 40dB 衰减。"20dB""40dB"同时按下时为 60dB 衰减。

(12)函数输出波形选择按钮:可选择正弦波、三角波、脉冲波输出。

(13)"扫描/计数"按钮:可选择多种扫描方式和外测频方式。

(14)频率微调旋钮:调节此旋钮可微调输出信号频率,调节基数范围为从<0.1 到>1。

(15)倍率选择按钮:每按一次此按钮可递减输出频率的 1 个频段。

(16)倍率选择按钮:每按一次此按钮可递增输出频率的 1 个频段。

(17)整机电源开关

此键按下时,机内电源接通,整机工作。此键释放为关掉整机电源。

2. SP1641B 后面板

SP1641B 后面板布局如图 4－16 所示。

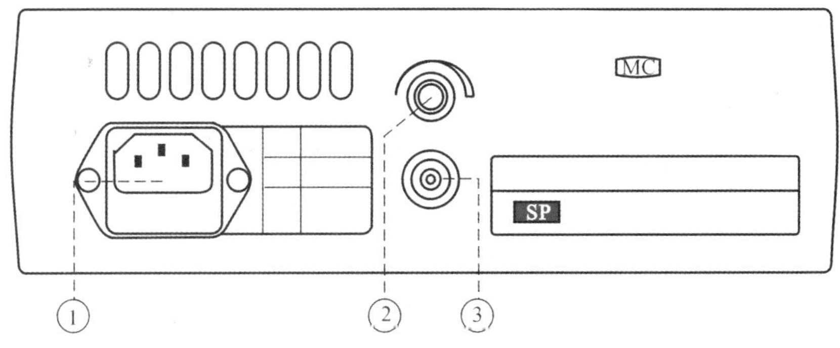

图 4－16　SP1641B 后面板

(1)电源插座:交流市电 220V 输入插座。内置保险丝容量为 0.5A。

(2)TTL/CMOS 电平调节:调节旋钮,"关"为 TTL 电平,打开则为 CMOS 电平,输出幅度可从 5V 调节到 15V。

(3)TTL/CMOS 输出插座。

4.5.4　测量与试验准备

应先检查市电电压,确认市电电压在 220V±10%范围内,方可将电源线插头插入本仪器后面板电源线插座内,供仪器随时开启工作。

(1)在使用本仪器进行测试工作之前,可对其进行自校检查,以确定仪器工作是否正常。

(2)自校检查程序(见图4-17)。

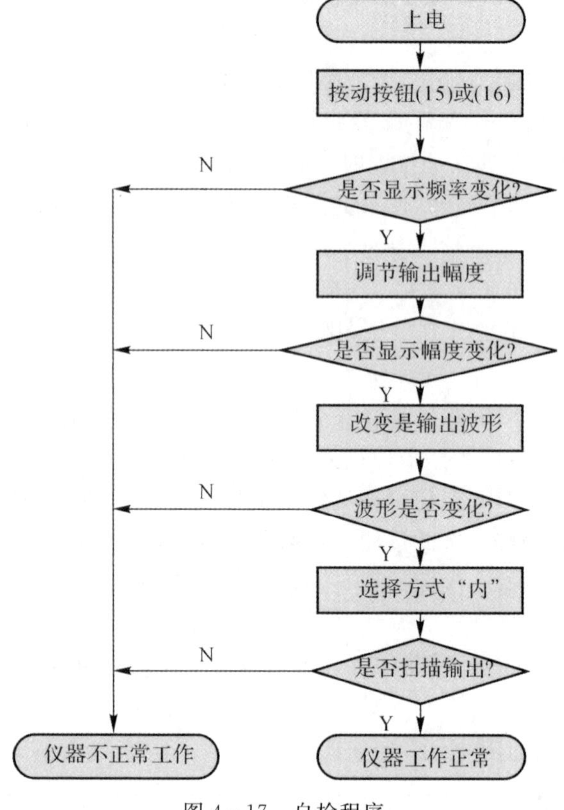

图4-17　自检程序

1.50Ω 主函数信号输出

(1)以终端连接50Ω匹配器的测试电缆,由前面板插座⑦输出函数信号。

(2)由频率选择按钮⑮或⑯选定输出函数信号的频段,由频率微调旋钮调整输出信号频率,直到所需的工作频率值。

(3)由波形选择按钮⑫选定输出函数的波形分别获得正弦波、三角波、脉冲波。

(4)由信号幅度选择器⑪和⑧选定和调节输出信号的幅度。

(5)由信号电平设定器⑨选定输出信号所携带的直流电平。

(6)输出波形对称调节器⑩可改变输出脉冲信号空度比,与此类似,输出波形为三角或正弦时可使三角波调变为锯齿波,正弦波调变为正与负半周分别为不同角频率的正弦波形,且可移相180°。

2.点频正弦信号输出

(1)输出标准的正弦波信号,频率为100Hz,幅度为$2V_{p\text{-}p}$(中心电平为0)。

(2)以测试电缆(终端不加50Ω匹配器)由输出插座⑥输出。

3.内扫描信号输出

(1)“扫描/计数”按钮⑬选定为内扫描方式。

分别调节扫描宽度调节③和扫描速率调节器④获得所需的扫描信号输出。

(2)函数输出插座⑦、TTL脉冲输出插座均输出相应的内扫描的扫频信号。

4. 外扫描信号输入

(1)“扫描/计数”按钮⑬选定为“外扫描方式”。

(2)由外部输入插座⑤输入相应的控制信号，即可得到相应的受控扫描信号。

5. TTL/CMOS 电平输出

(1)将 CMOS 电平调节旋钮处于所需位置，以获得所需的电平。

(2)输出信号以测试电缆(终端不加 50Ω 匹配器)从后面板插座③输出。

6. 外测频功能检查

(1)“扫描/计数”按钮⑬选定为“外计数方式”。

(2)用本机提供的测试电缆，将函数信号引入外部输入插座⑤，观察显示频率应与“内”测量时相同。

第 5 章　表面安装技术

SMT(表面组装技术)是新一代电子组装技术。经过 20 世纪 80 年代和 90 年代的迅速发展,已进入成熟期。SMT 已经成为一个涉及面广,内容丰富,跨多学科的综合性高新技术。最近几年,SMT 又进入一个新的发展高峰,成为电子组装的主流技术。

5.1　SMT 技术的发展过程

SMT 是无须对印制板钻插装孔,直接将片式元器件或适合于表面组装的微型元器件贴、焊到印制板或其他基板表面规定位置上的装联技术。

由于各种片式元器件的几何尺寸和占用空间体积比插装元器件小得多,这种组装形式具有结构紧凑、体积小、耐振动、抗冲击、高频特性好和生产效率高等优点。采用双面贴装时,组装密度高于插装 5 倍左右,从而使印制板面积节约了 60%～70%,重量减轻 90%以上。

SMT 在投资类电子产品、军事装备领域、计算机、通信设备、彩电调谐器、录像机、摄像机及袖珍式高档多波段收音机、随身听、传呼机和手机等几乎所有的电子产品生产中都得到广泛应用。SMT 是电子装联技术的发展方向,已成为世界电子整机组装的主流技术。

5.1.1　SMT 技术的发展

SMT 是从厚、薄膜混合电路演变发展而来的。美国是世界上 SMD 和 SMT 最早起源的国家,并一直重视在投资类电子产品和军事装备领域发展 SMT 高组装密度和高可靠性能方面的优势,具有很高的技术水平。

日本在 20 世纪 70 年代从美国引进 SMD 和 SMT 应用在消费类电子产品领域,并投入巨资大力加强基础材料、基础技术和推广应用方面的开发研究工作,从 80 年代中后期起加速了 SMT 在产业电子设备领域中的全面推广应用,仅用四年时间便使 SMT 在计算机和通信设备中的应用数量增长了近 30%,在传真机中增长 40%,使日本很快超过了美国,在 SMT 方面处于世界领先地位。

欧洲各国 SMT 技术的起步较晚,但他们重视发展并有较好的工业基础,发展速度也很快,其发展水平和整机中 SMC/SMD 的使用效率仅次于日本和美国。20 世纪 80 年代以来,新加坡、韩国不惜投入巨资,纷纷引进先进技术,使 SMT 技术获得较快的发展。

我国 SMT 的应用起步于 20 世纪 80 年代初期,最初从美国、日本等国家成套引进了 SMT 生产线用于彩电调谐器生产。随后应用于录像机、摄像机及袖珍式高挡多波段收音机、随身听等产品的生产中,近几年也逐渐应用在计算机、通信设备、航空航天电子产品中。

据不完全统计,截至 2000 年,我国约有 40 多家企业从事 SMC/SMD 的生产,全国约有 300 多家引进了 SMT 生产线,不同程度的采用了 SMT。全国已引进 4 000～5 000 台贴装机。随着我国改革开放的深入以及加入 WTO,美国、日本、新加坡逐步将 SMT 加工厂搬到了中国大陆地区，仅 2001 — 2002 年就引进了 4 000 余台贴装机。我国将成为 SMT 世界加工厂的基地，发展前景十分广阔。

SMT 总的发展趋势是：元器件越来越小、组装密度越来越高、组装难度也越来越大。最近几年 SMT 技术又进入一个新的发展阶段。为了进一步适应电子设备向短、小、轻、薄方向发展的趋势，出现了 0210(0.6mm×0.3mm)的 CHIP 元件，BGA、CSP、FLIP、CHIP、复合化片式元件等新型封装元器件。由于 BGA 等元器件技术的发展，非 ODS 清洗和元铅焊料的出现，引起了 SMT 设备、焊接材料、贴装和焊接工艺的变化，推动电子组装技术向更高阶段发展。SMT 技术时刻都在发展变化着。

5.1.2　SMT 技术的组装特点

为了提高电子整机产品的单位体积利用率，出现了贴片式元器件。所谓的表面安装技术就是把片状的元器件或适合于表面装配的小型化元器件，按照电路要求放置在印制板的表面上，用波峰焊或者再流焊等焊接工艺装配起来，构成具有一定功能的电子部件的装配技术。表面装配技术与通孔插装元器件的方式相比，具有以下优越性。

(1)组装密度高。片式元器件比传统穿孔元件所占面积和质量大为减少。一般来说，表面安装技术组装的电子部件，体积一般可达到通孔插装组件的 30%～20%，最小的可达 10%。同时质量也减轻了许多。

(2)可靠性高。由于片式元件采用自动化生产，贴装可靠性高。器件小而轻，抗震能力也强。一般不良焊点率小于 $1/10^5$，比通孔插元件波峰焊接技术低一个数量级，目前几乎有 90% 的电子产品均采用 SMT 工艺。

(3)信号传输速度快。由于结构紧凑、装配密度高，连线短、传输延迟小，可实现高速的信号传输。这对于超高速运行的电子设备具有重大意义。

(4)高频特性好。由于片式元器件贴装牢固，器件通常为无引线或短引线，降低了寄生电感和寄生电容的影响，提高了电路的高频特性。采用 SMT 也可缩短传输延迟时间，可用于时钟频率为 16MHz 以上的电路。若使用 MCM 技术，计算机工作站的高端时钟频率可达 100MHz，由寄生电抗引起的附加功耗可降低 2～3 倍。

(5)简化生产程序，降低成本。在印刷装配时，所有片状元器件外形尺寸标准化、系列化及焊接条件的一致性，因而大大缩短了成产时间。且印制板使用面积减小，面积为通孔技术的 1/12，若采用 CSP 安装则其面积还要大幅度下降。印制板上钻孔数量减少，节约返修费用。由于频率特性提高，减少了电路调试费用；由于片式元器件体积小、质量轻，减少了包装、运输和储存费用。SMT 及 SMD 发展快，成本迅速下降，一个片式电阻已同通孔电阻价格相当。

(6)便于自动化生产。目前穿孔安装印制板要实现完全自动化，还须扩大 40%原印制板面积，这样才能使自动插件的插装头将元件插入，否则容件会由于没有足够的空间间隙而产生碰撞导致损坏。自动贴片机采用真空吸嘴吸放元件，真空吸嘴小于元件外形，反而提高安装密度。事实上小元件及细间距 QFP 器件均采用自动贴片机进行生产，以实现全线自动化生产。

(7)SMT 生产中也存在一些问题。

1)表面安装没有统一的标准，并且元器件成本高。

2)元器件上的标称数值看不清，维修工作困难；维修调换器件困难，并需专用工具。如元器件吸潮引起装配时元器件裂损，结构件热膨胀系数差异导致焊接开裂，组装密度大而产生的散热问题。

5.2 表面装配元器件

表面组装元器件又称为片式元器件，也叫贴片元器件，是适应当代电子产品微小型化和大规模生产的需要发展起来的微型元器件，现广泛应用于电子产品中，具有体积小、重量轻、高频特性好，无引线或短引线、安装密度高、可靠性高、抗震性能好、易于实现自动化、适合表面组装、成本低等特点。

表面组装元件(Surface Mounted Components，SMC)若从外形来分，主要有矩形片式元件、圆柱形片式元件、复合片式元件、异形片式元件。若从种类来分，可分为片式电阻器、片式电容、片式电感、片式机电元件。若从封装形式来分，有陶瓷封装、塑料封装、金属封装等。

5.2.1 表面装配元器件的特点

表面装配元器件也称贴片元器件或片状元器件，它具有下述两个显著特点。

(1)在 SMT 元器件的电极上，有些完全没有引线，有些引线之间非常短小；相邻电极之间的距离比传统的双排直插式集成电路引线间距小得多。在集成度相同的情况下，SMT 元器件比传统的元器件小；或者说，与同体积的传统电路芯片比较，SMT 元器件的集成度得到了大大的提高。

(2)SMT 元器件直接贴装在印制电路板的表面，并且将电极焊接在与元器件同一面的焊盘上。这样，印制板上的通孔只起到连通导线的作用，孔的直径由制板时金属化孔的工艺水平决定，通孔周围没有焊盘，使印制板的布线密度大大提高。

5.2.2 表面装配元器件的种类和规格

表面装配元器件基本上就是片状结构。从结构上来说，包括薄片矩形、圆形状、扁平异性等；同样从功能上可以分为有源器件、无源元件和机电元件。

表面装配元器件从功能和封装形式上进行分类的情况见表 5-1 和表 5-2。

表 5-1 表面组装元器件的功能及分类

类　别	封装器件	种　类
无源元件	电阻器	厚膜电阻器、薄膜电阻器、热敏器件、电位器等
	电容器	多层陶瓷电容器、有机薄膜电容器、云母电容器、片式钽电容器等
	电感器	多层电感器、线绕电感器、片式变压器等
	复合元件	电阻网络、电容网络、滤波器等
有源器件	分立器件	二极管、晶体管、晶体振荡器等
	集成电路	片式集成电路、大规模集成电路等

续 表

类　别	封装器件	种　类
机电元件	开关、继电器	纽子开关、轻触开关、簧片继电器等
	连接器	片式跨接线、圆柱形跨接线、接插件连接器等
	微电机	微型微电机等

表 5－2　表面组装元器件的封装形式及分类

类　别	封装形式	种　类
无源表面安装元件 SMC	矩形片式	厚膜和薄膜电阻器、热敏电阻、压敏电阻、单层或多层陶瓷电容器、钽电解电容器、片式电感器、磁珠等
	圆柱形	碳膜电阻器、金属膜电阻器、陶瓷电容器、热敏电容器、陶瓷晶体等
	异　形	电位器、微调电位器、铝电解电容器、微调电容器、绕线电容器、晶体振荡器、变压器等
	复合片式	电阻网络、电容网络、滤波器等
有源表面安装器件 SMD	圆柱形	二极管
	陶瓷组件（扁平）	无引脚陶瓷芯片载体 LCCC、有引脚陶瓷芯片载体 CBGA
	塑料组件（扁平）	SOT，SOP，SOJ，PLCC，QFP，BGA，CSP 等
机电元件	异　形	继电器、开关、连接器、延迟器、薄型微电机等

5.2.3　表面安装元件

1. 表面装配电阻器

表面装配电阻器按制造工艺可以分为厚膜电阻型和薄膜电阻型两大类。厚膜表面装配电阻器通过在一个平坦的高纯度氧化铝基底表面上网印电阻膜来制作电阻。薄膜型表面装配电阻薄膜型是在基体上溅镀一层镍铬合金而成，薄膜型电阻性能稳定，阻值精度高，但价格较贵，由于在电阻层上涂覆特殊的低熔点玻璃釉涂层，因而电阻在高温下性能非常稳定。图 5－1 所示为典型形状的一个矩形六面体。从元器件的典型性能来说，电阻器的特性参数与传统元件的差别不大，而其本身的规格是根据它长方体的外形尺寸决定。表 5－3 给出了典型的电阻器的外形尺寸。

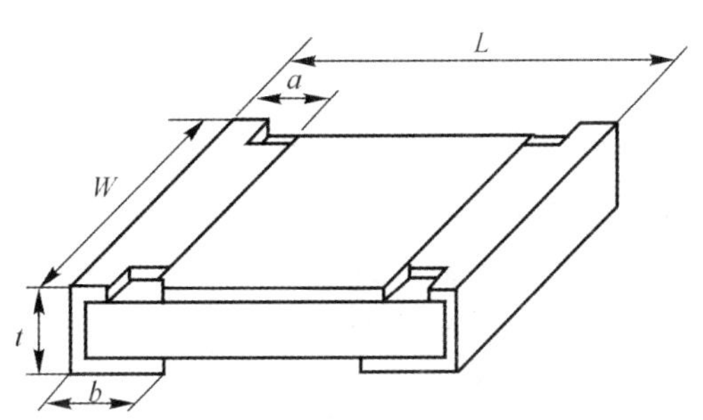

图 5－1　矩形片式元器件的焊盘和尺寸

表 5－3 为 SMC 的外形尺寸。系列型号中，4 位数代表了 SMC 的长度和宽度。

表 5－3　SMC 的外形尺寸

系列型号	L	W	a	b	t
3216	3.2	1.6	0.5	0.5	0.6
2025	2.0	1.25	0.4	0.4	0.6
1608	1.6	0.8	0.3	0.3	0.45
1005	1.0	0.5	0.2	0.25	0.35

SMC 的种类用型号加后缀的方法表示，例如 3216C 是 3216 系列的电容器，2025R 表示 2025 系列的电阻器。由于表面积太小，SMC 的标称数值一般用印在元件表面上的 3 位数字表示。前两位数字是有效数字，第三位数字是倍率乘数。精密电阻的标称数值用 4 为数字表示。例如，电阻器上印有 114，表示阻值 110k ；电容器上的 103，表示容量为 10 000pF，即 0.01μF。

电容器是电子电路中不可缺少的元件，它在调谐电路、旁路电路、耦合电路、滤波电路中起着重要的作用。表面组装用电容器简称片式电容器，适用于表面组装的电容器已发展到多品种、多系列的片式电容器。按外形、结构和用途来分类，可达数百种，在实际应用中，表面安装电容器中有 80％是多层片状瓷介电容器，其次是表面安装铝电解电容器和钽电解电容。

(1)表面装配多层陶瓷电容器。表面装配陶瓷电容器以陶瓷材料为电容介质，多层陶瓷电容器是在单层盘状电容器的基础上构成的，多层陶瓷电容器的电极深入电容器的内部，并与陶瓷介质相互交错。图 5－2 所示为片式瓷介电容结构图和外形图。

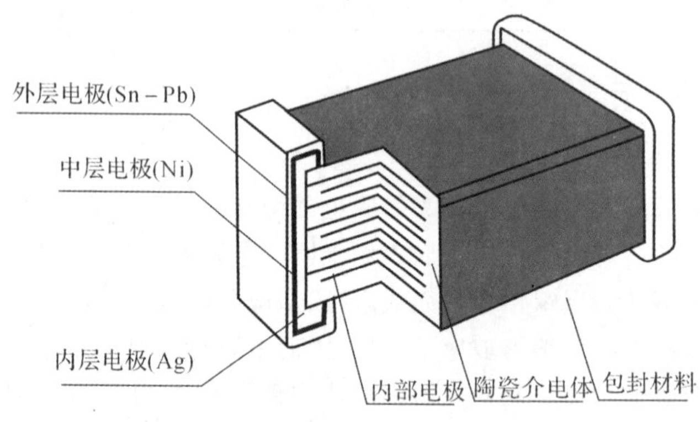

图 5－2　片式瓷介电容结构图和外形图

MLC 的结构图和外形图如图 5－2 所示。陶瓷介电体是根据不同的电性能参数专门配制而成的。在陶瓷介电体内部，根据不同电容量的需要有多层并联的内电极．内电极可由 Pb，Rt，Au，Ag 等贵金属或它们的合金组成。目前也有用金属 Ni，Fe，Cu 等制作内电极。陶瓷介电体和内电极构成的坯体经高温烧结为一个整体，故而 MLC 又简称为独石电容器。

多层片式瓷介电容器简称陶瓷电容器，它以陶瓷为介质，涂敷金属薄膜(一般为银)经高温烧结而形成电极，再在电极上焊接引出线，外表涂上保护漆，或用环氧树脂、酚醛树脂封装，即成为瓷介电容器。

瓷介电容器常用的陶瓷介质材料有以下三类:

Ⅰ型电容器陶瓷(国内型号为 CC41):它的介电常数一般小于 100。

Ⅱ型电容器陶瓷(国内型号为 CT41):它的介电常数一般大于 1 000。

Ⅲ型电容器陶瓷:它具有很高的介电常数,广泛应用于对容量稳定性和损耗要求不高的场合。

多层片状陶瓷电容器由片状陶瓷膜叠起来烧结而成。由于它的每片陶瓷膜很薄,因此具有容量大、体积小的特点。

片式瓷介电容器的特点:

1)由于电容器的介质材料为陶瓷,因而耐热性能良好,不容易老化。

2)瓷介电容器能耐酸碱及盐类的腐蚀,抗腐蚀性好。

3)低频陶瓷材料的介电常数大,因而低频瓷介电容器的体积小、容量大。

4)陶瓷的绝缘性能好,可制成高压电容器。

5)高频陶瓷材料的损耗角正切值与频率的关系很小,因而在高频电路可选用高频瓷介电容器。

6)陶瓷的价格便宜,原材料丰富,适宜大批量生产。

7)瓷介电容器的电容量较小,机械强度较低。

(2)表面组装铝电解电容器。表面组装铝电解电容器,又叫片式铝电解电容器,可分为液体电解质片式铝电解电容器和固体电解质片式铝电容器两大类。

表面组装铝电解电容器从结构上分有卧式结构和立式结构两种。卧式结构的优点为高度低,最高尺寸不超过 4.5mm,缺点是贴装面积大,不适宜高密度组装;立式结构的安装面积小,适宜高密度组装。目前片式铝电解电容以立式结构为主。

按外形和封装材料的不同,可分为矩形铝电解电容器(树脂封装)和圆柱形电解电容器(金属封装)两类。

1)液体电解质片式铝电解电容器。液体电解质片式铝电解电容器的特点:它是由铝圆筒做负极,里面装有液体电解质,插入一片弯曲的铝带做正极制成。还须经直流电压处理,使正极的片上形成一层氧化膜做介质。其特点是容量大、但是漏电大、稳定性差、有正负极性,适于电源滤波或低频电路中,使用时,正、负极不能接反。

液体电解质片式铝电解电容器的结构:电容器的阳极箔:是用高纯度的铝箔经电解腐蚀(弱酸)阳极氧化而成;阴极箔:用低纯度的铝箔电解腐蚀获得。用电解纸将阴阳两极隔离,绕成电容器的芯子。然后,将电容器芯子放入电解液(最常用普通铝电解液是硼酸铵乙二醇系电解液,还有添加剂和溶剂)中浸透、密封,铆接铝电极引线,最后用金属铝壳或耐热环氧树脂进行封装,获得片式铝电解电容器。

2)固体电解质片式铝电解电容器。固体电解质片式铝电解电容器采用有机导电化合物作为工作电解质,以导电有机高分子聚合物作为产品的实际阴极(实际上就是电解质),具有高频低阻抗、高温稳定、快速放电、减小体积、无漏液现象的特点,与液体电解质片式铝电解电容器比较具有大容量、低阻抗、无电解质泄漏、高温长寿命(在 85℃ 的工作环境中,寿命最高可达 40 000h)等优点,并具有耐反向电压的能力。

(3)片式钽电解电容器。片式钽电解电容器,是用金属钽做正极,用稀硫酸等配液做负极,用钽表面生成的氧化膜作为介质制成。

片式钽电解器的电解质是固体，并可以在其上直接连接引出线，因而体积小，使用寿命长，将逐步替代铝电解电容器。

(4)片式微调电容器。片式微调电容器是电容量可在某一小范围内调整，并可在调整后固定于某个电容值的电容器。片式微调电容器实际上就是微调电容器的片式化。随着电子技术的高速发展，微调电容的尺寸仍然在不断缩小，应用在一些体积小的场合，如有线电视、遥控器、报警器、对讲机等领域。

2. 表贴半导体器件

表面贴装半导体器件包括表面贴装分立器件(二极管、三极管、晶闸管等)和集成电路两大类。表面贴装分立器件除部分二极管采用无引线圆柱外型，常见外形封装有 SOT 型和 TO 型。此外还有 SC－70(2.0×1.25)，S0－8(5.0×4.4)等封装。

3. 表面组装集成电路

表面组装型混合集成电路是为了适应电子整机对小型、轻量、薄型化需求而发展的一种新的复合功能型表面组装器件，它的基本封装形式是将集成电路芯片和内引线封装于塑料或陶瓷壳体之内，从壳体内引出相应的焊端或短引线，以适应表面组装的需要。

表面组装集成电路因封装不同，可分为 SOJ，PLCC，LCCC，QFP，BGA，CSP，FC，MCM 等。

(1)QFP 这种封装的集成电路引脚较多，多用于高频电路、中频电路、音频电路、微处理器、电源电路等，其外形如图 5－3 所示。它是专为细间距引线的表面安装集成电路而研制。引线形状为翼型的称为 QFP；带有 J 型引线的称为 QFJ。引线间距为 0.65mm，0.5mm，0.4mm，0.3mm，0.25mm。引线数范围为 80～500 条。

(2)塑料有引线封装 PLCC。带引线的塑料芯片载体是表面贴装型的器件封装之一。外形呈正方形，32 脚封装，引脚从封装的四个侧面引出，呈丁字形，是塑料制品，外形尺寸比 DIP 封装小得多，J 形引脚不易变形，比 QFP 容易操作，但焊接后的外观检查较为困难。PLCC 封装适合用 SMT 表面安装技术在 PCB 上安装布线，具有外形尺寸小、可靠性高的优点。

图 5－3　QFP 封装的集成电路

(3)BGA 的全称是 Ball Grid Array(球栅阵列结构的 PCB)，它是集成电路采用有机载板的一种封装法，具有体积小、I/O 多、电气性能优越(适合高频电路)、散热好等的优点。

BGA 有以下特点。

1)BGA 与 QFP 相比较，在同样的引脚情况下，可减小封装尺寸，提高 I/O 数。如 BGA313 和 QFP304 器件相比。减小了 34％面积，封装尺寸同为 20mm×20mm、引间距为 0.5mm的 QFP 的器件 I/O 数为 156 个，而 BGA 器件为 1 521 个。

2)BGA 的优点散热特性好，芯片工作温度低。

3)BGA 引线短，导线的自感和互感很低，元件管脚间信号干扰小，频率特性好。

4) 器件设计、制造和装配相对容易。封装可靠性高，再流焊，焊点间的张力能产生良好的自对中效果，允许有 50％的贴片精度误差。焊后管脚水平面同一性较易保证，与 SMT 设备兼容。

5)BGA 的缺点是印制电路板的成本增加，焊后检测困难、返修困难，PBGA 对潮湿很敏感。封装件和衬底容易开裂。

5.3 表面安装材料

5.3.1 焊膏

焊膏是由合金粉末和糊状助焊剂载体均匀混合成的膏状焊料，是表面组装再流焊工艺必需的材料。

1. 焊膏的分类

(1)按合金粉末的成分可分为高温、低温，有铅和无铅。

(2)按合金粉末的颗粒度分为一般间距用和窄间距用。

(3)按焊剂的成分可分为免清洗、可以不清洗、溶剂清洗和水清洗。

(4)按松香活性分为 R(非活性)、RMA(中等活性)、RA(全活性)。

(5)按黏度可分为印刷用和滴涂用。

2. 焊膏的组成

(1)合金粉。合金粉末是焊膏的主要成分，合金粉末的组分、颗粒形状和尺寸是决定焊膏特性以及焊点量的关键因素。

目前最常用焊膏的金属组分为 Sn63Pb37 和 Sn62Pb36Ag2。

合金焊料粉的成分和配比是决定焊膏的熔点的主要因素；合金焊料粉的形状、颗粒度直接影响焊膏的属性和黏度：合金焊料粉的表面氧化程度对焊膏的可焊性能影响很大，合金粉末与表面氧化物含量应小于 0.5%，最好控制在 80ppm 以下。合金焊料粉中的微粉是产生焊料球的因素之一，微粉含量应控制在 10%以下。表 5－4 为常用焊膏成分及特性。

表 5－4　常用焊膏的金属组分、熔化温度与用途

金属组分	熔化温度/℃		用　途
	液相线	固相线	
Sn63pb37	183	共晶	适用用普通表面组装板，不适用于含 AG，AG/PA 材料电极的元器件
Sn60pb40	183	188	用途同上
Sn62pb36ag2	179	共晶	适用于含 AG，AG\PA 材料电极的元器件(不适用于水金板)
Sn10pb88ag2	268	290	适用于耐高温元器件及需要两次再流焊表面组装板的首次再流焊(不适用于水金板)
Sn96.5ag3.5	221	共晶	适用于要求焊点强度较高的表面组装板的焊接(不适用于水金板)
Sn42bi58	138	共晶	适用于热敏元器件及需要两次再流焊表面组装板的第二次再流焊

(2)焊剂。焊剂的主要成分和功能见表 5－5。

表 5-5　焊剂的主要成分和功能

焊剂成分	主要材料	功　能
树脂	松香、合成树脂	该成分主要起到加大锡膏黏附性，而且有保护和防止焊后 PCB 再度氧化的作用
黏结剂	松香、松香脂，聚丁烯	提供贴装元器件所需的黏性
活化剂	胺、苯胺、联氨卤化盐、硬脂酸等	该成分主要起到去除 PCB 铜膜焊盘表层及零件焊接部位的氧化物质的作用，同时具有降低锡、铅表面张力的功效
溶剂	甘油、乙醇类、酮类	该成分是焊剂组分的溶剂，在锡膏的搅拌过程中起调节均匀的作用，对焊锡膏的寿命有一定的影响
其他	触变剂、界面活性剂、消光剂	防止分散和塌边、调节工艺性

不同的焊剂成分可配制成免清洗、有机溶剂清洗和水清洗不同用途的焊膏。焊剂的组成对焊膏的润湿性、坍落度、黏度、可清洗性、焊料球飞溅及储存寿命等均有较大的影响。

(3)合金焊料粉与焊剂含量的配比。合金焊粉与焊剂含量的配比是决定焊膏黏度的主要因素之一。合金焊料粉的含量高，黏度就大；焊剂含量高，黏度就小。一般合金焊粉百分含量在 75%～90.5%。免清洗焊膏以及模板印刷用焊膏的合金含量高一些，在 90%左右。

(4)对焊膏的技术要求。

1)焊膏的合金组分尽量达到共晶或近共晶，要求焊点强度较高，并且与 PCB 镀层、元器件端头或引脚可焊性要好。

2)在储存期内，焊膏的性能应保持不变。

3)焊膏中的金属粉末与焊剂之间不分层。

4)室温下连续印刷时，要求焊膏不易干燥，印刷性(滚动性)好。

5)焊膏黏度要满足工艺要求，既要保证印刷时具有优良的脱模性，又要保证良好的触变性(保形性)，印刷后焊膏不能塌落。

6)合金粉末颗粒度要满足工艺要求，合金粉末中的微粉少，焊接时起球少。

7)再流焊时润湿性好，焊料飞溅少，形成最少量的焊料球。

5.3.2　贴装胶

在片式元件与插装元器件混装采用波峰焊工艺时，需要用贴片胶把片式元件暂时固定在 PCB 的焊盘位置上，防止在传递过程或插装元器件、波峰焊等工序中元件掉落。在双面再流焊工艺中，为防止已焊好面上的大型器件因焊接受热熔化而掉落，也需要用贴片胶起辅助固定作用。

1. 贴装胶

(1)贴装胶的种类。贴装胶有多种类型，根据结构功能可分为结构型、非结构型和密封型 3 种，在表面组装工艺中采用非结构型。根据化学性质可将贴装胶分为热固型、热塑型、弹性型和合成型。在表面组装工艺中主要采用热固型贴装胶。热固型贴装胶主要有环氧树脂、氰基丙烯酸酯、聚丙烯和聚酯。

(2)表面组装用的贴装胶。表面组装用的贴装胶主要有环氧树脂和丙烯酸两种。这两种贴装胶都属于热固型。在实际应用中,应根据用户对性能的要求,如胶黏强度、黏度、罐藏寿命、固化温度和时间,进行选择和配置。表面组装采用单组分贴装胶,因为在适当时间内按适当比例混合双组分装胶比较麻烦;而单组分贴装胶避免了在生产过程中操作处理上可能的变化,使用方便,不必为混合物短暂的试用期担心。但是,单组分贴胶存放寿命较短、固化温度相对较高,要配置一种单组分环氧树脂,使它具有较长的存放寿命、较低的固化温度和较短的固化时间,是比较困难的。

(3)表面组装对贴装胶的要求。为了确保表面组装的可靠性,对贴装胶提出以下要求:

1)常温使用寿命要长。

2)具有一定黏度,胶滴之间不能拉丝,在元器件与PCB之间有一定的黏结强度,元器件贴装后在搬运过程中不易掉落。

3)快速固化。

4)与助焊剂和清洗剂之间不发生化学反应。

5)能够填充电路板和元器件之间的间隙。

6)不导电性能和无腐蚀性。

7)有颜色,便于检查。

8)触变性好,涂敷后胶滴不变形,不易流动,能保持足够的高度。

9)应无毒、无嗅、不可燃,符合环保要求。

2.清洗剂

在表面组装过程中,选择助焊剂可得到良好的可焊性。但是这类助焊剂有残渣留在表面组装组件上会引起的电路板腐蚀、短路、漏电等现象的发生,对其性能有影响,所以为了确保可靠性,必须在焊接后,用清洗剂对电路组件进行清洁,去除焊剂残渣和其他污染物。减少电路组件表面的离子污染物,可以提高表面绝缘电阻,提高整个组件的可靠性。

(1)清洗剂是指用来清洗极性和非极性残留物的清洗溶剂。清洗剂主要分为以下几种。

1)疏水溶剂:能够去除非极性和非离子的污染物,如松香、油和油脂等。

2)亲水溶剂:能够去除离子和极性污染物,如酸、盐等。

3)共沸溶剂:上述两种溶解的混合,对极性和非极性溶剂均有溶解作用。

(2)表面组装用的清洗剂应具备以下性能。

1)良好的稳定性。要求在存储和使用期间不会发生分解,阻止溶剂与电路板上活性金属间发生化学反应。

2)良好的清洗效果。考虑沸点、比热、溶解性等,有针对性地使用清洗剂,能适用于待清洗的SMA系统,保证足够的洗净度等级。

3)安全、低消耗和适当的价格。

(3)清洗剂的发展趋势。传统的CFC类清洗剂对大气臭氧有破坏作用,且因对人体有害而已经被淘汰。替代物主要有以下几种。

1)半水清洗剂:萜烯基溶剂和其他非氯化有机溶剂,可生物降解、无毒、无腐蚀、不破坏臭氧等。

2)水清洗剂:以水为溶剂,有两种方案,一种为利用“皂化反应”,生成可溶于水的脂肪酸盐;另一种采用水溶性焊剂进行焊接。

总之,无毒、环保、高效能的工艺材料是 SMT 工艺的发展方向。

5.4 SMT 安装工艺

采用 SMT 的装配方法和工艺过程与通孔插装元件完全不同。在大批的 SMT 生产装配过程中,必须使用自动化的装配设备来完成。但由于设备成本太高,在小批量使用的 SMT 器件的企业里,往往由一些技术工人手工装配焊接。

5.4.1 SMT 工艺分类

1. 按焊接方式分类

按焊接方式,可分为再流焊和波峰焊两种类型。

(1)再流焊工艺:先将微量的锡铅焊膏施加到印制板的焊盘上,再将片式元器件贴放在印制板表面规定的位置,最后将贴装好元器件的印制板放置于再流焊设备的传送带上,从炉子入口到出口(大约 5~6min)完成干燥、预热、熔化、冷却全部焊接过程。

(2)波峰焊工艺:先将微量的贴片胶(绝缘黏接胶)施加到印制板的元器件底部或连接缘位置上,再将片式元器件贴放在印制表面规定的位置上,并进行胶固化。片式元器件被牢固地黏结在印制板的焊接面,然后插装分立元器件,最后对片式元器件与插装元器件同时进行波峰焊接。

2. 按组装方式分类

按组装方式,可分为全表面组装、单面混装、双面混装 3 种方式。具体见表 5-6。

表 5-6 组装方式

组装方式		示意图	电路基板	元器件	特征
全表面组装	单面表面组装	A B	单面 PCB 陶瓷基板	表面组装元器件	工艺简单、适用于小型、薄型简单电路
	双面表面组装	A B	双面 PCB 陶瓷基板	表面组装元器件	高密度组装、薄型化
单面混装	SMD 和 THC 都在 A 面	A B	双面 PCB	表面组装元器件和通孔插装元器件	一般采用先贴后插,工艺简单
	THC 在 A 面 SMD 在 B 面	A B	单面 PCB	表面组装元器件和通孔插装元器件	PCB 成本低,工艺简单,先贴后插,如采用先插后贴工艺复杂

续表

组装方式		示意图	电路基板	元器件	特　征
双面混装	THC 在 A 面，A，B 两面都有 SMD	A B	双面 PCB	表面组装元器件和通孔插装元器件	适合高密度组装
	A，B 两面都有 SMD 和 THC	A B	双面 PCB	表面组装元器件和通孔插装元器件	工艺复杂，尽量不采用

5.4.2　表面手工焊接工艺

由于贴装的设备成本很高，有时对于少批次量的 SMT 生产采用手工贴装表面元器件，手工贴装常用于产品研究和维修方面。

1. 黏合剂或焊膏的涂敷

方法 1：用针状物点胶或涂焊膏到印制电路板元件贴装的位置上。

方法 2：用手动丝网印刷机或手动点滴机进行点胶或涂焊膏。

2. 贴片

方法 1：使用镊子借助放大镜仔细将片式元器件放到设定位置上。

注意：由于片式元器件尺寸小，特别是窄间距 QFP 引线很细，夹持时用力要适当，以防造成元器件损伤。

方法 2：用真空吸笔拾取或贴装元器件，真空吸笔有助于元件的转向，使用方便。

方法 3：使用半自动贴片机，这是投资少而应用广泛的贴片机。它带有摄像系统，通过屏幕放大以对准位置，并用计算机系统记忆手工贴片位置，第一块 SMC/SMD 经过手工放置后它就可自动放第二块 SMC/SMD。

3. 固化黏合剂

方法：使用加热或紫外线照射进行固化黏合。

4. 焊接

方法：采用电烙铁或控温电烙铁，焊接的技术要求比普通印制板要高，尤其是对于焊接时间、温度、焊锡量的掌握要适当。

用手工贴装元件时，应该注意以下几点。

(1)将元器件贴放到焊膏而不是黏结剂上时，贴放的准确度更为关键，因为如果贴放不准确，可能使焊膏玷污焊盘，从而引起搭接现象。

(2)不要使用可能损坏元器件的镊子或其他工具来收拾元器件。

(3)夹持元器件时，应夹持元器件的外壳，而不是夹住它们的引脚或端接头。

(4)夹元器件的镊子不要沾上黏结剂或焊膏，镊子使用后要用酒精或氟利昂清洗。

5.5 SMT 生产线主要设备

5.5.1 印刷机

由于新型 SMD 不断出现、组装密度的提高以及免清洗的要求，这使得印刷机要向高密度、高精度的方向提高以及向多功能方向发展。目前印刷机大致分为 3 种档次。

（1）半自动印刷机。

（2）半自动印刷机加视觉识别系统。增加了 CCD 图像识别，提高了印刷精度。

（3）全自动印刷机。全自动印刷机除了有自动识别系统外，还有自动更换漏印模板、清洗网板、对 QFP 器件进行 45°角印刷、二维和三维检查印刷结果（焊膏图形）等功能。

目前又有 PLOWER FLOWER 软料包（DEK 挤压式、MINAMI 单向气功式等）的成功开发与应用。这种方法焊膏是密封式的，适合免清洗、元铅焊接以及高密度、高速度印刷的要求。

5.5.2 贴片机

随着 SMC 小型化、SMD 多引脚窄间距化和复合式、组合式片式元器件、BGA、CSP、DCA（芯片直接贴装技术）以及表面组装的接插件等新型片式元器件的不断出现，对贴装技术的要求越来越高。近年来，各类自动化贴装机正朝着高速、高精度和多功能方向发展。采用了多贴装头、多吸嘴以及高分辨率视觉系统等先进技术，使贴装速度和贴装精度大大提高。

目前最高的贴装速度可达到 0.06s/Chip 元件左右；高精度贴装机的重复贴装精度为 0.05～0.25mm。多功能贴片机除了能贴装 0201（0.6mm×0.3mm）元件外，还能贴装 SOIC（小外形集成电路）、PLCC（塑料有引线芯片载体）、窄引线间距 QFP，BGA 和 CSP 以及长接插件（150Mm 长）等 SMD/SMC 的能力。

此外，现代的贴片机在传动结构（Y 轴方向由单丝械向双丝杠发展）、元件的对中方式（由机械向激光向全视觉发展）、图像识别（采用高分辨 CCD）、BGA 和 CSP 的贴装（采用反射加直射镜技术）、采用铸铁机架以减少振动，提高精度和减少磨损以及增强计算机功能等方面都采用了许多新技术，使操作更加简便、迅速、直观和易掌握。

5.5.3 再流焊炉

再流焊炉主要有热板式、红外、热风、红外加热风和气相焊等形式。

再流焊热传导方式主要有辐射和对流两种方式。

辐射传导：主要有红外炉。其优点是热效率高，温度梯度大，易控制温度曲线，双面焊接时 PCB 板的上、下温度易控制。其缺点是温度不均匀，在同一块 PCB 上由于器件的颜色和大小不同，其温度就不同。为了使深颜色和大体积的元器件达到焊接温度，必须提高焊接温度，容易造成焊接不良和损坏元器件等现象。

对流传导：主要有热风炉。其优点是温度均匀、焊接质量好。缺点是 PCB 上温差以及沿焊接长度方向的温度梯度不易控制。

目前再流焊倾向采用热风小对流方式，在炉子下面采用制冷手段，以保护炉子上、下和长度方向的温度梯度，从而达到工艺曲线的要求。

是否需要充 N_2(基于免清洗要求提出的):充 N_2 的主要作用是防止高温下二次氧化,达到提高可焊性的目的。对于什么样的产品需要充 N_2,目前还有争议。一般来说,无铅焊接以及高密度,特别是引脚中心距为0.5mm以下的焊接过程有必要用 N_2,其余的没有太大必要。另外,如果 N_2 纯度低(如普通20PPM)效果不明显,因此要求 N_2 纯度为100PPM。因军品对于电性能要求极高,故在这个领域蒸汽焊接应用广泛。

第6章　印制电路板的设计和制作

印制电路板，又称印制电路板、印刷线路板，简称印制板，以绝缘板为基材，切成一定尺寸，其上至少附有一个导电图形，并布有孔（如元件孔、紧固孔、金属化孔等），用来代替以往装置电子元器件的底盘，实现电子元器件之间的相互连接。这种板由于是采用电子印刷术制作的，因而被称为“印刷”电路板。它是重要的电子部件，是电子元器件的支撑体。

用印制电路板制造的电子产品具有可靠性高、一致性好、机械强度高、重量轻、体积小、易于标准化、生产效率高的特点，且可以明显地减少接线的数量以及消除接线错误，从而保证了电子设备的质量，降低了生产成本。几乎每种电子设备，小到电子手表、计算器，大到计算机、通信设备、电子雷达系统，只要存在电子元器件，它们之间的电气互连就要使用印制板。未来的电子产品向少、轻、快、更精密方向发展，不管是板材还是PCB板本身的一系列参数性能都会随之做出同步的改进。PCB板抗干扰性能的设置尤为重要，根据其生产工艺的要求，其产污和清洁生产也应做出同步的改进。

近十几年来，我国印制电路板（Printed Circuit Board，PCB）制造行业发展迅速，总产值、总产量双双位居世界第一。由于电子产品日新月异，价格战改变了供应链的结构，中国兼具产业分布、成本和市场优势，已经成为全球最重要的印制电路板生产基地。印制电路板从单层发展到双面板、多层板和挠性板，并不断地向高精度、高密度和高可靠性方向发展。不断缩小体积、减少成本、提高性能，使得印制电路板在未来电子产品的发展过程中，仍然保持强大的生命力。未来印制电路板生产制造技术发展趋势是在性能上向高密度、高精度、细孔径、细导线、小间距、高可靠、多层化、高速传输、轻量、薄型方向发展。

6.1　印制电路板基础知识

6.1.1　印制电路板的分类

印制电路板有多种分类方式，这里主要按照电路板基材及板层数目进行分类。

1. 按照电路板基材分类

（1）硬性印制电路板。采用高强度的绝缘材料作为基材，这是应用最广泛的印制电路板形式。

（2）柔性印制电路板。以聚酰亚胺或聚酯薄膜为基材制成的一种高度可靠，绝佳的可绕行印制电路板。表6-1给出了按照不同的绝缘材料组成成分划分的各种PCB基板材料分类。

2. 根据PCB印刷线路板电路层数分类

PCB印刷线路板分为单面板、双面板和多层板。常见的多层板一般为4层板或6层板，复杂的多层板可达几十层。

表 6－1　印制电路板基板材料分类表

分　类	材　质	名　称	代　码	特　征
刚性覆铜薄板	纸基板	酚醛树脂覆铜箔板	FR－1	经济性，阻燃
			FR－2	高电性，阻燃(冷冲)
			XXXPC	高电性(冷冲)
			XPC 经济性	经济性(冷冲)
		环氧树脂覆铜箔板	FR－3	高电性，阻燃
		聚酯树脂覆铜箔板		
	玻璃布基板	玻璃布-环氧树脂覆铜箔板	FR－4	
		耐热玻璃布-环氧树脂覆铜箔板	FR－5	G11
		玻璃布-聚酰亚胺树脂覆铜箔板	GPY	
		玻璃布-聚四氟乙烯树脂覆铜箔板		
复合材料基板	环氧树脂类	纸(芯)-玻璃布(面)-环氧树脂覆铜箔板	CEM－1，CEM－2	(CEM－1 阻燃)；(CEM－2 非阻燃)
		玻璃毡(芯)-玻璃布(面)-环氧树脂覆铜箔板	CEM3	阻燃
	聚酯树脂类	玻璃毡(芯)-玻璃布(面)-聚酯树脂覆铜箔板		
		玻璃纤维(芯)-玻璃布(面)-聚酯树脂覆铜板		
特殊基板	金属类基板	金属芯型		
		金属芯型		
		包覆金属型		
	陶瓷类基板	氧化铝基板		
		氮化铝基板	AIN	
		碳化硅基板	SIC	
		低温烧制基板		
	耐热热塑性基板	聚砜类树脂		
		聚醚酮树脂		
	挠性覆铜箔板	聚酯树脂覆铜箔板		
		聚酰亚胺覆铜箔板		

PCB 板有以下 3 种主要的划分类型：

(1)单面板。单面印制电路板是在绝缘基板上一面覆有铜箔，另一面无覆铜，通过印刷和腐蚀的方法，在铜箔上形成印制电路，无覆铜一面放置元器件，因其只能在单面布线，所以设计难度较双面印制电路板和多层印制电路板的设计难度大。它适用于一般要求的电子设备，如收音机、电视机等。

(2)双面板。这种电路板的两面都有布线,并且两面的导线必须要在两面间有适当的电路连接才行。这种电路间的"桥梁"叫作导孔。它可以与两面的导线相连接。因为双面板的面积比单面板大了一倍,所以双面板解决了单面板中因为布线交错的难点,它适用于一般要求的电子设备,如电子计算机、电子仪器、仪表等。由于双面印制电路的布线密度较高,因而能减小设备的体积。

(3)多层板。为了增加可以布线的面积,它是由几层较薄的单面板或双层面板黏合而成的。用 1 块双面作内层、2 块单面作外层或 2 块双面作内层、2 块单面作外层的印刷线路板,通过定位系统及绝缘黏结材料交替在一起且导电图形按设计要求进行互连的印刷线路板构成,也称为多层印刷线路板。板子的层数并不代表有几层独立的布线层,在特殊情况下会加入空层来控制板厚,通常层数都是偶数,并且包含最外侧的两层。大部分的主机板都是 4 到 8 层的结构,不过技术上理论可以做到近 100 层的 PCB 板。因为 PCB 板中的各层都紧密结合,如果不仔细观察,不易看出实际的层数。

多层印制电路板具有下述特点。

1)装配密度高、体积小、质量轻。由于装配密度高,各组件(包括元器件)间的连线减少,因此提高了可靠性。

2)可以增加布线层数,从而加大了设计灵活性,能构成具有一定阻抗的电路,可形成高速传输电路,可设置电路、磁路屏蔽层,还可设置金属芯散热层以满足屏蔽、散热等特种功能需要。安装简单,可靠性高。

3)造价高,周期长,需要高可靠性的检测手段。多层印刷电路是电子技术向高速度、多功能、大容量、小体积方向发展的产物。随着电子技术的不断发展,尤其是大规模和超大规模集成电路的广泛深入应用,多层印刷电路正迅速向高密度、高精度、高层数化方向发展,并且出现了微细线条、小孔径贯穿、盲孔埋孔、高板厚孔径比等技术以满足市场的需要。

4)由于图形具有重复性(再现性)和一致性,减少了布线和装配的差错,节省了设备的维修、调试和检查时间。

5)设计上可以标准化,利于互换。

6)布线密度高、体积小、重量轻。利于电子设备的小型化。

7)利于机械化、自动化生产,提高了劳动生产率并降低了电子设备的造价。

8)FPC 软性板的耐弯折性,精密性,可以更好地应到高精密仪器上(如相机、手机、摄像机等)。

6.1.2 印制电路板的制作工艺

印制板的制造方法可分为减去法(减成法)和添加法(加成法)两个大类。目前,大规模工业生产还是以减去法中的腐蚀铜箔法为主。

1.减去法

先将基板上敷满铜箔,然后用化学或机械方式除去不需要的部分。减去法又分为蚀刻法和雕刻法。

(1)蚀刻法:采用化学腐蚀办法除去不需要的铜箔。这是主要的制造方法。

(2)雕刻法:用机械加工方法除去不需要的铜箔。这在单件试制或业余条件下可快速制出印制板。

2. 添加法

在绝缘基板上用某种方式敷设所需的印制电路图形，敷设印制电路有丝印电镀法、粘贴法等。

印制板是电子工业重要的电子部件之一，在电子设备中有以下功能。

(1)提供分离元件、集成电路等各种元器件固定、装配的机械支撑。

(2)实现分离元件、集成电路等各种元器件之间的布线和电气连接或电绝缘，提供所要求的电气特性及特性阻抗等。

(3)为自动锡焊提供方便，为元器件插装、检查、维修提供辨别字符和图形。

6.2　印制电路板的设计

印制电路板不像电路原理设计那样要求严谨的理论和精确的计算，根据每个电子人员的设计习惯排版和布局也没有统一的固定模式，但在设计过程中存在一定的规范和原则。电子工程技术人员必须掌握这些基本规范和设计原则，以保证元器件之间准确无误地连接，设计时尽量做到元器件布局合理、装配和焊接可靠、调试和维修方便。

6.2.1　印制电路板的设计基础

1. 印制电路板设计的基本要求

(1)正确。这是印制板设计基本而重要的要求，准确实现电路原理图的连接关系，避免出现“短路”和“断路”这两个简单而致命的错误。这一基本要求在手工设计和用简单 CAD 软件设计的 PCB 印制板中并不容易做到，一般较复杂的产品都要经过两轮以上试制修改，功能较强的 CAD 软件则有检验功能，可以保证电气连接的正确性。

(2)经济。这是必须达到的目标。板材选价低，板子尺寸尽量小，连接用直焊导线，表面涂覆用最便宜的，选择价格最低的加工厂等，印制板制造价格就会下降。但不要忘记这些廉价的选择可能造成工艺性和可靠性变差，使制造费用、维修费用上升，总体经济性不一定合算，这就是市场竞争的原因。竞争是无情的，一个原理先进、技术高新的产品可能因为经济性的原因夭折。

(3)可靠。这是印制板设计中较高一层的要求。连接正确的电路板不一定可靠性好，例如板材选材选择不合理，板厚及安装固定不正确，元器件布局布线不当等都可能导致 PCB 板不能可靠地工作，过早失效甚至根本不能正确工作。再如多层板和单、双面板相比，设计时要容易得多，但就可靠性而言却不如单、双面板。从可靠性的角度讲，结构越简单，使用元件越小，板子层数越少，可靠性越高。

(4)合理。这是印制板设计中更深一层、更不容易达到的要求。一个印制板组件，从印制板的制造、检验、装配、调试到整机装配、调试，直到使用维修，无不与印制板设计的合理与否息息相关，例如板子形状选得不好加工困难，引线孔太小装配困难，没留下测试点调试困难，板外连接选择不当维修困难，等等。每一种困难都可能导致成本增加，工时延长，而每一个造成困难的原因都是设计者的失误。没有绝对合理的设计，只有不断合理化的过程。合理的设计需要设计者的责任心和严谨的作风以及实践中不断总结、提高的经验。

上述四条既相互矛盾又相辅相成，不同用途。不同要求的产品侧重点不同，事关国家安全、防灾救急、上天入海的产品，可靠性第一。民用低价值产品，经济性首当其冲。具体产品具体对待，综合考虑以求最好，是对设计者综合能力的要求。

2. 印制电路板设计前的准备

印制板电路板设计质量不仅关系到元器件在焊接装配、调试中是否方便，而且直接影响整机的技术性能。印制板的设计要力求达到设计正确、可靠、合理、经济。设计中须掌握一些基本设计原则和技巧，设计中具有很大的灵活性和离散性，同一张原理图，不同的设计者会有不同的设计方案。印制电路板设计的主要内容是排版设计，但排版设计之前必须考虑敷铜板板材、规格、尺寸、形状、对外连接方式等内容，以上工作称为排版设计前的准备工作。

(1)板材的确定。这里说的板材是指敷铜板。敷铜板就是把一定厚度的铜箔通过黏结剂热压在一定厚度的绝缘基板上。铜箔敷在基板的一面称单面板，敷在基板两面的称双面板。敷铜板板材通常按增强材料、黏合剂或板材特性分类。若以增强材料来区分，可分为有机纤维材料的纸质和无机纤维材料的玻璃布、玻璃毡等类；若以黏结剂来区分，可分为酚醛、环氧、聚四氟乙烯、聚酰亚胺等类；若以板材特性来区分，可分为刚性和挠性两类。

不同的电子设备，对敷铜板的板材要求也不同，否则会影响电子设备的质量。现在介绍几种国内常用的几种敷铜板，供设计时选用。

1)敷铜箔酚醛纸层压板。其用于一般电子设备中。价格低廉、易吸水，在恶劣环境下不宜使用。

2)敷铜箔酚醛玻璃布层压板。其用于温度、频率较高的电子及电器设备中。价格适中，可达到满意的电气性能和机械性能要求。

3)敷铜箔环氧玻璃布层压板。其是孔金属化印制板常用的材料。具有较好的冲剪、钻孔性能，且基板透明度好，是电气性能和机械性能较好的材料，但价格较高。

4)敷铜箔聚四氟乙烯层压板。其具有良好的抗热性和电能性，用于耐高温、耐高压的电子设备中。

(2)印制板形状、尺寸、板厚的确定。

1)印制板形状由整机结构和内部空间的大小决定。外形应该尽量简单，一般为矩形或正方形，避免采用异形板。采用矩形板，可以大大简化板边的成形加工量。

2)印制电路板的尺寸应该接近标准的系列，要考虑整机的内部结构和板上元器件的数量、尺寸及安装、排列方式来决定。尺寸太小，则散热不良，且相邻的导线容易引起干扰。尺寸过大时，印制线路长，阻抗增加，抗噪声能力下降，成本也同时增加。因此设计者应该合理考虑印制板电路的尺寸。板上元器件的排列要考虑机械结构上的间距，还要考虑电气性能的要求。在确定板的净面积后，还应向外扩出5～10mm(单边)，以便印制板在机内的固定安装。同时，还要考虑成本、工艺方面的其他要求。

3)印制电路板的厚度反映了电路板的强度，设计者应该保证足够的刚度和强度。在实际设计时，往往根据电路板的功能和使用环境来考虑，主要包括以下几方面：①印制板上所装配原件的重量。②印制电路板的插座规格。③印制电路板的外形尺寸。如果印制电路板尺寸很大，则应该使用比较厚的电路板。④印制电路板所承受的机械荷载。印制板的标称厚度有0.2mm，0.3mm，0.5mm，0.7mm，0.8mm，1.5mm，1.6mm，2.4mm，3.2mm，6.4mm等多种。在考虑板厚时，要考虑下列因素：当印制板对外连接采用直接式插座连接，则必须考虑插座间隙，板厚一般选 1.5mm，过厚则插不进，过薄会引起接触不良；对非插入式的印制板，要考虑安装在板上元器件的体积与重量等因素，以避免因挠度而引起电气方面的影响；多层板可选用厚度为 0.2mm，0.3mm，0.5mm 等的敷铜板。

(3)印制板对外连接方式的选择。通常印制板只是整机的一个组成部分，故存在印制板的对外连接问题，如印制板之间，印制板与板外元器件、印制板与面板之间等都需要相互连接。选择连接方式要根据整机的结构考虑，总的原则是连接可靠，安装、调试、维修方便。选择时，可根据不同特点灵活掌握。

1)导线焊接方式。这是一种简单、廉价、可靠的连接方式，不需要任何插件，只须将导线与印制板板上对应的对外连接点与板外元器件或其他部件直接焊牢即可。如收音机中的喇叭、电池盒，电子设备中的旋钮电位器、开关等。这种方式优点是成本低，可靠性高，可避免因接触不良造成的故障，缺点是维修不够方便。该方式一般只适用于对外导线连接较少的场合，如收音机、电视机、小型电子设备中。采用导线焊接方式应注意以下几点。

ⅰ)印制板的对外焊接点尽可能引在板的边缘，并按一定尺寸排列，以利于焊接维修，避免因整机内部乱线而导致整机可靠性降低。

ⅱ)为提高导线与板上焊点的机械强度，引线应通过印制板上的穿线孔，再从线路板元件面穿过，焊接在焊盘上，以免将焊盘或印制板导线拽掉。

ⅲ)将导线排列或捆扎整齐，通过线卡或其他紧固件将线与板固定，避免导线因移动而折断。

ⅳ)同一电气性质的导线最好用同一种颜色的导线，以便与维修。如电源导线采用红色，地导线采用黑色等。

2)插接件连接。在较复杂的仪器设备中，经常采用插接件的连接方式。如电子计算机扩展槽与功能板的连接，大型电子设备中各功能模块与插槽的连接等。这种连接方式对复杂产品的批量生产提供了质量保证，并提高了极为方便的调试、维修条件，但因为触点多，所以可靠性差。在一台大型设备中，常用十几块甚至几十块印制板，在设备出现故障时，维修人员不必去寻找线路板上损坏的元件立即进行更换，而只须判断出出现故障的印制板，将其用备用件替换掉，从而缩短排除故障时间，提高设备的利用效率。印制板上插座接触部分的外形尺寸、印制导线宽度，应符合插座的尺寸规定，要保证插头与插座完全匹配接触。典型的印制板插头如图 6－1 所示。图中的几个主要尺寸与公差，可根据所选的插座尺寸与公差来确定。

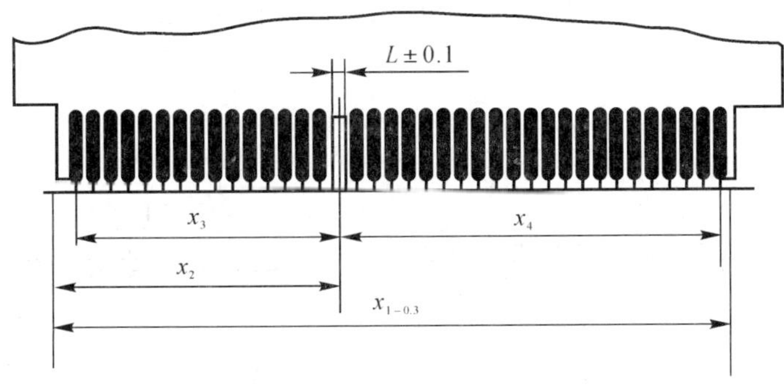

图 6－1　典型的印制板插头

6.2.2 印制电路板的布局

印制电路板的设计主要是布局设置，电子元器件在电路板上的合理布局是设计印制板的首要条件。合理的布局可以使整机稳定可靠的工作，如果布局不合理就可能出现各种干扰，导致原理和指标不符，整机的技术指标下降甚至出现错误。有些设计者排版设计虽然能够达到原理图的技术指标和参数要求，但是元器件排列混乱往往影响美观，并且会给装配和维修带来不便。这样的设计也是合理的。这里将介绍排版布局的一般原则，力求使设计者能够掌握基本的设计知识，使排版设计尽量合理，美观。

1.印制电路板上的元器件布局

首先，要考虑 PCB 板尺寸大小。PCB 板尺寸过大时，印制线路长，阻抗增加，抗噪声能力下降，成本也增加；过小，则散热不好，且临近线条易受干扰。在确定 PCB 板尺寸后，再确定特殊元件的位置。最后，根据电路的功能单元，对电路的全部元件进行布局。

(1)确定特殊元件位置的方法：

1)尽可能缩短高频元件直接的连线，设法减少它们的分布参数和相互间的电磁干扰。易受干扰的元件不能相互离得太近，输入和输出元件应尽量远离，使印制板可能产生的干扰得到最大限度的抑制。

2)某些元件或导线之间可能有较高的电位差，应加大它们之间的距离，以免放电引起意外短路。带强电的元件应尽量布置在调试时手不易触及的地方。

3)质量超过 15g 的元件，应当用支架加以固定，然后焊接。那些又大又重、发热量多的元件，不宜装在印制板上，而应装在整机的机箱底板上，且考虑散热问题。热敏元件应远离发热元件。

4)对于电位器、可调电感线圈、可变电容器及微动开头等可调元件的布局要考虑整机的结构要求。若是机内调节，应放在印制板上便于调节的地方；若是机外调节，其位置要与调节旋钮在机箱面板上的位置相适应。

5)应留出印制板的定位孔和固定支架所占用的位置。

为了保证调试、维修的安全，特别注意带高电压的元器件(电视机高压包)，尽量将其布置到操作时人手不容易触及的地方。

(2)印制电路板上一般元器件的安装和排列方式：

1)安装方式。元器件在印制板上的固定方式分为卧式安装和立式安装两种，如图 6－2 所示。

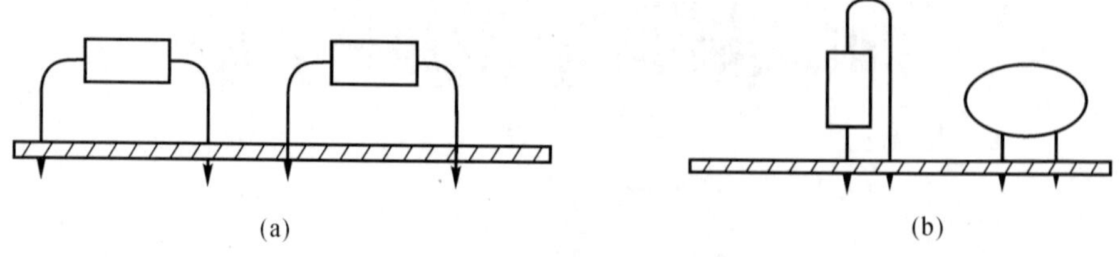

图 6－2 元器件安装方式

立式安装占用面积小，适合于要求排列紧凑密集的产品。采用立式固定的元件体积，要求小型、轻巧，过大、过重会由于机械强度差，易倒伏，造成元器件间的碰撞，而降低整机可靠性。

卧式安装与立式安装相比，具有机械稳定性好、排列整齐、插装简单等特点，但占用面积较大。

大型元器件的固定：对于体积大、质量重的大型元器件一般最好不要安装在印制板上，因这些元器件不仅占据了印制板的大量面积和空间，而且在固定这些元器件时，往往使印制板变形而造成一些不良影响。对必须安装在板上的大型元件，焊装时应采取固定措施，否则长期震动引线极易折断。

2)元器件的排列格式。元器件在印制板上的排列格式可分为不规则和规则两种。选用时可根据电路实际情况灵活掌握。

ⅰ)不规则排列。元器件轴线方向彼此不一致，在板上的排列顺序也无一定规则。这种排列方式元件一般以立式固定为主，此种方式下看起来杂乱无章，但印制导线布设方便，印制导线短而少，可减少线路板的分布参数，抑制干扰，特别对消除高频干扰有利。

ⅱ)规则排列。元器件轴线方向一致，并与板的四边垂直或平行，元器件一般以卧式固定为主，此方式排列规范，整齐美观，便于安装、调试、维修，但布线时受方向、位置的限制而复杂。这种排列方式常用于板面宽松，元器件种类少、数量多的低频电路中。

(3)元器件布设原则：

1)元器件布设决定了板面的整齐美观程度和印制导线的长度，也在一定程度上影响着整机的可靠性，布设中应遵循以下原则：

ⅰ)元器件在整个板面疏密一致，布设均匀。

ⅱ)元件安装高度尽量矮且保持高度一致，以提高稳定性和防止相邻元件碰撞。

ⅲ)元器件不要占满板面，四周留边，以便于安装固定。

ⅳ)元器件布设在板的一面，每个引脚单独占用一个焊盘。

ⅴ)元器件的布设不可上下交叉，相邻元器件保持一定间距，并留出安全电压间隙220V/mm。

ⅵ)根据在整机中安装状态确定元器件轴向位置，以提高元器件在板上的稳定性，使元器件轴向在整机内处于竖立状态。

ⅶ)元件两端跨距应稍大于元件轴向尺寸，弯脚对应留出距离，防止齐根弯曲损坏器件。

2)根据电路的功能单元对电路的全部元件进行布局：

ⅰ)按照电路的流程，安排各个功能电路单元的位置，使布局便于信号流通，并使信号尽可能地保持一致的方向。大多数情况下，信号流向是从左到右(左输入、右输出)，从上到下(上输入、下输出)。

ⅱ)以每个功能电路的核心元件为中心，围绕它来进行布局。均匀地排列在 PCB 板上，尽量减少和缩短各元件之间的引线和连接。

ⅲ)在高频条件下工作的电路，要考虑元件之间的分布参数。元件要平行排列。这样，不但美观，而且焊接容易，易于批量生产。

ⅳ)位于电路板边缘的元件，离电路板边缘一般不小于 2mm。当电路板的最佳形状为矩形，长宽比为 3∶2 或 4∶3。电路板面尺寸大于 200 mm×150 mm 时，应考虑电路板所受的机械强度。

2.印制电路板布线的一般原则

印制电路板布线的方法及布线结果对PCB板性能的影响也很大，一般布线有以下原则：

(1)输入和输出端的导线应尽量避免相邻平行，最好添加线间地线，以免发生导线间反馈耦合现象。

(2)印制板导线的最小宽度主要由导线与绝缘基板间的黏附强度和流过它们的电流值决定。对于集成电路，尤其是数字电路，通常选0.2～0.3mm线宽。只要电路板允许，还是尽可能用较宽的线，尤其是电流线和地线更应如此。导线的最小间距主要有最坏情况下的线间绝缘电阻和击穿电压决定。对于集成电路，尤其是数字电路，只要工艺允许，可使间距小于5～8mm。

(3)在高频电路中的电路板走线尽可能短。

(4)印制板导线的拐弯一般取弧形，而直角或夹角在高频电路中会影响电气性能。

(5)尽量避免使用大面积铜箔；否则，长时间受热时，易发生铜箔膨胀和脱落现象。必须用大面积铜箔时最好用栅格状，这样有利于排除铜箔与基板间黏结剂受热产生的挥发性气体。

(6)公共地线应该尽可能放在电路板边缘部分。电路板上应该尽可能多地保留铜箔做地线，这样可以使屏蔽能力增强。地线的形状最好做成环路或网格状。

(7)印刷电路中不允许交叉电路，对于可能交叉的线条，可以用“钻”“绕”两种办法解决，即让某引线从别的电阻、电容、三极管脚下的空隙处“钻”过去，或从可能交叉的某条引线的一端“绕”过去。

(8)同一级电路的接地点应尽量靠近，并且本级电路的电音滤波电容也应该在该级接地点上。特别是本级晶体管基极、发射极的接地不能离得太远，否则因两个接地间的铜箔太长会引起干扰和自激，采用这样的“一点接地法”的电路，工作较稳定，不易自激。

(9)总地线必须严格按高频、中频、低频逐级的，并按弱电到强电的顺序排列原则，切不可乱接，极间能刻接线长些，也要遵守这一规定。特别是变频头、再生头、调频头的地线安排要求更为严格，如有不当就会产生自激，以致无法工作。调频头等高频电路常采用大面积包围式地线，以保证有良好的屏蔽效果。

(10)电流引线(公共地线，功放电流引线等)应尽可能宽些，以降低布线电阻及其电压降，也可减小寄生耦合而产生的自激。

(11)阻抗高的走线尽量短，阻抗低的走线可长一些，因为阻抗高的走线容易发射和吸收信号，引起电路不稳定。电源线、地线、无反馈元器件的基极走线、发射极引线等均属低阻抗走线。

(12)在对进出接线端进行布置时，相关联的两引线端的距离不要太大，一般为0.2～0.3in较合适。进出接线端尽可能集中在1～2个侧面，不要过于分散。

(13)在保证电路性能要求的前提下，设计时应合理走线，并按一定顺序要求走线，力求直观，便于安装和检修。

总之，应使板上各部分电路之间不发生干扰，能正常工作，对外辐射发射和传导发射应尽可能低，应使外来干扰对板上电路不发生影响。

模拟电路和数字电路在组件布局图的设计和布线方法上有许多相同和不同之处。模拟电路中，由于放大器的存在，由布线产生的极小噪声电压，都会引起输出信号的严重失真，在数字电路中，TTL噪声容限为0.4～0.6V，CMOS噪声容限为V_{cc}的0.3～0.45倍，故数字电路具有较强的抗干扰的能力。

良好的电源和地总线方式的合理选择是仪器可靠工作的重要保证，相当多的干扰源是通过电源和地总线产生的，其中地线引起的噪声干扰最大。

3.印制电路板的散热考虑

设计印制电路板，必须考虑发热元器件、怕热元器件及热敏感元器件的板上位置及布线问题。常用元器件中，电源变压器、功率器件、大功率电阻等都是发热元器件（以下均称热源），电解电容是典型怕热元件，几乎所有半导体器件都有不同程度温度敏感性，印制板热源设计基本原则是有利散热，远离热源。具体设计中可采用以下措施：

(1)热源外置：将发热元器件移到机壳之外，直流稳压电源的调整管通常置于机外，并利用机壳（金属外壳）散热。

(2)热源单置：将发热元器件单独设计为一个功能单元，置于机内靠近边缘容易散热的位置，必要时强制通风，如台式计算机的电源部分就是这样。

(3)热源上置：必须将发热元器件和其他电路设计在一块板上时，尽量使热源设置在印制板的上部，如有利于散热且不易影响怕热元器件。

(4)热源高置：发热元件不宜贴板安装。留一定距离散热并避免印制板受热过度。

(5)散热方向：发热元件放置要有利于散热。

(6)远离热源：怕热元件及敏感元器件尽量远离热源，躲开散热通道。

(7)引导散热：为散热添加某些与电路原理无关的零部件。在采用强制冷风的印制板上，使其产生涡流而增强了散热效果。

4.印制电路板中的干扰及抑制

干扰现象在整机调试和工作中经常出现，其原因是多方面的，除外界因素造成干扰外，印制板布置不合理，元器件安装位置不当等都可能造成。这些干扰，在排版设计中应事先重视，则完全可以避免，否则，严重的会引起设计失败。现在对印制板上常见的几种干扰及其抑制办法作简单的介绍。

(1)热干扰及抑制。对于发热元件的影响而造成温度敏感器件的工作特性变化以致整个电路电性能发生变化而产生的干扰：布设时，要找出发热元件与温度敏感元件，使热元处于较好的散热状态，尽量不安装在印制板上。必须安排在印制板上时，要配制足够的散热片，防止温度过高对周围元件产生热传导或辐射。

(2)电源干扰抑制。电子仪器的供电绝大多数是由于交流市电通过降压、整流、稳压后获得。电源的质量好坏直接影响整机的技术指标。而电源的质量除原理本身外，工艺布线和印制板设计不合理，都会产生干扰，特别是交流电源的干扰。

直流电源的布线不合理，也会引起干扰。布线时，电流线不要走平行大环形线，电源线与信号线不要太近，并避免平行。

(3)底线的共阻抗干扰及抑制。几乎所有电路都存在一个自身的接地点，电路中接地点在电位的概念中表示零电位，其他电位均相对于这一点而言。在印制板上的地线也不能保证是零电位，而往往存在一定值，虽然电位可能很小，但由于电路的放大作用，可能产生较大的干扰。这类干扰的主要原因在于两个或两个以上的回路共用一段地线所造成的。

为克服地线共阻抗干扰，特别是高频和大电流回路中应尽量避免不同回路电流同时流经某一段共用地线。

在印刷电路的地线布设中，首先考虑各级的内部接地，同级电路的几个接地点要尽量集中,称为一点接地,避免其他回路的交流信号窜入本级或本级中的交流信号窜入其他回路。

同级电路中的接地处理好后,要布好整个印制板上的地线,防止各级之间的干扰,现在介绍几种接地方式。

1)并联分路式。将印制板上的几个部分地线分别通过各自地线汇总到线路的总接地点。在实际设计中,印制电路的公共地线一般设在印制板的边缘,并较一般导线宽,各级电路就近并联接地。但如周围有强磁场,公共地线不能构成封闭回路,以免引起电磁感应。

2)大面积覆盖接地。在高频电路中,可采用扩大印制板的地线面积来减少地线中的感抗,同时,可对电场干扰起屏蔽作用。

3)地线的分线。在一块印制板上,如布设模拟地线和数字地线,则两种地线要分开,供电也要分开,以抑制相互干扰。

(4)磁场干扰及对策。印制板的特点是元器件安装紧凑,连接紧密,但如设计不当,会给整机带来分布参数造成干扰,元器件相互之间的磁场干扰等。

分布参数造成干扰主要由于印制导线间的寄生耦合的等效电感和电容。布设时,对不同回路的信号线尽量避免平行,双面板上的两面印制线尽量做到不平行布设。在必要的场合下,可通过采用屏蔽的方法来减少干扰。

元器件间的磁场干扰主要是由于扬声器、电磁铁、永磁式仪表、变压器、继电器等产生的恒磁场和交变磁场,对周围元件,印制导线产生干扰。布设时,尽量减少磁力线对印制导线的切割,两磁性元件相互垂直以减少相互耦合,对干扰源进行屏蔽。

6.2.3 焊盘与印制导线的设计

1. 焊盘

焊盘是印制电路板上常见的组件,合理设计焊盘有助于提高电路板的强度,便于元器件的焊接等。在设计焊盘时应注意以下几点。

(1)焊盘的尺寸。

1)焊盘的内孔尺寸必须从元件引线直径和公差尺寸及镀锡厚度、孔径公差、孔金属化电镀层的厚度等方面考虑。

2)焊盘中心孔要比元器件引线直径稍大一些。通常情况下,以金属引脚直径加上0.2mm作为焊盘的内孔直径,焊盘太大易形成虚焊。

3)当焊盘直径为1.5mm时,为了增加焊盘的抗剥离强度,可采用方形焊盘。

4)当与焊盘连接的铜膜线较细时,要将焊盘与铜膜线之间的连接设计成泪滴状,这样可以使焊盘不容易被剥离,而铜膜线与焊盘之间的连线不易断开。

5)焊盘外径应该为焊盘孔径加上1.2mm,对高密度的数字电路,焊盘最小直径可取焊盘孔径加上1.0mm。

(2)焊盘的种类。焊盘的种类有圆形、椭圆形、岛形、方形、长方形、泪滴形、多边形等,如图6-3所示。对下面常用焊盘作简要介绍。

1)圆形焊盘。该焊盘与穿线孔为一同心圆。外径一般为2~3倍孔径。孔径大于引线0.2~0.3mm。设计时,若板尺寸允许,焊盘应尽量大,以免焊盘在焊接过程中脱落。一般同一块板上焊盘尺寸取一致,不仅美观,加工工艺方便,除非某些特殊场合。圆形焊盘使用最多,尤其在排列规则和双面板设计中。

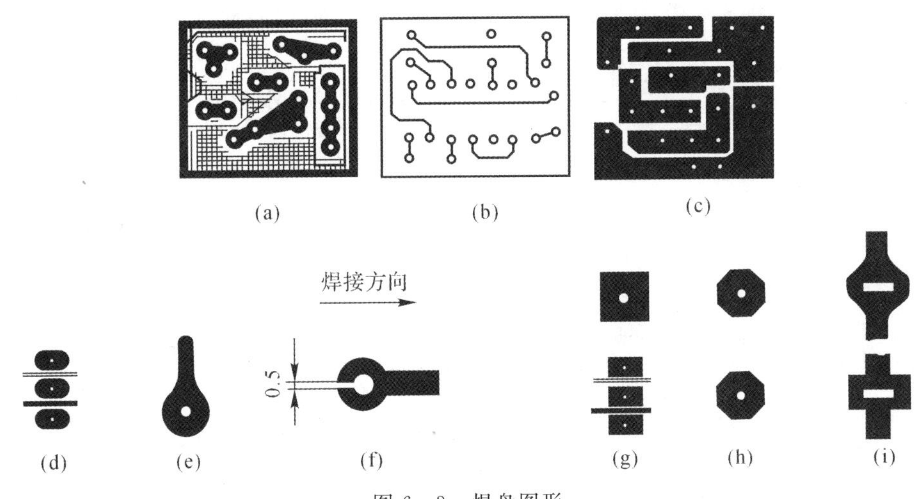

图 6-3　焊盘图形

(a)岛形；(b)圆形；(c)方形；(d)椭圆形；(e)泪滴形；
(f)开口；(g)矩形；(h)多边形；(i)异形孔

2)岛形焊盘。各岛形焊盘之间的连线合为一体，犹如水上小岛，故称岛形焊盘，常用在元件不规则排列中，可在一定程度上起抑制干扰的作用，并能提高焊盘与印制导线的抗剥程度。其他各种形状的焊盘，在焊盘设计时可根据实际情况作些灵活修改。

3)方形焊盘。当印制板上的元器件体积大、数目少，且印刷线路简单时，多采用方形焊盘。这种焊盘设计制作简单，精度要求低，容易实现。手工制作常采用这种方式。

(3)焊盘孔位和孔径的确定。焊盘孔位一般必须在印制电路网络线的交点位置上。

焊盘孔径由元器件引线截面尺寸所决定。孔径与元器件引线间的间隙，非金属化孔可小些，孔径大于引线 0.15mm 左右，金属化孔径间隙还要考虑孔壁的平均厚度因素，一般取 0.2mm左右。

(4)印制板导线的设计。印刷导线是将每个焊点之间连接起来，形成完整的电路桥梁，因此了解印制板导线设计是每个电子工作人员要掌握的。

1)印制导线的宽度。在印制板中印刷导线的宽度主要由铜箔与绝缘基板之间的黏附强度和流过导线的电流强度决定，以及与焊盘的协调等因素。一般安装密度不大的印制板，导线宽度不小于 0.5mm 为宜，手工制作时不小于 0.8mm。对于电源线和接地线，由于载流量大的缘故，一般取 1.5～2mm。在一些对电路要求高的场合，导线宽度还得作适当的调整。表 6-2 给出了印制导线宽度与它们允许通过的最大电流之间的关系。

表 6-2　印制导线宽度与最大允许工作电流

导线宽度/mm	1	1.5	2	2.5	3	3.5	4
导线面积/mm^2	0.05	0.075	0.1	0.125	0.15	0.175	0.2
导线电流/A	1	1.5	2	2.5	3	3.5	4

2)印制导线间的距离。导线之间的距离应该考虑导线之间的绝缘电阻和击穿电压在最大环境下的要求。印制导线越短，间距越大，则绝缘电阻按比例增加。当频率不同时，间距相同的印制导线，其绝缘强度也不相同。考虑安全间隙电压为 220V/mm，最小间隙不要小于

0.3mm，否则会可能引起相邻导线间的电压击穿或飞弧。在板面允许的情况下，印制导线宽度与间隙一般不小于1mm。印制导线间距与最大允许工作电压见表6-3。

表6-3 印制导线间距与最大允许工作电压

导线间距/mm	0.5	1	1.5	2	3
工作电压/V	100	200	300	500	700

3)印制导线的走向和形状。印制电路板布线是按照原理图要求将元器件和部件通过印制导线连接成电路，使印制导线“走通”是最基本的要求，走得“好与不好”是掌握技巧和经验的具体表现。关于导线在走线形状如图6-4所示。设计时应该注意以下几点。

ⅰ)导线的走向不能有急剧的拐弯或者成尖角，拐弯不能小于90°，这是因为很小的内角在制版时很难腐蚀，而且过尖的外角处，铜箔容易剥离或翘起。

ⅱ)导线以短为佳，尽量少走弯路。

ⅲ)导线与焊盘的连接处要平滑过渡，避免出现小尖角。

ⅳ)导线的布局顺序。在印制导线布局时，应该先考虑信号线，后考虑电源线和地线。

ⅴ)避免导线的交叉。在设计单面板时，有时可能会遇到导线绕不过去而不得不交叉的情况，此时可以采用绝缘导线跨接交叉点避免导线交叉，但这种跨接线应该尽量少。

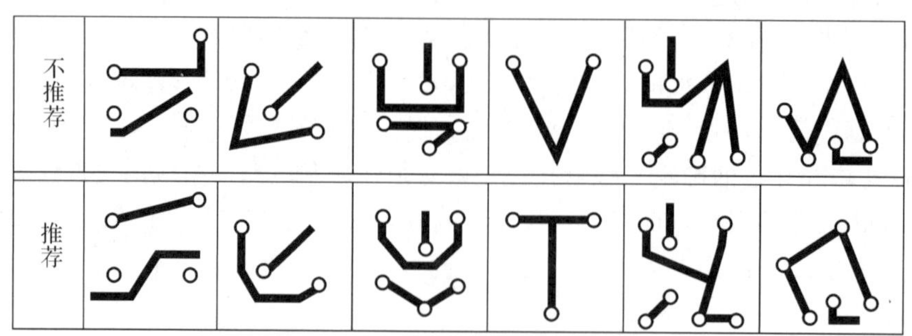

图6-4 印制导线的形状与走向

6.2.4 印制电路板的绘制

排版设计不是单纯地按照原理图连接起来，而是采取一定的抗干扰措施，遵循一定的设计原则、合理的布局，达到整机安装方便，维修容易。因此，无论是手工排版还是利用计算机布线，都要经过草图设计这一步骤。电子工程技术人员应该全面掌握设计印制板的原则，才能设计出成功的板图。目前，采用计算机已经成为设计印制电路板的主流，虽然可以不用在纸上设计板图，在计算机上直接绘制电路板图，但是设计的一般原则仍然要体现在CAD软件的应用过程。

1.分析原理图

分析原理图的目的是为了在设计过程中掌握更大的主动性，且要达到以下目的：

(1)熟悉原理图的功能原理，找出可能引起干扰的干扰源，并做出采取抑制的措施。

(2)熟悉原理图中的每个元器件，掌握每个元器件的外形尺寸、封装形式、引线方式、排列顺序、各管脚功能，确定发热元件所安装散热片的面积以及确定哪些元件在板上，哪些在板外。

(3)确定印制板参数,根据线路的复杂程度来确定印制板到底应采取单面还是双面,根据元件尺寸、元件在板上安装方式、排列方式和印制板在整机内的安装方式综合确定印制板的尺寸以及厚度等参数。

(4)确定对外连接方式,根据布置在面板、底板、侧板上的元器件的位置来具体确定。

2. 单面板的排版设计

排版设计是个具有十分灵活性的工作,但在实际排版中,一般应遵循以下原则。

(1)根据与面板、底板、侧板等的连接方式,确定与之有关的元器件在印制板上的具体位置,然后决定其他一般元件的布局,布局要均匀,有时为了排列美观和减少空间,将具有相同性质的元件布设在一起,由此可能会增加印刷导线长度。

(2)元器件在纸上位置被安放后,开始布置印刷导线,布设导线时,要尽量使走线短、少、疏。在此基础上还要解决原理图中存在的交叉现象,依据原理图画出单线不交叉图,如图6-5所示。在复杂的电路中,由于解决交叉现象而导致印刷导线变得很长的情况下而可能产生干扰时,可用“飞线”来解决。“飞线“即在印刷导线的交叉处切断一根,从板的元件面用一短接线连接。但“飞线”过多,会影响印制板的质量,应尽量少用。

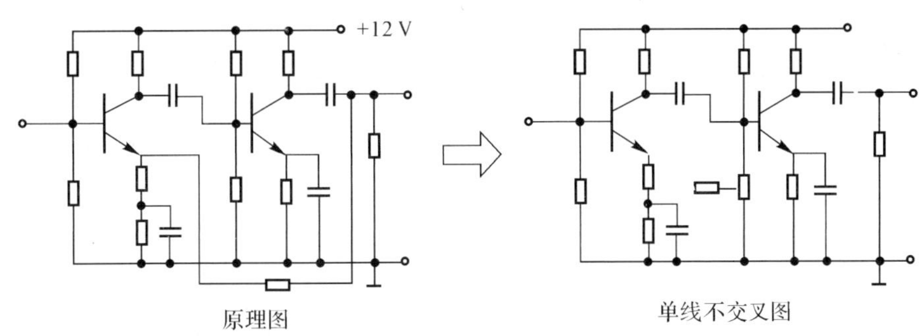

图 6-5　单线不交叉图

要注意,一个令人满意的排版设计常常经多次调整元件位置和方向,多次调整印刷导线的布线情况而得到的。

3. 草图的绘制

这是为了制作照相底图而必须绘做一张草图。图的要求:版面尺寸、焊盘位置、印刷导线的连接与布设、板上各孔的尺寸与位置均与实际板相同并标出,同时应注明线路板的技术要求。图的比例可根据印制板图形密度与精度按 1∶1,2∶1,4∶1 等不同比例。

(1)草图基本绘制的步骤。草图绘制步骤:

1)按草图尺寸取方格纸或坐标纸。

2)画出板面轮廓尺寸,留出板面各工艺孔空间,而且还留出图纸技术要求说明空间。

3)用铅笔画出元器件外形轮廓,小型元件可不画轮廓,但做到心中有数。

4)标出焊盘位置,勾勒印制导线。

5)复核无误后,擦掉外形轮廓,用绘图笔重描焊点及印制导线。

6)标明焊盘尺寸、线宽,注明印制板技术要求。

技术要求包括焊盘的内、外径;线宽;焊盘间距及公差;板料及板厚;板的外形尺寸及公差;板面镀层要求;板面助焊、阻焊要求等。

4. 双面印制板图的绘制

在电子设备中，双面印制电路板应用较为广泛，它的两面都有线，可以比较充分地利用板上空间。绘刷印制电路板图时，除于上述单面板设计绘制过程相同外，还应考虑以下几点。

元器件布在一面，主要印刷导线布在另一面，两面印刷导线尽量避免平行布设，尽量相互垂直，以减少干扰。两面印刷导线最好分布在两面，如在一面绘制，则用双色区别，并注明对应层颜色。两面焊盘严格对应，可通过针扎孔法来将一面焊盘中心引到另一面。在绘制元件面导线时，注意避让元件外壳、屏蔽罩等。两面彼此连接地印制线，须用金属化孔实现。画双面电路板图的一般步骤：

(1)按黑白图的大小方格上画一外框尺寸。如果选择黑白图与实际印制电路板的比例为2∶1。则外框尺寸比实际印制电路板增加一倍，也就是图的长度和宽度各扩大一倍，图上各连线和元器件所占的长度也都放大一倍。在制版时缩小到1/2，则制出的印制板刚好是所要求的尺寸。

(2)画印制电路板的插头引线图时，它的大小必须依据实际插座弹簧片上的宽度而定，尺寸要求准确，否则在使用时容易造成相邻引线短路。

(3)确定元件的位置时，一般是把直接引出线多的元件安排在离插头较近的位置，原理图上相互连线多的元件尽可能靠近，以减少引线的长度，元器件位置确定后，再画出元器件引脚位置图。

(4)为了画图方便，双面印制电路板的草图可以在一张方格纸内完成，这就要求用两种颜色的笔表示双面引线。比如正面(元件面)用红色铅笔画，反面(只有连线的一面)用蓝色铅笔画。双列直插式集成电路引脚是焊在反面，因此画图时用蓝色笔画。

(5)布线一般是一面以横线为主，另一面以竖线为主。当一根引线需要从印制电路板的一面引到另一面时，中间要有一个引线孔，这个引线孔是穿过印制电路板的。早期是在孔内插入一根单股线，正反两面连线分别和引线端焊接，现在一般采用孔金属化工艺把正反两面的连线接通。

(6)对画好的草图要认真检查，确认无误后重新把引线孔及加连线描粗并加深，使得白色铜版纸放在上面可清楚看到连线，以便绘制照相底图。

6.3 印制电路板的制作

6.3.1 制作印制电路板的基本环节

印制电路板的制造工艺常会因印制板的类型和要求而异，但在不同的工艺流程中，一般有以下7个基本环节。

1. 绘制照相底图

照相底图的绘制方法已在上节介绍过了，作为厂家第一道工序即为设计者送来的底图进行检查、修改，以保证加工质量。现在由于计算机绘制底图的应用，常将画好的底图拷贝在U盘上，告诉厂家底图的文件名，让厂家通过绘图仪将底图绘出。

2. 照相制版

用绘好的底图照相制版，版面尺寸通过调整相机焦距准确达到印制板尺寸，相版要求反差大，无砂眼。制版过程与普通照相大体相同。相版干燥后需修版，对相版上的砂眼修补，对多余的用小刀刮掉。做双面板的照相版应保证正反面照相的焦距一致，确保两面图形尺寸的吻合。

3. 图形转移

把照相版上的印刷电路图形转移到覆铜板上，称为图形转移。图形转移方法有丝网转移、光化学法等。

(1)丝网漏印。这是一种古老的工艺，但由于具有操作简单、生产效率高、质量稳定和成本低廉等优点，因而，其广泛用于印制板制造，现由于该法在工艺、材料、设备上都有突破，能印制出 0.2mm 的导线。缺点是精度比光化学法差，要求工人具有熟练操作技术。丝网漏印技术包括丝网的准备，丝网图形的制作和漏印三部分。

(2)直接感光法(光化学法之一)。它包括覆铜板表面处理、上胶、曝光、显影、固膜和修版的顺序过程。这里指出的上胶过程是指的覆铜板表面均匀涂上的一层感光胶。曝光的目的是使光线透过的地方感光胶发生化学反应，而显影的结果使未感光胶溶解，脱落，留下感光部分。固膜是为了使感光胶牢固地黏连在印制板上并烘干。

(3)光敏干膜法(光化学法之二)。它与直接感光法的主要区别是来自感光材料。它的感光材料是一种薄膜类物质，由聚酯薄膜、感光胶膜、聚乙烯薄膜三层材料组成，感光胶膜夹在中间。

贴膜前，将聚乙烯保护膜揭掉，使感光胶膜贴于覆铜板上，曝光后，将聚酯薄膜揭掉后再进行显影，其余过程与直接感光法类同。

4. 蚀刻

蚀刻也称烂板，是制造印制电路板的必不可少的重要步骤。它利用化学方法去除板上不需要的铜箔，留下焊盘、印制导线及符号等。常用的蚀刻溶液有三氯化铁、酸性氯化铜、碱性氯化铜、硫酸-过氧化氢等。

三氯化铁蚀刻液适用于丝网漏印油墨抗蚀剂和液体感光胶抗蚀层印制板的蚀刻。用它蚀刻的特点是工艺稳定，操作方便，价格便宜。但是，由于它再生困难，污染严重，废水处理困难正在被淘汰，只适于在实验室中少量加工。影响三氯化铁蚀刻时间的因素有浓度和温度、溶铜量(铜在蚀刻液中溶入的量)、盐酸的加入量以及适当的搅拌方式。

酸性氯化铜近年来正代替三氯化铁蚀刻液，它具有回收的再生方法简单、减少污染、操作方便等特点。酸性氯化铜蚀刻液的配方一般除氯化铜外还有提供氯离子的成分，如氯化钠、盐酸和氯化铵。影响氯化铜蚀刻时间的因素有氯离子浓度、溶液中铜含量以及溶液温度等。

碱性氯化铜适用于金、镍、铅-锡合金等电镀层作抗蚀涂层的印制板蚀刻。它的特点是蚀刻速度快也容易控制，维护方便(通过补充氨水或氨气维持 pH 值)以及成本低等。它的蚀刻度也受铜离子浓度、氨水浓度、氯化铵浓度以及温度的影响。

硫酸-过氧化氢是一种新的蚀刻液，它的蚀刻特点是蚀刻速度快，溶铜量大，铜的回收方便，无须废水处理等。影响蚀刻的因素有过氧化氢的浓度、硫酸和铜离子的浓度、稳定剂(使溶液稳定、蚀刻速率均匀一致)、催化剂(Ag^+、Hg^+、Pd^{2+})和温度等。

蚀刻的方式主要由浸入式、泡沫式、泼溅式和喷淋式等，分别选用于不同的蚀刻液蚀刻，目前，工业生产中用得最多的是喷淋式蚀刻。

5. 孔金属化

孔金属化是双面板和多面板的孔与孔间、孔与导线间导通的最可靠方法，是印制板质量好坏的关键，它采用将铜沉积在贯通两面导线或焊盘的孔壁上，使原来非金属的孔壁金属化。

孔金属化过程中须经过的环节有钻孔、孔壁处理、化学沉铜和电镀铜加厚。孔壁处理的目的是使孔壁上沉积一层作为化学沉铜的结晶核心的催化剂金属。化学沉铜的目的是使印制板表面和孔壁产生一层比较薄的附着力差的导电铜层。最后的电镀铜是使孔壁加厚并附着牢固。

6. 金属涂敷

为提高印制电路的导电性、可焊性、耐磨性、装饰性，延长印制板的使用寿命，提高电气可靠性，可在印制板的铜箔上涂敷一层金属。金属镀层的材料可为金、银、锡、铅锡合金等。

涂敷的方法分电镀和化学镀两种。

电镀使镀层致密、牢固、厚度均匀可控，但设备复杂，成本高，一般用于要求高的印制板和镀层，如插头部分镀金等。

化学镀设备简单、操作方便、成本低，但镀层厚度有限，牢固性差，一般只适用于改善可焊性的表面涂敷。

目前大部分采用浸锡和镀铅锡合金的方法来改善可焊性，它具有可焊性好、抗腐蚀能力强，长时间放置不变色等优点。

7. 涂助焊剂与阻焊剂

印制板经表面金属涂敷后，根据不同的需要可进行助焊和阻焊的处理。涂助焊剂的目的，既可起保护镀层不被氧化的作用，又可提高可焊性。为了保护板面，确保焊接的正确性，在一定的要求下在板面上加阻焊剂，但必须使焊盘裸露。

印制板加工除了上述 7 个基本环节外，还有其他加工工艺，可根据实际情况添加，如为了装焊方便，而在元件层印有文字标记、元件序号等。

在电子设备实验阶段，人们希望很快得到所需要的印制电路板，而采用正常的步骤制作周期太长。因此，常常采用某些简易方法，待实验成功后再做正式的印制电路板。

6.3.2 自制印制电路板的过程

1. 复写印刷电路图

先把铜箔板裁成所需要的大小和形状，采用细砂纸或少量去污粉把铜箔表面氧化物去掉，用清水洗净，再用干净布擦干或晾干。然后把设计好的印刷电路图用复写纸写到铜箔板上。在复写之前，要注意检查电路的方向，再用胶纸把电路图和铜箔板黏牢，用圆珠笔或铅笔描好全图，焊点用圆点表示，经仔细检查后再揭开复写纸。

2. 钻孔

如果做双面印制电路板，板和印刷电路图应有 3 个以上的定位孔。必须先用合适的钻头把焊点钻透，以利于描反面连线时定位。打孔时，钻头要先磨锋利，钻床的转速取高速，但近刀不要过快以免将铜箔挤出毛刺。如果做单面板，可在腐蚀完毕后再钻孔。

3. 描板

用蘸水笔把准备好的黑色调和漆按复写图样描在电路板上。如果漆太稠，可加稀料或丙酮溶液稀释。板面要干净，线条要求整齐，不带毛刺。连线宽度一般为 1mm，电源线、地线尽可能画宽一些，焊点圆孔外径为 2mm 左右。

4. 腐蚀印制电路板

用 1 份三氯化铁和 2 份水的重量配制成三氯化铁溶液——腐蚀液。把它倒入塑料、陶瓷或玻璃平盘容器中。如果找不到这些容器，也可把塑料薄膜垫在合适的容器(纸盒、木盒、金属容器等)中代用。把描好的铜箔板晾干，经检查修整后放入盛有腐蚀液的容器中。如果是单面印制电路板，应把线路板朝上平放，以便于腐蚀和观察。为了加快腐蚀速度，应适当增加三氯化铁的溶液的浓度，如果天气较冷，可将溶液适当加热。但加热的最高温度要限制在 40～50℃之间，否则容易破坏线路板上的保护漆，待裸露的铜箔完全腐蚀干净后，取出电路板，用清水洗净，再用稀料或丙酮擦去保护漆，再用清水洗净，擦干后涂上松香水便可进行焊接。

值得注意的是，在腐蚀过程中，不要把腐蚀溶液溅到身上或别的物品上，而且不能把用完后的溶液倒入下水道或泼在地板上，以免因腐蚀造成损害。

6.3.3　印制电路板批量生产过程

印制板制造工艺技术已有了很大进步，不同规模、不同装备的制造厂采用的工艺技术不尽相同。目前使用最广泛的是铜箔蚀刻法，即将设计好的图形通过图形转移在敷铜板上形成防蚀图形，然后用化学蚀刻法除去不需要的铜箔，从而获得导电图形。

丝网漏印(简称丝印)虽是古老的印制工艺，但因成本低，操作简单，效率高，且有一定精确度，在印制板制造中仍在广泛使用。丝印通过手动、半自动、自动丝印机实现，蚀刻制板的防蚀材料，阻焊图形、字符标记图形等均可通过丝印方法印制。

1. 单面板生产流程

单面板的生产工艺较简单，为保证质量在焊接之前，也要进行检验。生产流程：敷铜板下料→表面去油处理→上胶→曝光→显影→固膜→修版→蚀刻→去保护膜→钻孔→成形→表面涂敷→助焊剂→检验。

2. 双面板生产流程

生产流程：下料→钻孔→化学沉铜→电镀铜加厚(不到预定厚度)→贴干膜→图形转移(曝光、显影)→二次电镀加厚→镀铅锡合金→去保护膜→腐蚀→镀金(插头部分)→成型热烙→印制阻焊剂及文字符号→检验。

6.4　手工印制电路板

在电子产品没有完成定性设计阶段，或者当电子技术爱好者进行业余制作的时候，需要按照正规的工艺步骤，要绘制出印制电路板图以后，送去专门制板厂加工。虽然正规方式制板质量很高，但是由于成本偏高和加工周期很长，因此自己制作印制电路板来进行测试工作是每个电子爱好者应该掌握的。

6.4.1　漆图法

用漆图法自制印制电路板的主要步骤如图 6－6 所示。

各步骤的简单说明如下：

双面板比单面板的生产主要是增加了孔金属化工艺。由于孔金属工艺的多样性，导致双面板制作工艺的多样性，但总的概括分为先电镀后腐蚀和先腐蚀后电镀两类。先电镀的有板面电镀法、图形电镀法、反镀漆膜法；先腐蚀的有堵孔法和漆膜法。这里只简单介绍常用的较为先进的图形电镀法工艺流程。

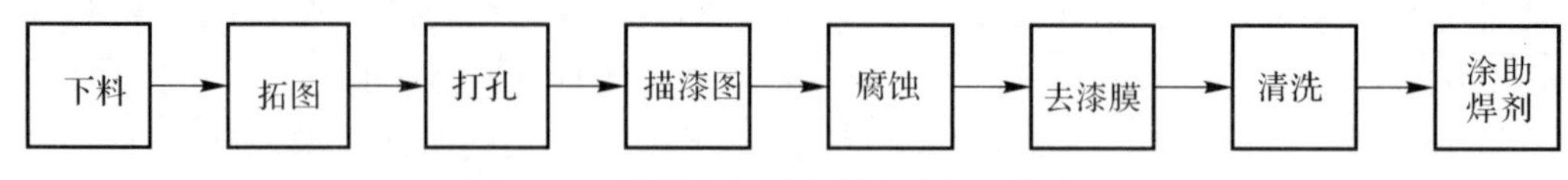

图 6-6　漆图法自制印制电路板工艺流程

(1)下料：按板面的实际设计尺寸剪裁覆铜板，去掉四周毛刺。

(2)拓图：用复写纸将已设计好的印制板布线草图拓印在覆铜板的铜箔上。印制导线用单线，焊盘用小圆点表示。拓制双面板是为保证两面定位准确，板与草图均应有 3 个以上孔距的定孔位。

(3)打孔：拓图后，对照草图检查覆铜板上画的焊盘与导线是否有遗漏。然后在板上打出样冲眼，按样冲眼的定位，在小型台式钻床上打出焊盘的通孔。打孔过程中，注意钻床应取高转速，钻头要刃磨锋利，进刀不宜太快，以免将铜箔挤出毛刺。注意保持导线图形清晰，避免被弄模糊。清除孔的毛刺时不要用砂纸。

(4)调漆：在描图之前应该先把所用的漆调配好。通常可以用稀料调配调和漆，但是要注意漆稀稠适宜，以免描不上或是流淌，画焊盘的漆应比画线条用的稍微稠一些。

(5)描漆图：按照拓好的图形，用漆对所有的焊盘及导线描好，避免有漏描。描漆时应该先描焊盘，可以用焊盘外径稍细的硬导线或细木棍蘸漆点画，注意与钻好的孔同心，大小尽量均匀。然后用鸭嘴笔与直尺描绘导线。

(6)腐蚀：腐蚀前应检查图形质量是否合格，线条是否完美，如果不合格，可以修整线条、焊盘。腐蚀液一般使用三氯化铁水溶液，一般情况下三氯化铁水溶液浓度在 28%～42%之间比较合适，将覆铜板全部侵入腐蚀液，把没有被漆膜覆盖的铜箔腐蚀掉。

(7)去漆膜：用热水浸泡后，可将板面的漆膜剥掉，未擦净处可用稀料清洗。

(8)清洗：漆膜去除干净后，用抹布蘸着去污粉在版面上反复擦拭，去掉铜箔的氧化膜，使线条及焊盘露出通的光亮本色。注意应按某一固定方向擦拭，这样使铜箔放光方向一致，看起来更加美观，擦拭后用清水清洗、晾干。

(9)涂助焊剂：把已经配好的松香酒精溶液立即涂在洗干净晾干的印制电路板上，作为助焊剂。助焊剂可以对板面防止氧化，提高可焊性。

6.4.2　手工制板的其他方法

1. *刀刻法*

对于比较简单的电路，布线不十分复杂的印制板，可以选择用刀刻法来制作。在进行布局排版设计时，要求导线形状尽量简单，一般把焊盘与导线合为一体，形成多块矩形。由于平行的矩形图形具有较大的分布电容，因此刀刻法制板不适合在频率比较高的电路中使用。

刀刻法来制作印制电路板时应该注意几方面。第一是在刻制铜箔的痕迹时，所使用的小刀的刀尖要锋利，以防止打滑。为了顺手，刻痕大的过程中可以来回地转动覆铜板，使要刻的线条始终保持纵向的位置。第二是在用刀刻法制作电路板时，刀刻和撕下铜皮两道工序可以交叉着进行，一边刻一边撕。在电路板刻制好以后，仔细将刻制时铜皮上的毛刺修去，再将铜箔走线及焊盘表面上的氯化层除去，涂上一层薄薄的助焊剂就可以使用了。

2. 不干胶贴面法

借助计算机软件设计好的印制板图，用激光打印机按 1∶1 打印，交给电脑刻字店。刻字店用刻字软件进行处理，转换成刻字机识别的图形。由刻字机绘制到即时贴上，将刻好的及时贴黏到待处理的 PCB 板上，去除多余的部分，然后将其置于三氯化铁水溶液中，腐蚀掉多余的铜箔后，用清水洗干净。最后进行打孔，敷涂助焊剂等步骤。

6.5　印制电路板的发展

近年来由于集成电路和表面安装技术的发展，电子产品迅速向小型化、微型化方向发展。作为集成电路载体和互联技术核心的印制电路板也在向高密度、多层次、高可靠性方向发展，目前还没有一种互联技术能够取代印制电路板的作用。新的发展主要集中在高密度板、多层次板和特殊印制板三方面。

6.5.1　高密度面板

电子产品微型化要求尽可能缩小印制板的面积，超大集成电路的发展则是芯片对外引线数的增加，而芯片面积不增加甚至减小，解决的办法只有增加印制板上布线密度。增加密度的关键有两条：

(1)减小线宽/间距。

(2)减小过孔孔径。

这两条线已成为目前衡量印制厂技术水准的标志，目前能够达到或即达到的水平是：线宽/间距 0.1～0.2mm→0.07mm→0.03mm，过孔直径 0.3mm→0.25mm→0.2mm。

6.5.2　多层次板

多层次板的基础是双面板，除了双面板的制造工艺外，还有内层的加工、层次定位、叠压、黏合等特殊工艺。目前多层次板生产多集中在 4～6 层，如计算机主板、工控机 CPU 板等。在巨型机等领域内可达到几十层的多层板。

6.5.3　挠性印制板

挠性印制板也称软印制板，是由挠性聚酯敷铜薄膜用印制板加工工艺制造而成的。同普通(刚性)印制板一样，也有多面双面和多层之分，还可将挠性电路板和刚性电路板结合制成刚挠混合多层板。

利用挠性板可以弯曲、折叠的特性，它可以连接活动部件，达到立体布线、三维空间互连，从而提高装配密度和产品可靠性。如笔记本电脑、移动通信、照相机、摄像机等高档电子产品中都应用了挠性电路板。

6.5.4　特殊印制板

在高密度装配及高频电路中用印制板往往不能满足要求，所以各种特殊印制板应运而生并在不断发展。

1. 碳膜印制板

碳膜板是在普通单面印制板上制成导线图形后再印制一层碳膜形成跨接线或触点(电阻值符合设计要求)的印制板。它可使单面板实现高密度、低成本、良好的电性能及工艺性,适用于电视机、电话机等家用电器。

2. 印制电路与厚膜电路的结合

将电阻材料和铜箔顺序黏合到绝缘板上,用印制板工艺制成需要的图形,在需要改变电阻的地方用电镀加厚的方法减小电阻,用腐蚀方法增加电阻,制造成印制电路和厚膜电路结合的新的内含元器件的印制板,从而在提高安装密度,降低成本上开辟新的途径。

3. 微波印制板

在高频(几百兆以上)条件下工作的印制板,对材料、布线布局都有特殊的要求,例如印制导线间和层次间分布参数的作用以及利用印制板制作出电感、电容等"印制元件"。微波电路板除采用聚四氟乙烯板以外,还有复介质基片和陶瓷基片等,其线宽/间距要求比普通印制板高出一个数量级。

4. 金属芯印制板

金属芯印制板可以看作一种含有金属层的多层板,主要解决高密度安装引起的散热性能,且金属层有屏蔽作用,有利于解决干扰问题。

6.6 印制电路板的计算机辅助设计

印制电路板的设计是以电路原理图为根据,实现电路设计者所需要的功能。印制电路板的设计主要指板图设计,需要考虑外部连接的布局、内部电子元件的优化布局、金属连线和通孔的优化布局、电磁保护、热耗散等各种因素。优秀的板图设计可以节约生产成本,达到良好的电路性能和散热性能。简单的板图设计可以用手工实现,复杂的板图设计需要借助计算机辅助设计(CAD)实现。

由于电路仿真软件众多,在此重点介绍 Protel 99 SE 电路仿真软件,该软件功能基本已经完善,可以满足电路设计的要求,许多从事电子工作的工作人员都在使用。所以本节将简单介绍 Protel 99 SE 的电路制板过程。本节通过简单的实例讲解印制板计算机辅助设计的流程,使初学者可以快速掌握 Protel 99 SE 的电路设计。

Protel 设计电路的流程:

为了快速了解电路设计的过程,下面首先介绍设计 PCB 板的工作流程。此流程只是设计 PCB 板工作的一般过程,有些步骤并非都能用到,可以根据自己实际情况决定所需要的步骤。

(1)方案分析。决定电路图设计,同时也会影响 PCB 板的规划。

(2)设计电路原理图组件。Protel 99 SE 提供了丰富的原理库组件,但不是所有组件,有时需要手动设计原理组件,建立自己的组件库。这个可以参考 Protel 99 SE 相关书籍。

(3)电路原理图设计。在这一过程中,要充分利用 Protel 99 SE 提供的原理图绘制工具各种编辑功能来实现自己的目的,即获得完美的电路原理图。

(4)设计组件封装。与原理图组件一样,Protel 99 SE 也不可能提供所有组件的封装,有需要时可以自己设计并建立新的组件封装库。

(5)印制电路板设计。确认原理图没有错误之后，首先绘出 PCB 板的轮廓，确定工艺要求(使用几层板等)。然后传输原理图，在网络表、设计规则和原理图的引导下布局和布线，并使用 ERC 工具查错。这是电路设计时另一个关键环节，它将决定该产品的实用性能，需要考虑的因素很多，不同的电路有不同的要求。

(6)文档整理。对原理图、PCB 板及器件清单等文件予以保存，以便后期维护、修改。

下面用实例来讲解如何用计算机辅助来设计印制电路板设计。

6.6.1　创建项目数据库

本节主要通过使用 Protel 99 SE 主要进行电路图和印制电路板的设计操作，对于具体的电路和印制板设计可以参考有关 Protel 99 SE 设计相关书籍。

(1)启动 Protel 99 SE，进行集成电路开发环境。

(2)选择“File”→“New”命令，弹出“New Design Database”对话框，如图 6－7 所示。

(3)在其中输入的项目数据库名称“DelayControl. ddb”，使用“MS Access Database”文件类型，并选择保存目录。

(4)单击“OK”按钮，完成项目数据库的建立，如图 6－8 所示。直接进入电路设计工作。

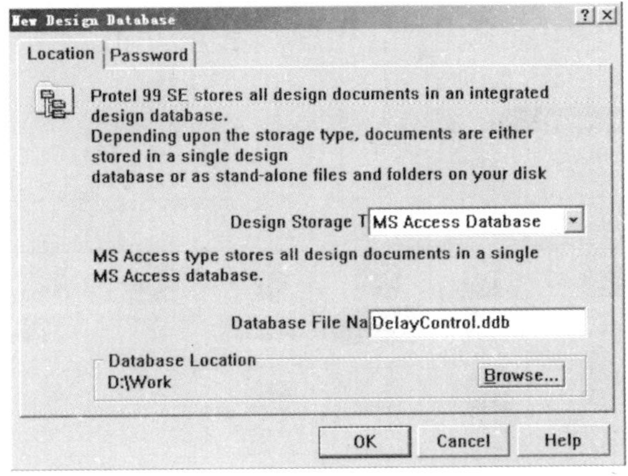

图 6－7　“New Design Database”对话框

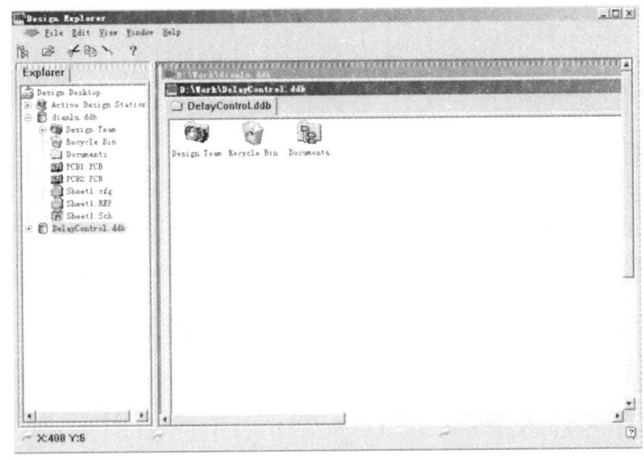

图 6－8　项目数据库

(5)在工作区双击“Documents”图标进入设计文件夹。

(6)在设计文件夹中单击鼠标右键,在弹出的快捷菜单中选择“New”命令,如图 6－9 所示。在“New Document”对话框中选择“Schematic Document”,表示创建了一个电路原理图。单击“OK”,创建一个原理图文件,并命名为“DelayControl. Sch”。

(7)同样再创建一个 PCB 板设计文件如图 6－10 所示,命名为“DelayControl. PCB”。

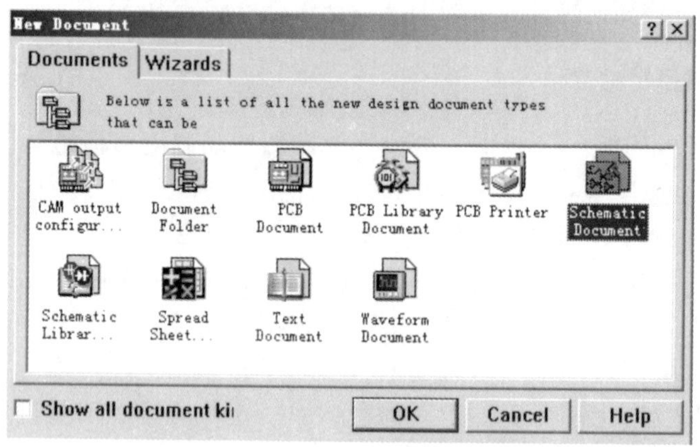

图 6－9　创建电路原理图文件

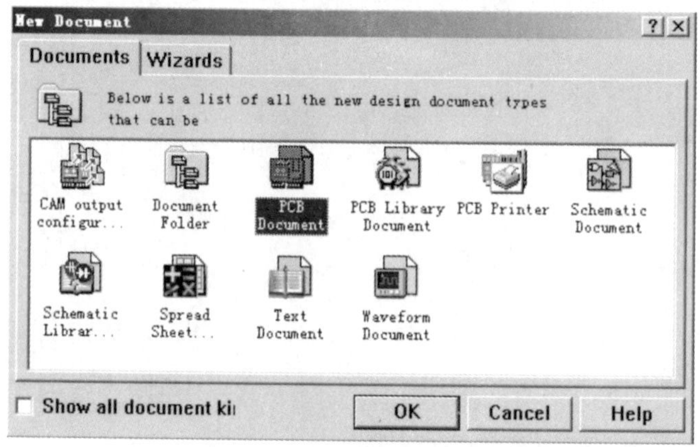

图 6－10　创建 PCB 设计文件

6.6.2　电路原理图设计

项目数据库建立完成后,便可以开始设计电路原理图,这是电路设计的第一步。这里主要通过时钟延迟信号控制电路设计,介绍放置元器件及连线等基本操作,使读者可以迅速熟悉 Protel 99 SE 的电路原理设计过程。详细电路图编辑环境和操作可以学习相关书籍。

1. 打开原理图编辑环境

在项目数据库的设计文件夹中,双击“DelayControl. Sch”图标,便可以启动原理图编辑器并进入原理图设计文件的编辑环境,如图 6－11 所示,Protel 99 SE 集成开发环境的工作区显示一张原理图设计图纸,供用户设计电路。

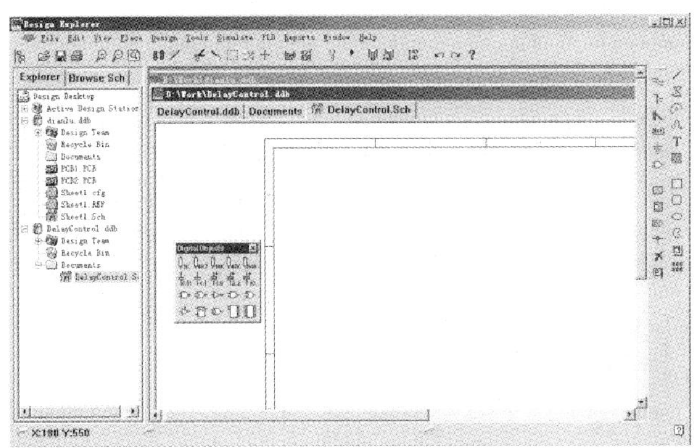

图 6-11　原理图编辑环境

2. 加载元器件

当 Protrl 99SE 刚安装完毕后，默认有元器件库 Miscellaneous Device. lib 可用。但是一个电路图可能需要多种元器件，这里需要添加相应的元件库。例如本电路设计需要添加元器件所在元器件库。具体加载步骤如下。

(1)选择“Design”→“Browse Library”命令，弹出“Browse Libraries”对话框，如图 6-12 所示。Protel 99 SE 的元件库便在这里进行管理。从“Libraries”下拉列表可以看到目前只有元器件库 Miscellaneous Devices. lib 可用。

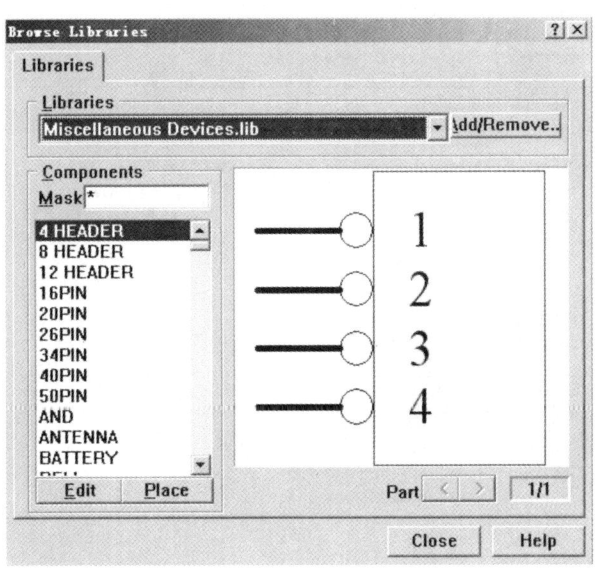

图 6-12　“Browse Library”对话框

(2)单击“Add/Remove”按钮，弹出“Change Library File List”对话框，如图 6-13 所示。在该对话框中可以添加或者移除元器件库。

1) 在“Change Library File List”对话框中，单击“Dallas Miscellaneous. ddb”文件。DS1023-500 元件便位于该元器件库中。

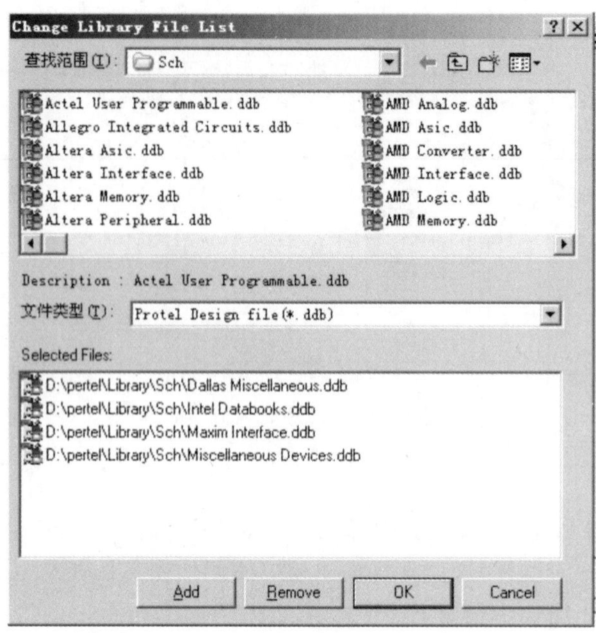

图 6－13 “Change Library File List”对话框

2)在“Change Library File List”对话框中,单击“Add”按钮,可以将该元件库添加到当前可用的元器件库列表中,如图 6－14 所示。

图 6－14 添加元件库

3)单击“OK”按钮返回“Browse Libraries”对话框。

在“Libraries”下拉列表中选择“Dallas Miscellaneous.lib”,便可以看到 DS1023 元件,如

图 6 - 15 所示。从图中可以看到该元件的引脚说明。

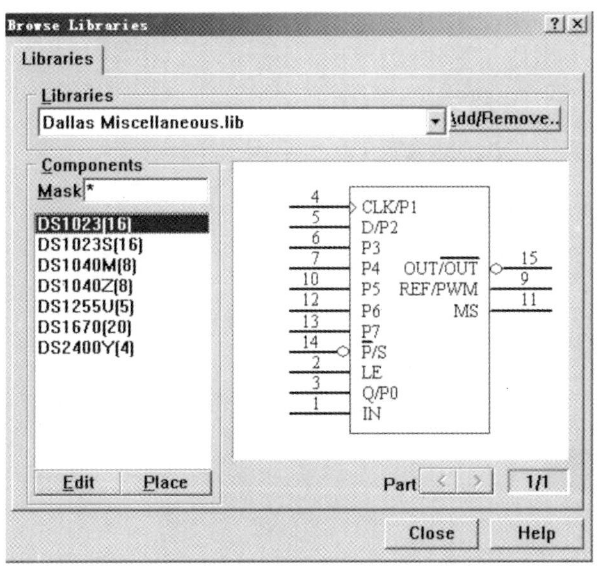

图 6 - 15　查看元件 DS1203

4)单击“Close”按钮,结束元件库的加载。

3. 放置元器件

(1)在这里放置该电路的核心元器件——延时芯片 DS1203。

1)鼠标右键单击原理图的图纸工作区,在弹出的的快捷菜单中选择“Place Part”命令,打开该对话框,如图 6 - 16 所示。

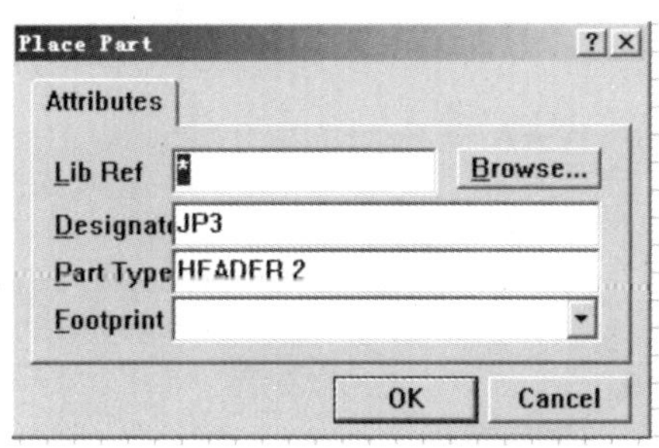

图 6 - 16　“Place Part”对话框

2)单击“Browse”按钮弹出“Browse Libraries”对话框。在框中选择 DS1203 芯片,如图 6 - 17所示。

3)单击“Close”按钮,返回“Place Part”对话框,便可以看到选择的 DS1203 芯片,如图 6 - 18所示。在“Place Part”对话框中,将“Designator”文本框中元器件符号“U?”修改成 U1。

4)单击“OK”,返回原理图纸,在原理图的合适位置单击鼠标,即可以在原理图纸上放置该元件。放置后元件如图 6 - 19 所示。

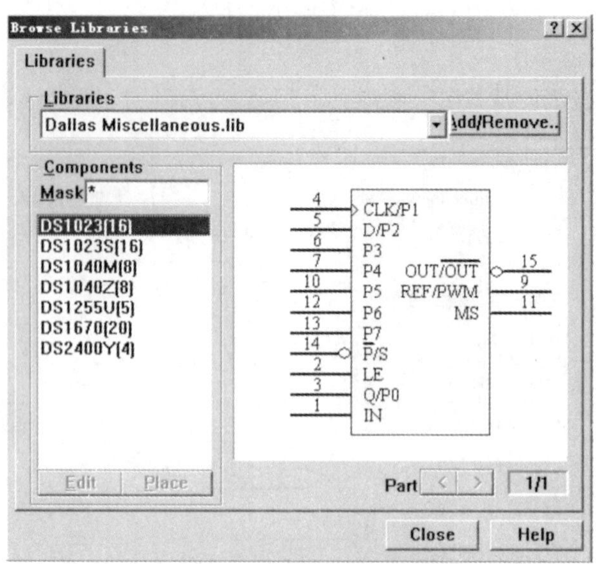

图 6-17 选择 DS1203 芯片

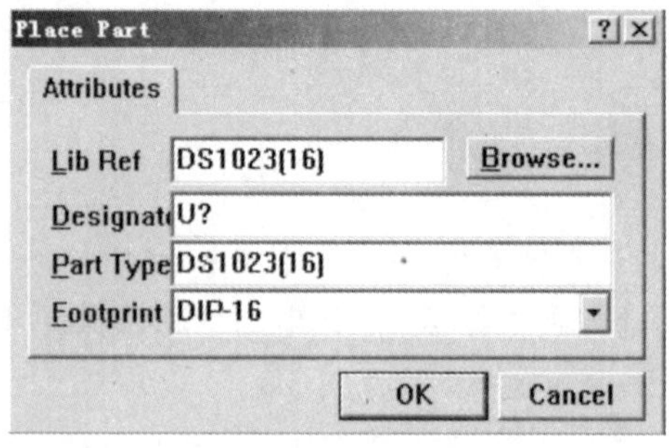

图 6-18 已选的 DS1203

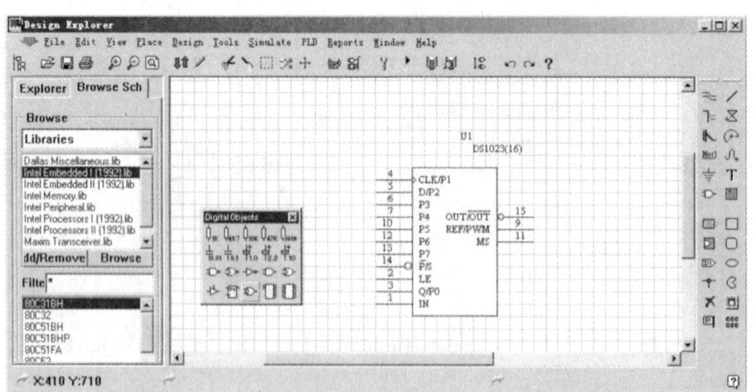

图 6-19 当前放置元器件 U1

(2)放置拨码开关。DS1203 的延时大小是根据 P0～P7 端口的 8 位二进制数来确定。这里通过 8 位的拨码开关来实现二进制的输入。拨码开关在元件库“Miscellaneous Device. lib”

中放置，开关步骤如下：

1)选择“Place”→“Part”，弹出对话框，单击“Browse”按钮打开“Browse Libraries”对话框；选择“Miscellaneous Device. lib”中的“SW DIP－8”，如图 6－20 所示。

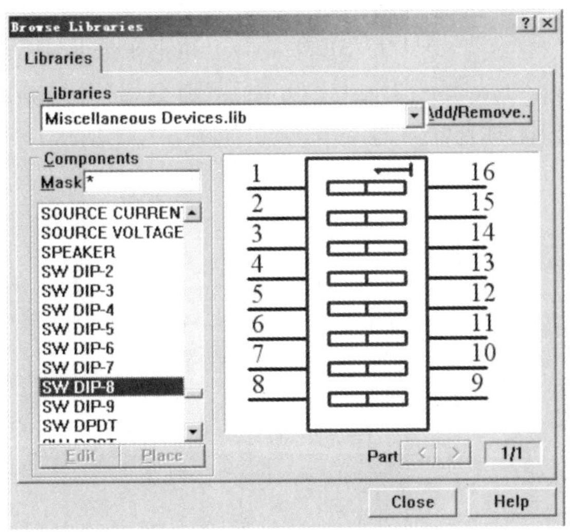

图 6－20　选择 “SW DIP－8”

2)按前面的步骤修改元器件的标识符“S?”修改为“S1”。如图 6－21 所示。

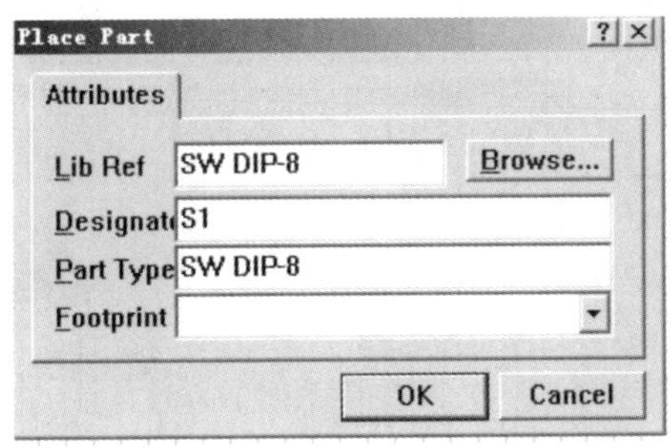

图 6－21　SW DIP－8

3)单击“OK”放置该元件。放置当前的元件 S1，如图 6－22 所示。

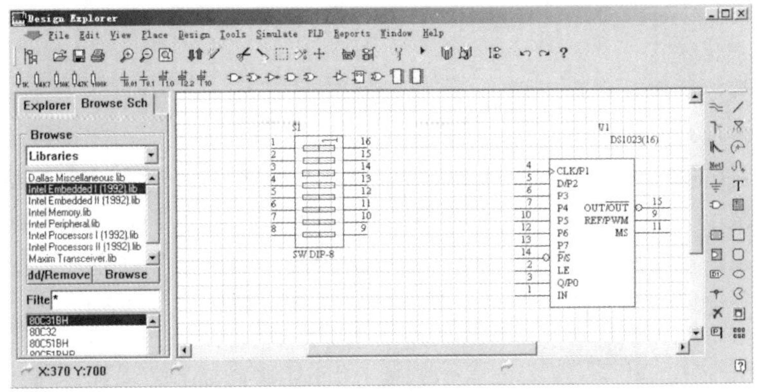

图 6－22　当前放置的元件 S1

(3)放置上拉电阻。可编程延时芯片 DS1023－500 可以采用并行或者串行控制方式。其中,DS1203 的 14 引脚用于选择延时芯片的工作模式。该引脚接高电平,表示延时参数通过串口输入到 DS1023 内部;而该引脚接低电平,表示延时参数通过 P0～P7 端口并行输入到 DS1203 内部。在该电路中选择并行的控制方式,此时 P0～P7 需要外加上拉电阻,以便使用 8 位拨码开关输入延时参数。在 Protel 99 SE 中放置上拉电阻的步骤:

1)选择"View"→"Toolbars"→"Digital Objects"命令,打开"Digital Objects"面板,如图 6－23所示;点击 1k 电阻,此时光标浮动一个电阻,如图 6－24 所示。

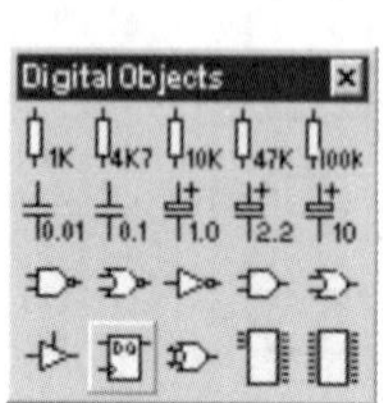

图 6－23 "Digital Object"面板

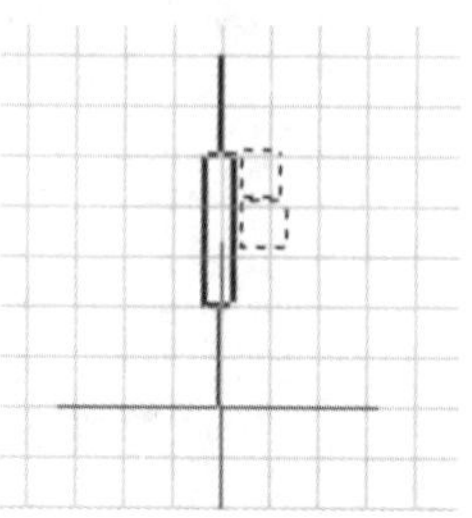

图 6－24 放置电阻

2)依次放置 8 个电阻,并且分别设置并且修改文本框中的电阻为 R0～R7,如图 6－25 所示。

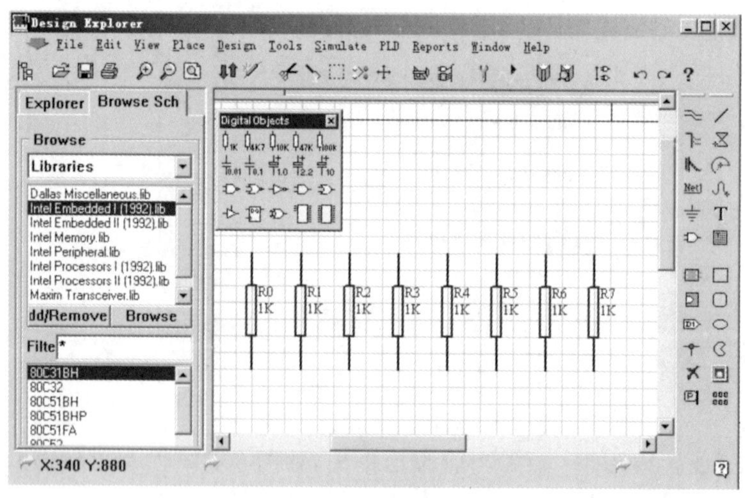

图 6－25 放置 8 个电阻

(4)同样步骤放置输入和输出端子、放置电源。

4. 原理图的布局和连线

所有的元器件都放置完毕后,便可以在原理图中布局各个元件,并进行连线。在进行元器件布局时,单击某个元件不放并拖动便可以移动该元件。布局之后的电路图如图 6－26 所示。

(1)放置导线。电路中的元件引脚经常需要连接起来表示信号的走向。导线具有电气属性,放置导线进行电路连接是绘制电路原理图的一个重要过程。在 Protel 99 SE 中放置导线的具体步骤:

1)选择"Place"→"Wire"命令进入导线放置状态,此时原理图光标处浮动一个十字准线。

2)当光标靠近元器件引脚或者导线端点时,光标处电气节点以黑色的实心圆点表示,单击鼠标左键即可放置导线的起点;移动鼠标到元件引脚光标将自动捕捉,单击鼠标左键完成导线放置。如果放置导线有拐弯,在转弯处单击鼠标左键,这样一段导线结束,同时这点作为下一段导线的起点,继续移动光标即可绘制导线的另一段。绘制完成后,单击右键即可退出。

3)完成后的电路原理图如图 6－27 所示。

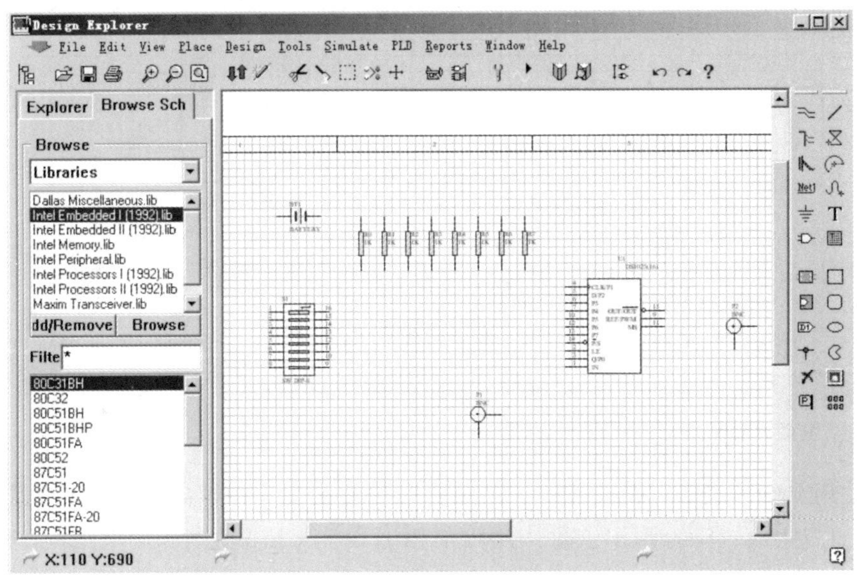

图 6－26　布局后的电路原理图

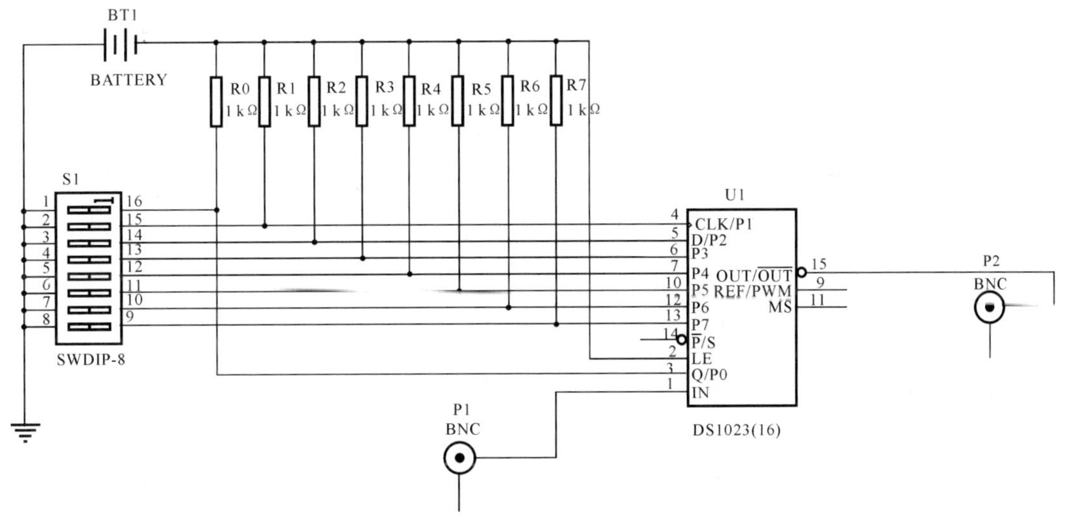

图 6－27　完成布线的电路原理图

4)放置接地,然后连线,这样一个完整的电路原理图已经完成。完整的电路原理图如图 6－28所示。

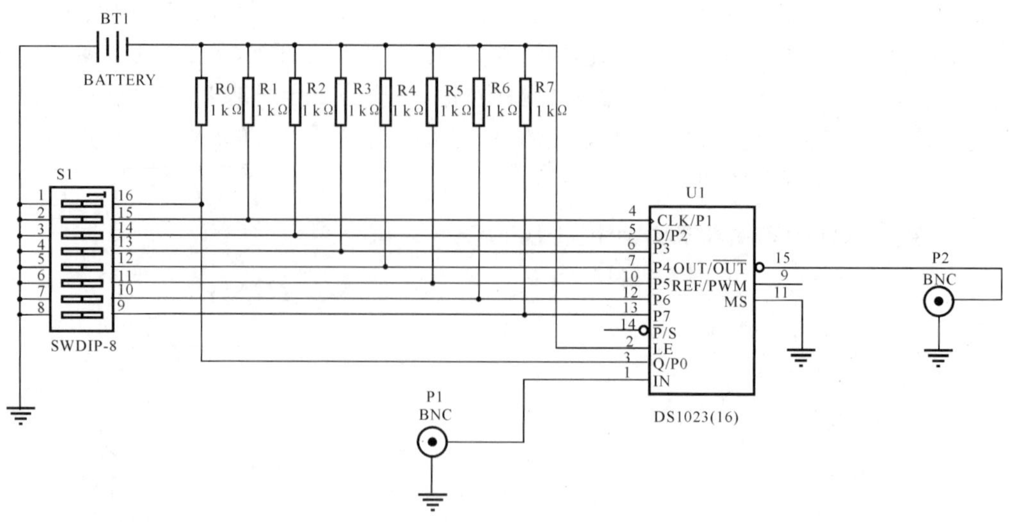

图 6-28　最终完成的电路原理图

6.6.3　生成 PCB

用户使用 Protel 进行电路设计的一个重要目的便是设计印制电路板。电路原理图绘制完毕后，便可以生成对应的 PCB 文件。然后在 PCB 设计文档中进行印制电路板设计。

1. 设置元器件的封装

从电路原理图中映射到 PCB 时，首先需要保证每个元器件都给定了正确的封装。元器件的封装是元器件在印制电路板上的表现形式。在这里对前面的电路原理图中的元器件封装进行介绍，以 DS1023 为例，其具体步骤为：

(1)在电路原理图中，双击 DS1203，打开"Part"对话框，如图 6-29 所示。

Part
Part Fields | Read-Only Fields
Attributes | Graphical Attrs
Lib Ref: DS1023(16)
Footprint: DIP-16
Designat: U1
Part: DS1023(16)
Sheet: *
Part: 1
Selection
Hidden Pin
Hidden Fiel
Field Name
OK | Help
Cancel | Global >>

图 6-29　"Part"对话框

（2）在“Footprint”下拉列表中输入“DIP16”，表示该元件采用的是 16 引脚的双列直插封装。点击“OK”按钮便可以完成封装设置。

（3）根据相同的步骤为电路其他元件设置封装，各元器件的封装名称见表 6－4。

表 6－4　元器件封装

元器件	标识符	封　装
DS1203	U1	DIP16
拨码开关	S1	DIP16
电阻	R0～R7	AXIAL－0.3
BNC	P1，P2	BNC
电源	BT1	SIP2

2. 生成 PCB

Protel 99 SE 提供了完善的印制电路板功能，电子技术人员可以首先设计电路原理图，然后生成网络表。根据网络表来将元器件和连线映射到 PCB 设计文档中。在 Protel 99 SE 中，还提供了一个方便、智能的更新 PCB 设计文档的方法，可以由设计好的电路原理图直接生成对应的 PCB 设计文档。具体操作步骤：

（1）打开前面创建的空白 PCB 设计文档 DelayControl. PCB。

（2）在电路原理图中，选择“Design”→“Update PCB”命令，弹出“Update Design”对话框，如图 6－30 所示。该对话框提供了丰富的转化控制，这里保持默认值即可。

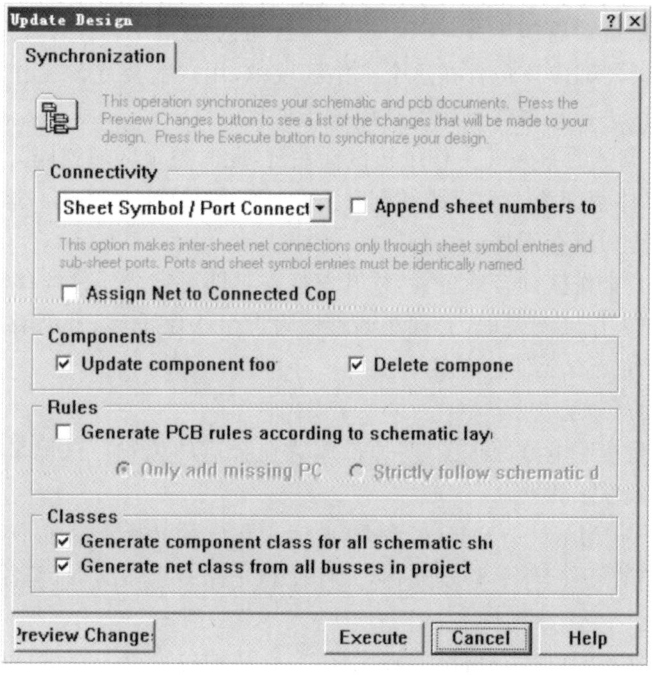

图 6－30　“Update Design”对话框

(3)单击“Execute”按钮,进行更新 PCB 设计文档操作。

更新完毕后,在 PCB 设计文档中便可以看到,所有的元器件以及元器件之间的连线已经映射到该文件中。更新后的 PCB 如图 6-31 所示。此时的元件布局还不合理,还应该进行仔细的布局。

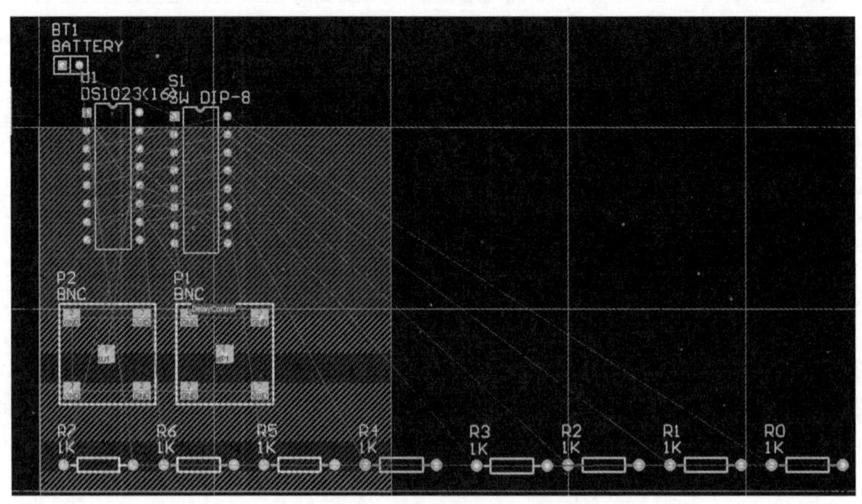

图 6-31　更新后的 PCB 图

6.6.4　印制电路板的设计

1. 调整 Room 工作区

在 Protel 99 SE 自动更新生成 PCB 文档中,自动创建了一个名为“ClockDelay”的 Room 工作区。所有的元器件都应该包含在这个工作区域中,用户需要在该工作区中设计印制电路板。在 Room 工作区进行元器件布局。具体操作步骤:

(1)在“ClockDelay”的 Room 工作区按鼠标左键,此时整个区域连同元器件都变动成浮动状态,所有线条及字体都变淡。光标跳转到左下角,附近呈现十字准线。这时可以移动鼠标即可移动 Room 工作区和所有元件。

(2)移动“Room”工作区到合适位置,松开鼠标左键即可完成元件的移动。

(3)单击 Room 工作区调整框,光标在调整框附近呈十字准线,此时移动鼠标便可以调整 Room 工作区,使其将所有元件包含其中。

2. 元器件的布局

元器件布局就是按照电路原理图,将原件放置在合适的位置。这里采用手工方式来调整元器件位置。具体操作步骤:

(1)选择“Edit”→“Move”→“Move”命令,此时工作区的光标浮动着十字准线。

(2)单击要移动的元件,然后移动光标,元件便和光标一起移动,而且各个引脚上的网络飞线也跟着一起移动。

(3)在移动过程中,可以按空格键旋转元件,在合适的位置单击左键,可以放置该元件。

(4)按照以上步骤移动各元件到合适的位置,最后得到元器件的布局,如图 6-32 所示。

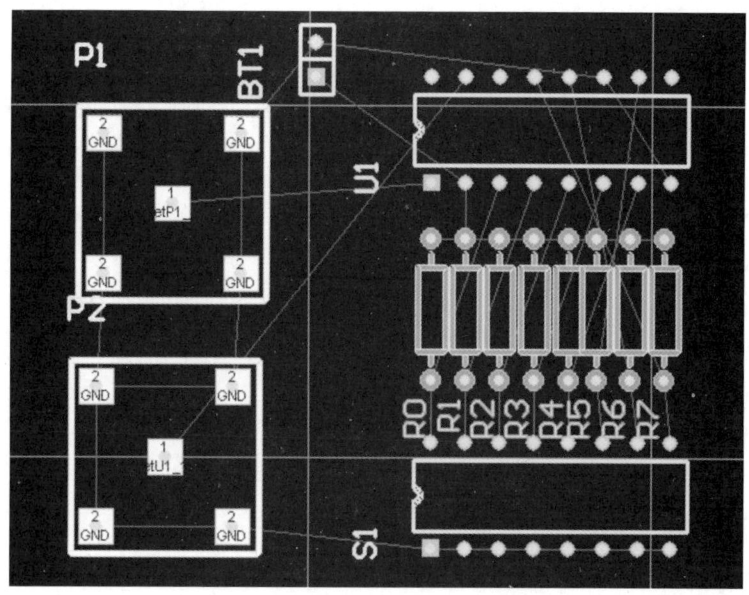

图 6－32　手工调整后的元器件

3. 绘制电路板的电气边界

电路板的电气边界规定了电路板的实际大小，电路板制造厂将以这个电气边界来做成最终的电路板。电气边界必须是一个封闭的图形。绘制电气边界的步骤：

(1)在 PCB 设计工作区下面，单击“Keep Out Layer”标签，进入禁止布线层。

(2)选择“Place”→“Line”命令，在适当的位置单击鼠标左键，放置直线的起始点，然后移动光标，在直线的结束点单击鼠标左键，结束直线绘制。

(3)以同样的方式绘制 4 条直线，构成封闭的矩形，这就是电路板的电气边界，如图 6－33 所示。

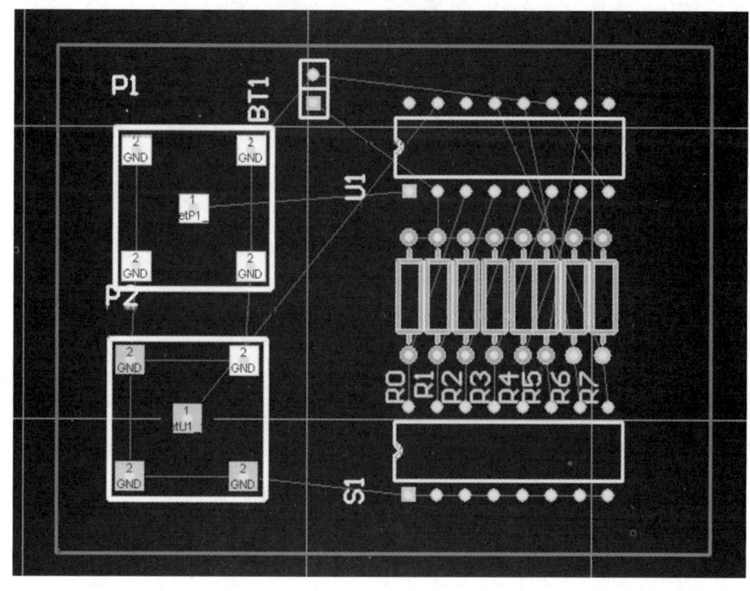

图 6－33　电气边界

4. 自动布线

前面完成了电路板的准备工作，但各元件之间还没有实际的电气连接，因此需要用布线来完成。Protel 99 SE 提供了两种布线方式，即自动布线和手工布线。在这里采用自动布线。具体操作步骤：

(1)选择“Auto Route”→“All”命令，弹出“Autorouter Setup”对话框，如图 6 - 34 所示。在该对话框可以设置布线策略以及线宽等。这里采用默认设置即可。

(2)单击“Route All”按钮，开始自动布线。

(3)当布线完成时，弹出“Design Explorer Information”对话框，如图 6 - 35 所示。其中显示了布线完成的进度。单击“OK”完成布线。自动布线后的电路图如图 6 - 36 所示。

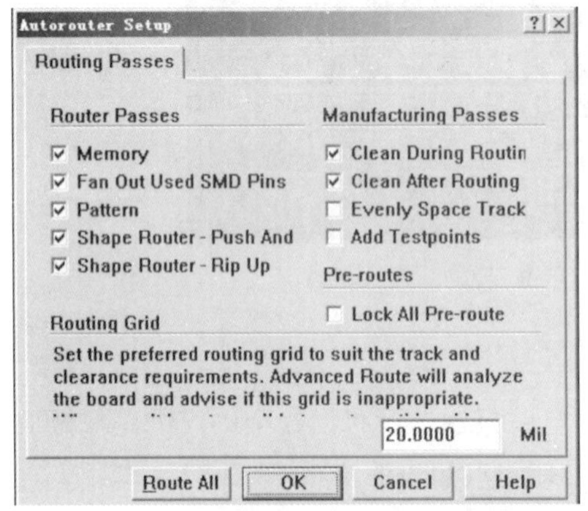

图 6 - 34 “Autorouter Setup”对话框

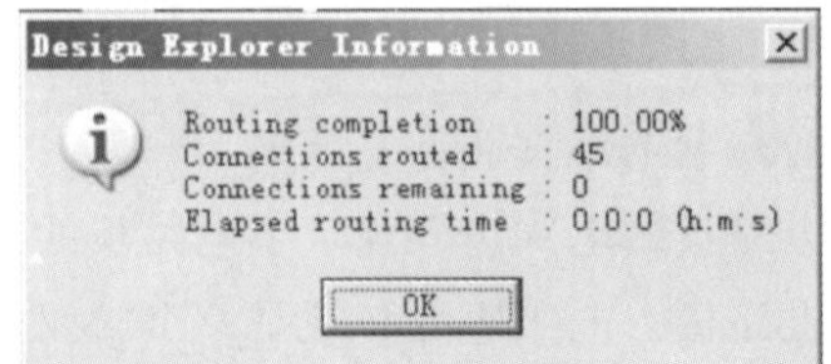

图 6 - 35 “Design Explorer Information”对话框

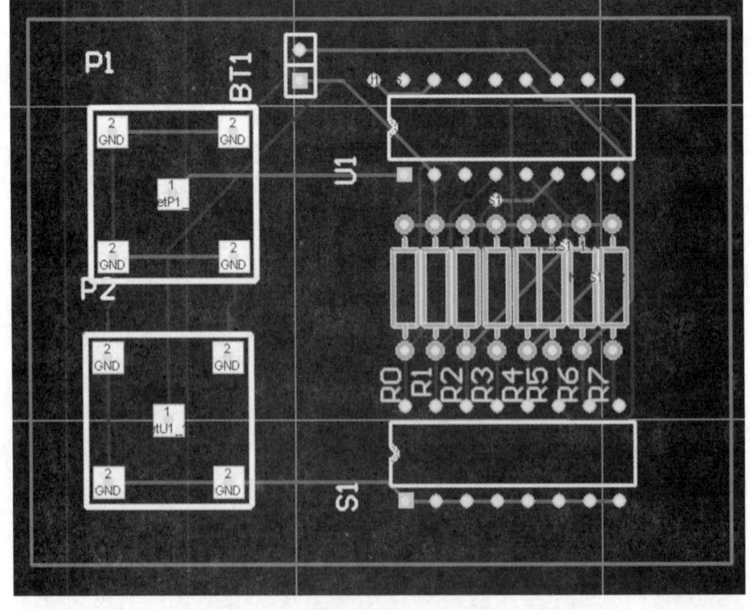

图 6 - 36 自动布线后的电路图

5. 电路图敷铜

电路图敷铜是 PCB 设计的一个重要环节，主要用于增强电路抗干扰能力和屏蔽功能。

敷铜步骤：

(1)单击 PCB 工作区下面的"Toplayer"标签，切换到电路板的元件面信号层。

(2)选择"Place"→"Poly Plane"命令，弹出"Polygon Plane"对话框，如图 6－37 所示。设置敷铜规则。

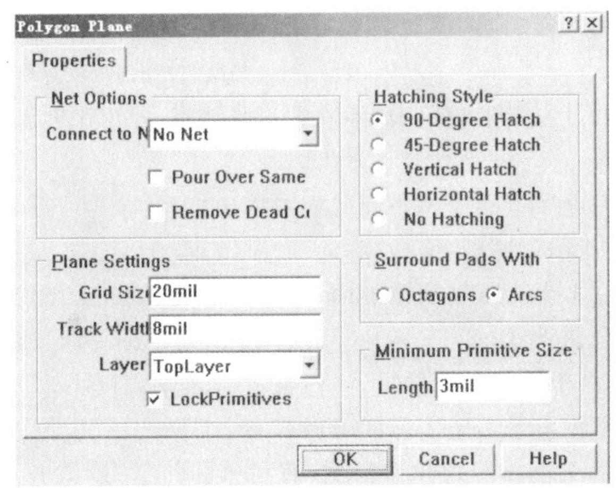

图 6－37　"Polygon Plane"对话框

(3)这里在"Connect to Net"下拉列表中选择"GND"，表示敷铜连接在地线上。其余选用默认即可。

(4)单击"OK"按钮，光标附近浮动一个十字准线，在电气边界一个顶点单击鼠标左键，确定敷铜的起始点，然后移动鼠标，在电气边界的每个顶点顺次单击，最终确定一个矩形敷铜区。当矩形敷铜区封闭时，Protel 99 SE 开始自动敷铜，Top Layer 敷铜完毕。

(5)采用同样的步骤，单击"BottomLayer"标签，切换到焊接面信号层，在 BottomLayer 中敷铜，如图 6－38 所示。这样一个完整的电路板设计项目已经完成。最后保存，即可退出印制板设计环境。

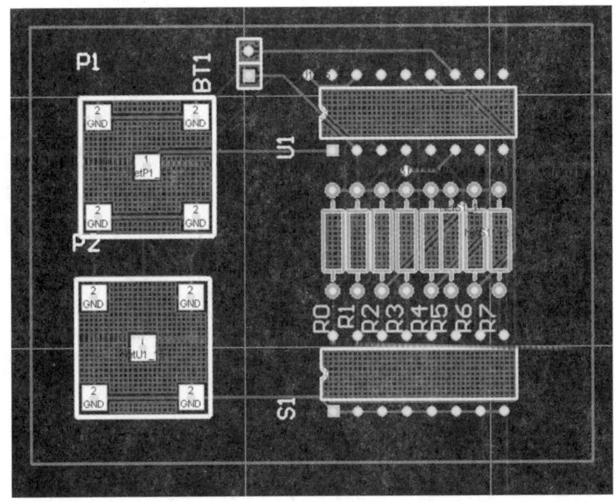

图 6－38　BottomLayer 敷铜

第7章　实习电子产品

现代电子产品五花八门、形形色色、数不胜数。作为电子实习产品，一般应该满足以下基本要求：

(1)它是一个完整的电子产品而不是实验板或实验模型；

(2)具有实际使用价值；

(3)硬件成本控制在学生可承受的范围内；

(4)产品复杂度适合初学者。

本章介绍的电子产品都符合上述要求，它们都具有教学内涵丰富、制作难度适中、一次成功率高等优势，是很多学校电子工艺实习的必做产品。

7.1　迷你音响

7.1.1　音响的技术指标

音响系统整体技术指标性能的优劣，取决于每一个单元的自身性能，如果系统中的每一个单元的技术指标都较高，那么系统整体的技术指标就会比较好。其技术指标主要有7项：频率响应、信噪比、动态范围、失真度、瞬态响应、立体声分离度和立体声平衡度。

(1)频率响应。所谓频率响应是指音响设备重放时的频率范围以及声波的幅度随频率的变化关系。一般检测此项指标以1 000Hz的频率幅度为参考，并用对数以分贝(dB)为单位表示频率的幅度。

音响系统的总体频率响应理论上要求为20～20 000Hz。在实际使用中由于电路结构、元件的质量等原因，往往不能够达到该要求，但一般至少要达到32～18 000Hz。

(2)信噪比。所谓信噪比是指音响系统对音源软件的重放声与整个系统产生的新的噪声的比值，其噪声主要有热噪声、交流噪声、机械噪声等。一般检测此项指标以重放信号的额定输出功率与无信号输入时系统噪声输出功率的对数比值分贝(dB)来表示。一般音响系统的信噪比需在85dB以上。

(3)动态范围。动态范围是指音响系统重放时最大不失真输出功率与静态时系统噪声输出功率之比的对数值，单位为分贝(dB)。一般性能较好的音响系统的动态范围在100(dB)以上。

(4)失真度。失真是指音响系统对音源信号进行重放后，使原音源信号的某些部分(波形、频率等)发生了变化。音响系统的失真主要有谐波失真、互调失真、瞬态失真、立体声分离度、立体声平衡度等几种。

7.1.2 电路原理及元件介绍

1. 关于 D2822 的介绍

(1)D2822 是双声道音频功率放大电路适用于随身听、便携式的 DVD、多媒体音箱等音频放音用，是一块低电压、低功耗的立体声功放。其中的主要部件是 D2822 集成芯片，工作电压为 1.8～12V，其工作电压最高可以达到 15V。输出功率有 1W×2，不是很大但可以满足一般的听觉要求，且有电路简单、音质好、电压范围宽等特点，采用双列直插 8 脚塑料封装(DIP8)。功能特点：

1)电源电压降在 1.8V 左右仍能继续工作；

2) 交越失真、静态电流都很小；

3)可作为桥式或立体声功放应用；

4)通道分离度比较高；

5)开机和关机无冲击噪声；

6)软限幅。

(2)内部电路框图及管脚功能如图 7－1 所示，D2822 各引脚电路符号见表 7－1。

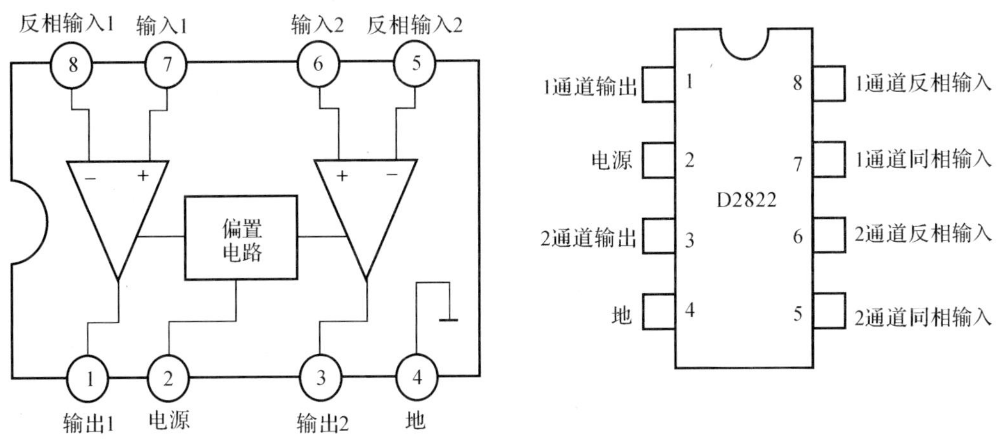

图 7－1 D2822 内部电路及各引脚功能

表 7－1 D2822 各引出脚功能符号

引出端序号	功 能	符 号	引出端序号	功 能	符 号
1	1 通道输出	1OUT	5	2 通道反相输入	2IN－
2	电 源	V_{cc}	6	2 通道同相输入	2IN＋
3	2 通道输出	2OUT	7	1 通道同相输入	1IN＋
4	地	GND	8	1 通道反相输入	1IN－

(3)测试原理图如图 7－2 所示。

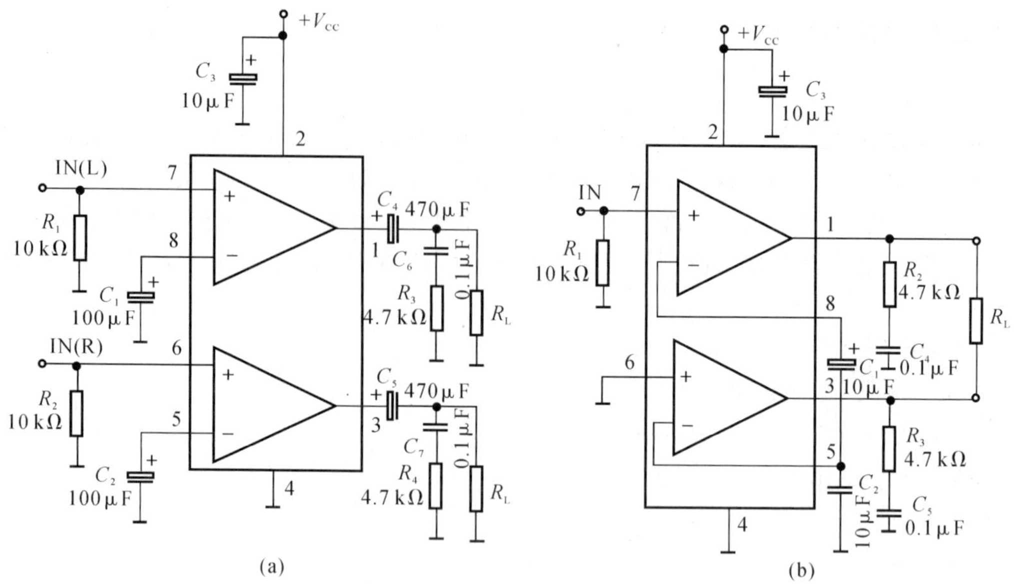

图 7-2　D2822 测试原理图

(a)立体声应用测试图；　(b)桥式应用测试图

(4)典型应用如图 7-3 所示。

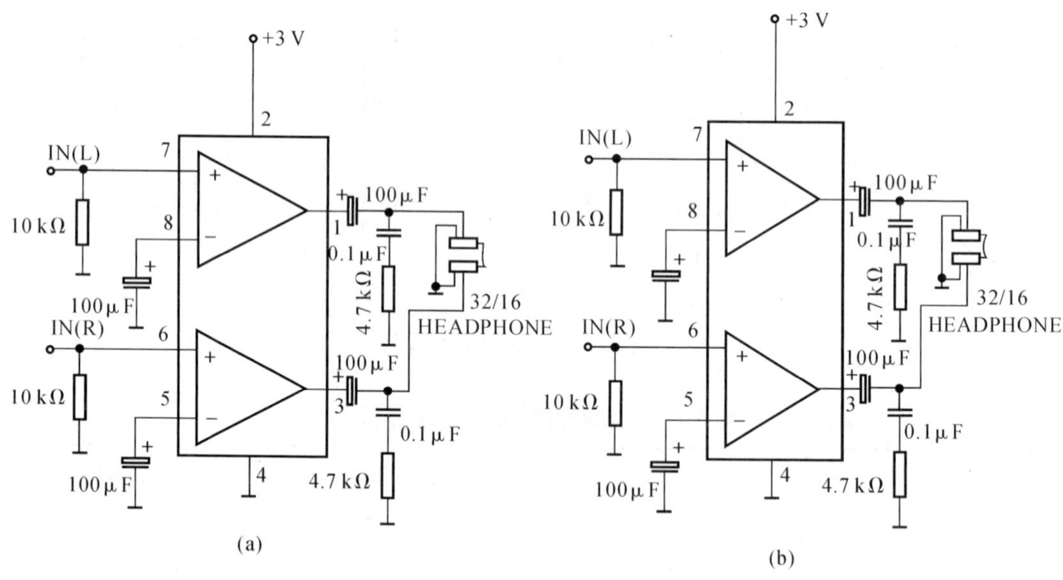

图 7-3　D2822 测试原理图

(a)便携式放音机中的典型应用；　(b)便携式放音机中的经济型应用

2. 电路的工作原理

音频信号经 L-IN,R-IN 输入,输入的音频信号经过电位器,电位器是可变电阻的一种,电位器由滑动部分和固定部分组成,改变滑动部分位置就可改变了电压大小,就可以调节音箱音量的大小了。然后在 *LC* 串联回路的作用下滤除其外来的干扰信号,由电容阻止交流信号通过,最主要部分是集成块 TDA2822 的作用,TDA2822 是音频功率放大器,是将输入进来的信号进行放大，电路原理图如图 7－4 所示，管脚 5，6，7，8 是输入端；管脚 1 是输出端，2 是接电源，管脚 3 和 1 也是输出端，管脚 4 接地。管脚 1，3 输出放大后的信号，经过 LC 回路滤除杂波，电容阻止交流通过，因为喇叭不能接收交流信号，否则会烧坏喇叭。电路原理图如图 7－4 所示。

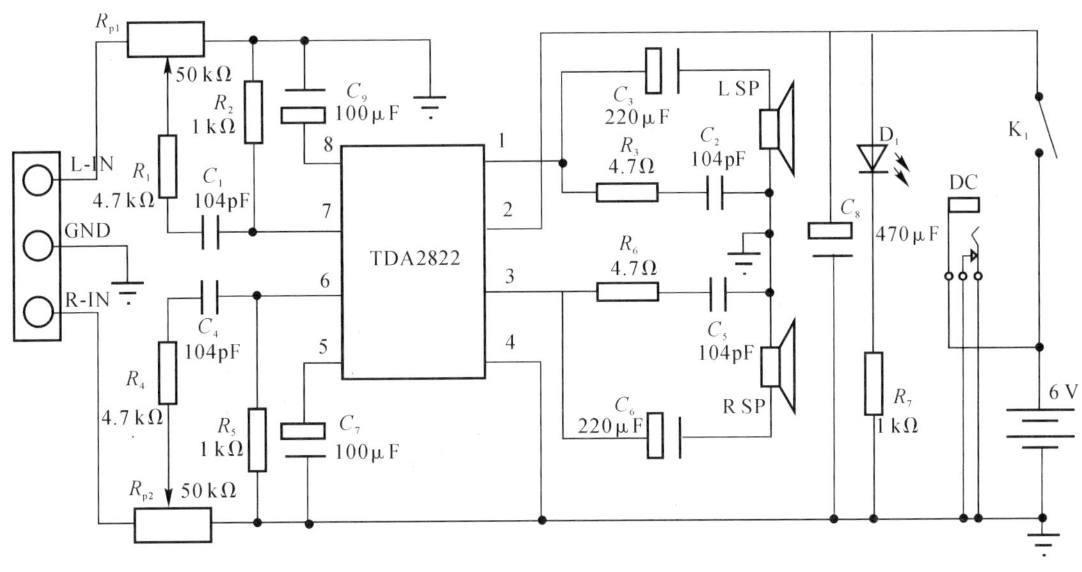

图 7－4　电路原理图

7.1.3　安装与调试

1. 对元器件的前期准备

在拿到套件后，首先检查一下元器件是否与表 7－2 给出的元器件清单相符，例如清单给出的电阻阻值与色标是否相同，电容、电解是否相符，还有各种元器件的数目是否相等。这些都是最基本的检查工作。检查完这后再用万用表检测各元器件的性能参数与技术与标准对照看是否完好。

表 7－2　元件清单

序　号	名　称	规　格	用　量	位　号
1	线路板	ADS－228	1 片	
2	集成电路	TDA2822	1 块	IC1
3	发光二极管	3MM 绿色	1 支	D1
4	电位器	B50K（双声道）	1 只	R_{p1}，R_{p2}
5	DC 插座	•	1 只	DC
6	开　关	SK22D03VG2	1 只	K1
7	电　阻	4.7Ω 4.7kΩ	各 2 支	R_3，R_6，R_4，R_1
8	电　阻	1kΩ	3 支	R_2，R_5，R_7

续表

序　号	名　称	规　格	用　量	位　号
9	瓷介电容	104pF	4 支	C_1,C_2,C_4,C_5
10	电解电容	100μF 220μF	各 2 支	C_7,C_9,C_3,C_6
11	电解电容	470μF/16V	1 支	C_8
12	立体插座		1 支	
13	喇　叭	5W 扬声器 4Ω	2 只	
14	电池片		1 套	
15	动作片		4 片	
16	排　线	1.0mm×90mm×2P	2 根	SP+,SP−
17	导　线	1.0mm×60mm	2 根	B+,B−
18	螺　丝	PA 2×6	10 粒	底壳,机板,动作片
19	螺　丝	PA 2×8	12 粒	喇叭座
20	说明书		1 份	
21	QC 贴纸		1 个	
22	胶　袋		1 个	
23	塑　胶		1 套	

2.PCB 电路板的焊接与安装

焊接是一项最重要的工序,为确保电路的导电性能良好能正常工作,在焊接时应注意以下几点。

(1)焊接时尽可以能掌握好焊接时间,能快则快,烙铁头应修整窄一些,这样焊接时不会碰到相邻的焊接点,焊接的时间一般不能超过 3s,尤其是集成芯片。

(2)元器件的装插焊接应遵循先小后大,先轻后重,先低后高,先里后外的原则,这样有利于装配顺利进行。

(3)在立式安装瓷介电容、电解电容及三极管等元件时,引线不能太长,否则会降低元器件的稳定性;但也不能过短,以免焊接时因过热损坏元器件。一般要求距离电路板面 2mm,并且要注意电解电容的正负极性,以免插错。

(4)集成芯片 D2822 在焊接时一定要看清缺口方向,和电路板上缺口方向要一致,要弄清引线脚的排列顺序,并与线路板上的焊盘引脚对准,核对无误后,先对角焊接 1,8 脚用于固定集成块,然后再重复检查,确认后再焊接其余脚位。焊接完后要检查有无虚焊,漏焊等现象,确保焊接质量。

(5)焊接完毕后,在接通电源前,先用万用表仔细检查各管脚间是否有短路,虚焊、漏焊现象。

焊接好的 PCB 电路板如图 7-5 所示。

图 7-5　PCB 焊接板电路图

7.1.4　故障排除与调试

(1)首先检查是否有错焊、漏焊、虚焊。

(2)加音频信号,如果喇叭无声。检查电源是否接通,指示灯是否亮着,开关是否虚焊。

(3)如果指示灯亮但喇叭无声,可以检查 D2822 是否接反,如果接入正常。用万用表测量 D2822 的输出端,正常情况下静态时 1,3 脚电压应该在电源电压的一半左右。

(4)用金属杆敲击 6,7 脚会有"沙沙"的声音也可以送入音频信号,这样可以检查喇叭是否有声。

(5)检查完成后,安装电池,把制作好的音箱外接线插在端口为 MP3 或其他音频设施上;把音箱开关推至 ON 可以听到 MP3 里播放的音乐,如果发现声音有异常,时断时续则重新打开外壳,仔细检查喇叭线有没有焊牢,并加以修正。修正好之后接上音乐信号源,试听音量和音调电路对音乐的调节效果。调节开关能够听到高提升和低音调的声音有明显的衰减,则调试成功。

7.2　晶体管外差式收音机

本节通过收音机的原理电路图,对一台调幅收音机进行安装、焊接和调试,通过电子产品的装配过程,掌握电子元器件的识别方法,培养实践技能。

7.2.1　组成及工作原理

超外差式收音机工作过程是输入信号和本机振荡信号产生一个固定中频信号的过程。如果把收音机收到的广播电台的高频信号,都变换为一个固定的中频载波频率(仅是载波频率发生改变,而其信号包络仍然和原高频信号包络一样),然后再对此固定的中频进行放大、检波,再加上低放级,功放级,就成了超外差式收音机。超外差接收机是目前收音机的主流产品,它具有灵敏度高,选择性好的特点;但是也存在一定的缺点,如抗干扰能力差。超外差式收音机一般由输入电路、变频器、中频放大电路、检波器、低频放大电路和功率放大器组成。如图 7-6 所示为它的原理框图及各级电路的输出波形。

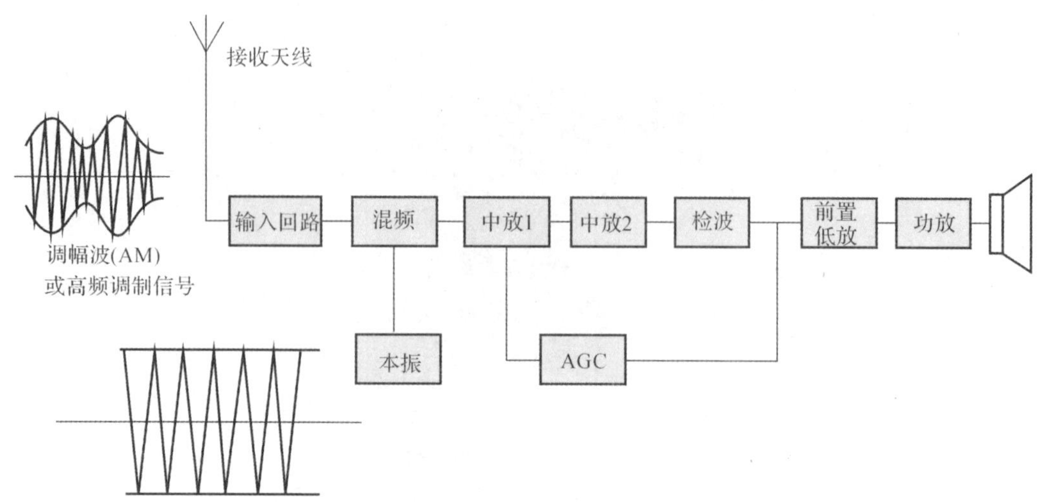

图 7-6　超外差式收音机原理框图

调幅收音机的电路原理图如图 7-7 所示。调幅信号感应到由 B_1,C_1 组成的天线调谐回路,调谐回路选出所需要频率的电信号(例如 f_1)进入三极管 V_1(9018H)的基极;本振信号(高出 f_1 一个中频,若 f_1=700kHz 则 f_2=700+465kHz=1 165kHz)由三极管 V_1 的发射极输入;调幅信号经三极管 V_1 进行变频后通过 B3 选取 465kHz 的中频信号,中频信号经三极管 V_2 和 V_3 二级中频放大后进入检波管三极管 V_4,由检波管 V_4 检出音频信号经三极管 V_5(9014) 前置低频放大,再由 V_6,V_7 组成功率放大器进行功率放大后,推动扬声器发声。

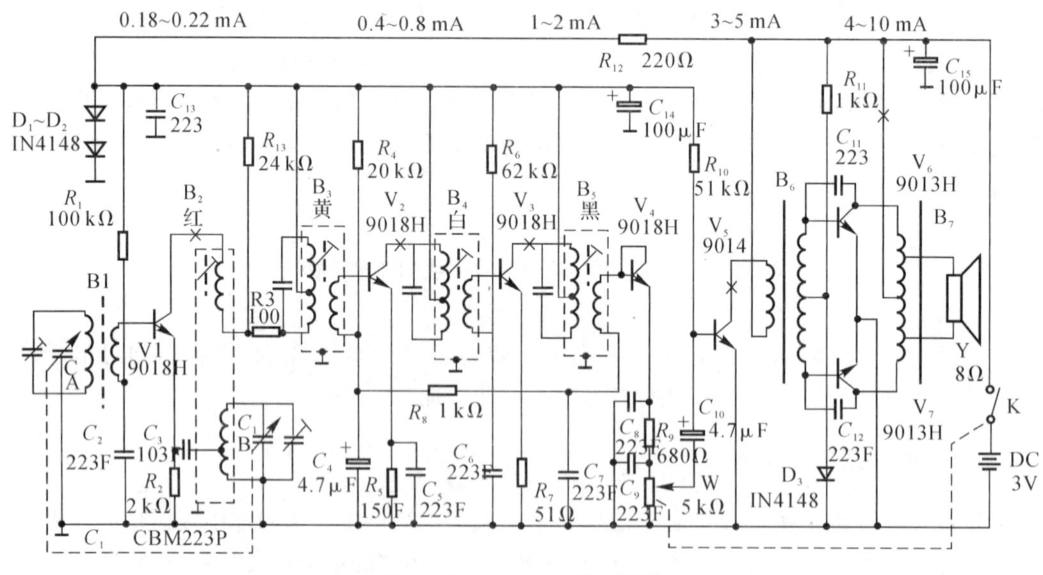

图 7-7　收音机电路原理图

图 7-7 中,D_1 和 D_2(IN4148)组成 1.3V±0.1V 稳压电路,以稳定变频,一中放、二中放、低放的基极电压,稳定各级工作电流,确保灵敏度。V_4(9018)三极管的 PN 结用作检波;R_1,R_4,R_6,R_{10} 分别为 V_1,V_2,V_3,V_5 的工作点调整电阻;R_{11} 为 V_6,V_7 功放级的工作点调整电阻;

R_8 为中放 AGC 电阻；B_3，B_4，B_5 为中周（内置谐振电容），既是放大器的交流负载又是中频选频器；B_6，B_7 为音频变压器，起交流负载及阻抗匹配的作用。该机的灵敏度、选择性等指标取决于中频放大器。

7.2.2　组装

安装印制板图如图 7－8 所示。

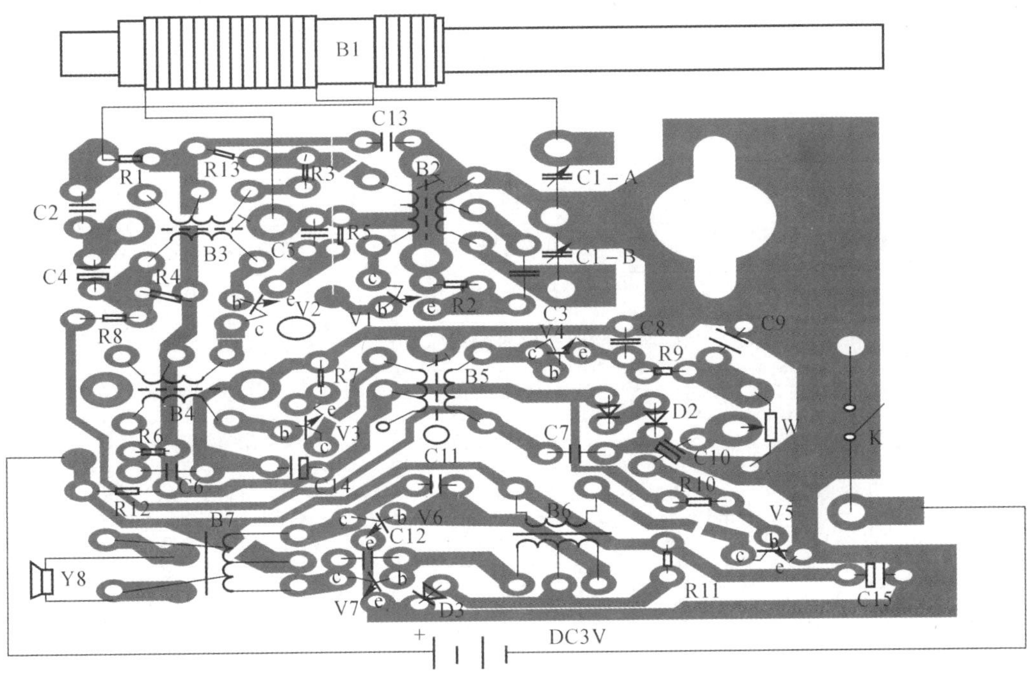

图 7－8　安装印制板图

1. 准备工作

（1）按元件清单清点零件，以防止有元器件丢失，然后将电容、电阻等分类放好。

（2）用万用表对元器件进行检测。其目的是保证焊接在电路板上的元器件都是性能良好的和加强元器件检测的训练。在检测之前，根据第 2 章的知识读出所测元器件的意义，包括标称阻值，精度、材料和类型。机械件和注塑件可以采用目测的方法判读其好坏。元器件清单见表 7－3。

表 7－3　材料清单

元器件位号目录				结构件清单		
位号	名称规格	位号	名称规格	序号	名称规格	数量
R_1	电阻 100kΩ	C_{11}	元片电容 0.022μF	1	前框	1
R_2	2kΩ	C_{12}	元片电容 0.022μF	2	后盖	1
R_3	100Ω	C_{13}	元片电容 0.022μF	3	周率板	1

续 表

元器件位号目录				结构件清单		
位号	名称规格	位号	名称规格	序号	名称规格	数量
R_4	20kΩ	C_{14}	电解电容 100μF	4	调谐盘	1
R_5	150Ω	C_{15}	电解电容 100μF	5	电位盘	1
R_6	62kΩ	B_1	磁棒 B5×13×55	6	磁棒支架	1
R_7	51Ω	T	天线线圈	7	印制板	1
R_8	1kΩ	B_2	振荡线圈(红)	8	正极片	2
R_9	680Ω	B_3	中周(黄)	9	负极簧	2
R_{10}	51kΩ	B_4	中周(白)	10	拎带	1
R_{11}	1kΩ	B_5	中周(黑)	11	调谐盘螺钉沉头 M2.5×4	1
R_{12}	220Ω	B_6	输入变压器(兰、绿)	12	双联螺钉 M2.5×5	2
R_{13}	100kΩ	B_7	输出变压器(黄、红)	13	机芯螺钉自攻 M2.5×5	1
W	电位器 5K	D_1	二极管 1N4148	14	电位器螺钉 M1.7×4	1
C_1	双联 CBM223P	D_2	二极管 1N4148	15	正极导线(9cm)	1
C_2	元片电容 0.022μF	D_3	二极管 1N4148	16	负极导线(10cm)	1
C_3	元片电容 0.01μF	V_1	三极管 9018H	17	扬声器导线(10cm)	2
C_4	电解电容 4.7μF	V_2	三极管 9018H			
C_5	元片电容 0.022μF	V_3	三极管 9018H			
C_6	元片电容 0.022μF	V_4	三极管 9018H			
C_7	元片电容 0.022μF	V_5	三极管 9014C			
C_8	元片电容 0.022μF	V_6	三极管 9013H			
C_9	元片电容 0.022μF	V_7	三极管 9013H			
C_{10}	电解电容 4.7μF	Y	2 1/2 扬声器 8Ω			

(3)检查印制电路板，主要检查印制板的印制导线、焊盘、焊孔等是否与装配图相符，有无短路、短路、缺孔等，印制板表面是否清洁，有无腐蚀现象。

2.元器件准备

将所有元器件引脚上的漆膜、氧化膜清除干净，然后根据印制电路板的元器件布局情况，选择元器件的插装方式，并将元器件引脚进行弯曲处理已达到方便焊接和插装的目的。按照图 7-3 所示的收音机 PCB 装配图，将元器件插装的印制电路板上，首先要保证元器件插装的准确性，电阻阻值不能弄混，有极性的元件区分正负以保证插装正确。元器件的焊接顺序具体为：先插装比较小的元器件，后插装大的元器件。焊接具体步骤：①电阻，二极管；②元片电容；③晶体三极管；④中周，输入输出变压器；⑤电位器，电解电容；⑥双联，天线线圈；⑦电池夹引线、喇叭引线。所有插装的元件尽量做到保持高度一致。

3. 组合件准备

(1)将电位器拔盘装在 K4－5K 电位器上，用 M1.7 ×4 螺钉固定

(2)将磁棒按图 7－9 所示套入天线线圈及磁棒支架。

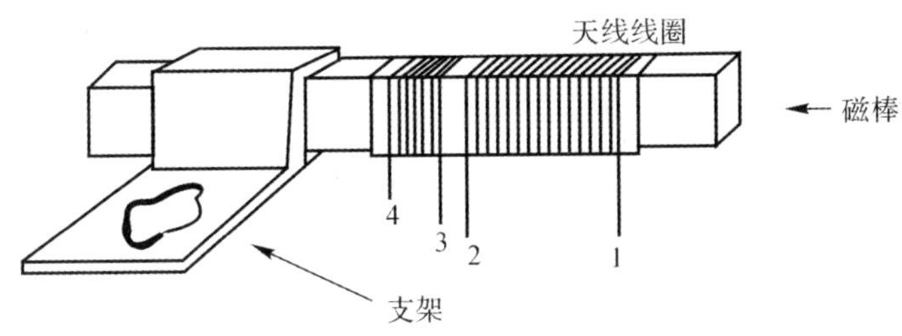

图 7－9　天线线圈与磁棒支架结构图

4. 焊接

对元件插装完成后就可以进行焊接，焊接时先不要将所有元件全部插装，这样如果焊接面元器件比较密集，会影响焊接质量和插装的检测。焊接时保证焊点适量，不能太多引起桥接，也不能太小影响整机的效果。

5. 组装

印制电路板上的元器件焊接后，可进行其他组件的安装。组装是焊接的最后一道工序，印制板外的所有部件和连线都要在组装中完成。

(1)将双联 CBM－223P 安装在印制电路板正面，将天线组合件上的支架入在印制电路板反面双联上，然后用 2 只 M2.5×5 螺钉固定，并将双联引脚超出电路板的部分弯脚后焊牢，并剪去多余部分。

(2)天线线圈的组装：

1)焊接于双联 CA－1 端。

2)焊接于双联中点地。

3)焊接于 V1 基极(b)。

4)焊接于 R_1，C_2 公共点。

(3)将电位器组合件焊接在电路板指定位置。

6. 焊接完成检查

焊接完成后，检查有没有虚焊点、漏焊点、桥接或者焊接错误。等待检测完成无误后装入电池，首先检测整机的电流是否正常，无论电流过大或过小都说明电路中可能存在异常。应及时检查然后再进行试听。

7.2.3　调试

1. 仪器设备

稳压电源(3V/200mA，或 2 节 5 号电池)、XFG－7 高频信号发生器、示波器、毫伏表 GB－9(或同类仪器)、圆环天线(调 AM 用)、无感应螺丝刀。

2. 仪器连接

框图如图 7－10 所示。

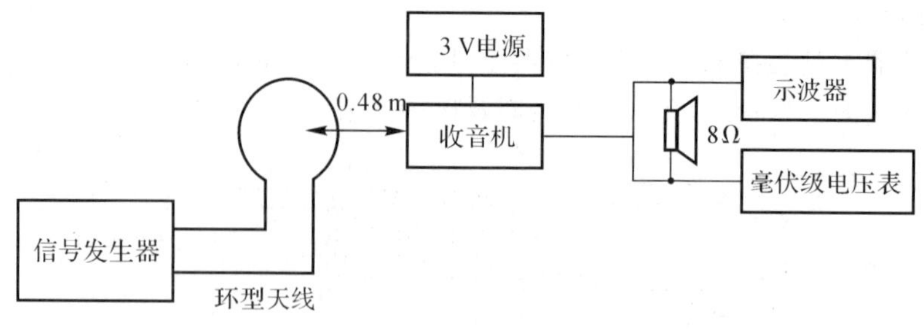

图 7-10　仪器连接图

3. 调试步骤

(1)在元器件装配焊接无误及机壳装配好后,将机器接通电源,应在 AM 能收到本地电台后,即可进行调试工作。

(2)中频调试。首先将双联旋至最低频率点,将信号发生器置于 465kHz 频率处,输出场强为 10mV/m,调制频率 1 000Hz,调幅度 30%,收到信号后,示波器有 1000Hz 波形,用无感应螺丝刀依次调节黑—白—黄 3 个中周,且反复调节,使其输出最大,465kHz 中频即调好。

(3)覆盖及统调调试:

1)将信号发生器置于 520kHz,输出场强为 5mV/m,调整频率 1 000Hz,调整度 30%,双联调至低端,用无感应螺丝刀调节红中周(振荡线圈)收到信号后,再将双联装旋到最高端,XFG-7信号发生器置 1 620kHz,调节双联振荡器微调 CA-2,收到信号后,再重复双联装至低端,调红中周,高低端反复调整,直至低端频率 520kHz 高端频率为 1 620kHz 为止。

2)统调:将信号发生器置于 600kHz,输出场强为 5mV/m 左右,调节收音机调谐旋钮,收到 600kHz 信号后,调节中波磁棒线圈位置,使输出最大,然后将信号发生器旋至 1 400kHz,调节收音机,直至收到 1400kHz 信号后,调双联微调电容 CA-1,使输出为最大,重复调节 600～1 400kHz统调点,直至两点均为最大为止。

(4)在中频,覆盖、统调结束后,机器即可收到高、中、低端电台,且频率与刻度基本相符。

在完成统调好机器后,放入 2 节 5 号电池进行试听,收听到高、中、低端都有台即可将后盖盖好,收音机的装配调整即告完成。

7.3　调频调幅收音机

调幅调频收音机电路主要由大规模集成电路 CXA1691M 组成。由于集成电路内部不便制作电感、电容和大电阻以及可调元件,故外围元件多以电感、电容和电阻及可调元件为主,组成各种控制、谐振、供电、滤波、耦合等电路。收音机通过调谐回路选出所需的电台,送到变频器与本机振荡电路送出的本振信号进行混频,然后选出差频作为中频输出(我国规定的 AM 中频为 465kHz,FM 中频为 10.7MHz),中频信号经过检波器检波后输出调制信号(低频信号),调制信号(低频信号)经低频放大、功率放大后获得足够的电流和电压,即功率,再推动喇叭发出响的声音。调频部分实现 88～108MHz 调频广播接收,调谐方式为手动步进调谐。本机外围电路元件较少,灵敏度高,质量稳定,适合自己动手焊接装配,以达到学习的目的。

7.3.1　产品技术指标

该机采用 CXA1691BM 调频/调幅全集成电路珍式收音机，本机灵敏度高，体积小巧，外观精致，便于携带。

1. 调幅技术指标

频率范围：525～1 605kHz。

中频频率：465kHz。

灵敏度：≤2mV/m，S/N，20dB。

扬声器：Φ57mm，8Ω。

输出功率：50mW。

电源：3V(2 节 5 号电池)。

2. 调频技术指标

频率范围：87.5～108MHz。

中频频率：10.7MHz。

灵敏度：≤10μV/m，S/N，30dB。

扬声器：Φ57mm，8Ω。

输出功率：50mW。

电源：3V(2 节 5 号电池)。

7.3.2　收音机工作原理

1. 工作框图

调幅调频收音机工作框图如图 7 - 11 所示。

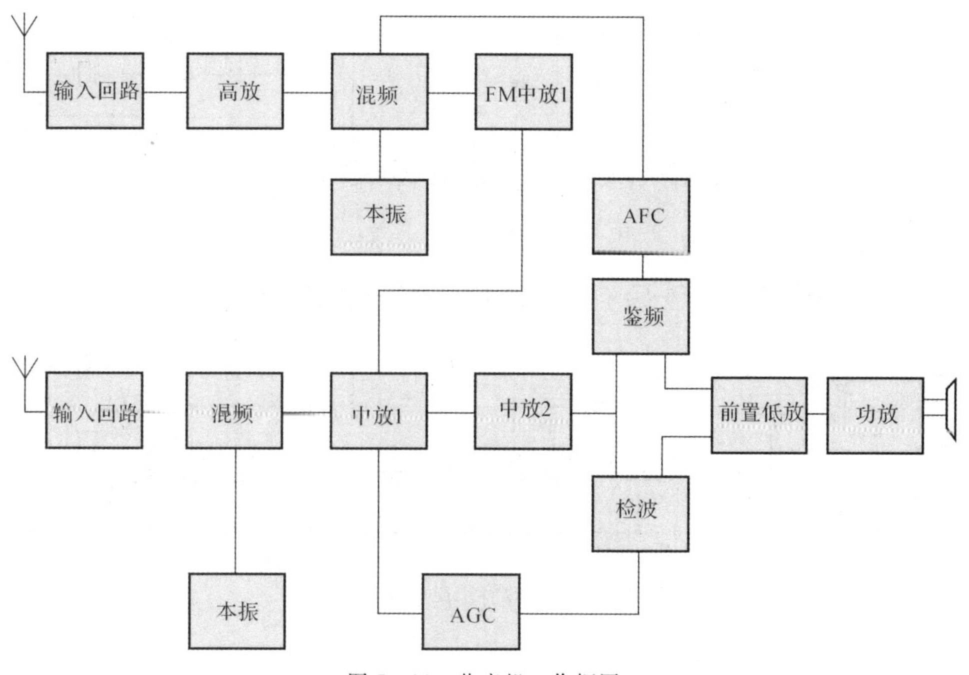

图 7 - 11　收音机工作框图

2. 工作原理

收音机电路原理图如图 7－12 所示。当调幅信号感应到 T_1 及 CA 组成的天线调谐回路，选出我们所需的电信号 F_1 从 IC 10 脚进入 IC(CXA1691BM)；本振电路由 T2，C16，CB 组成，振荡频率高出 F_1 频率一个中频的 F_2（F_1＋465kHz）例如，F1＝700kHz 则 F2＝(700＋465) kHz＝1 165kHz 的信号从 IC 的 5 脚输入 IC 内部与 F_1 的信号会合进行混频，混频后的中频信号从 IC 的 14 脚输出经中频变压器 T_3 选频再经 CF2、465kHz 中频滤波器选频，选频后的中频信号从 IC 的 16 脚输入内部进行中频放大、检波，检波后的音频信号从 IC 的 23 脚输出经 C_{14} 耦合从 24 脚输入 IC 内部进行低频功率放大，放大后的音频信号从 IC27 脚输出经 C_{18} 耦合电容推动扬声器或耳机。当拉杆天线感应到的调频信号经 C_2 电容耦合，从 IC 的 12 脚输入 IC 内部进行高频放大，由 L_2，C_3，C_E 组成的选频调谐回路，选出所需的高频电信号 F_3 从 IC 的 9 脚进入 IC(CXA1691BM)；本振电路由 L_3，C_4，C_D 组成，振荡频率高出 F_3 频率一个中频的 F_4（F_3＋10.7MHz）例如，F_3＝90MHz 则 F_4＝(90＋10.7)MHz＝100.7MHz 的信号从 IC 的 7 脚输入 IC 内部与 F_3 的信号会合进行混频，混频后的中频信号从 IC 的 14 脚输出经 R_4 再经 CF1、10.7MHz 中频滤波器选频，选频后的中频信号从 IC 的 17 脚输入内部进行中频放大、鉴频，鉴频后的音频信号从 IC 的 23 脚输出经 C_{14} 耦合从 24 脚输入 IC 内部进行低频功率放大，放大后的音频信号从 IC27 脚输出经 C_{18} 耦合电容推动扬声器或耳机。

CXA1691BM 集成电路的第四脚为该 IC 的直流电子音量控制脚，改变第四脚的电压可改变喇叭声音大小。CXA1691BM 引脚功能图如图 7－13 所示。

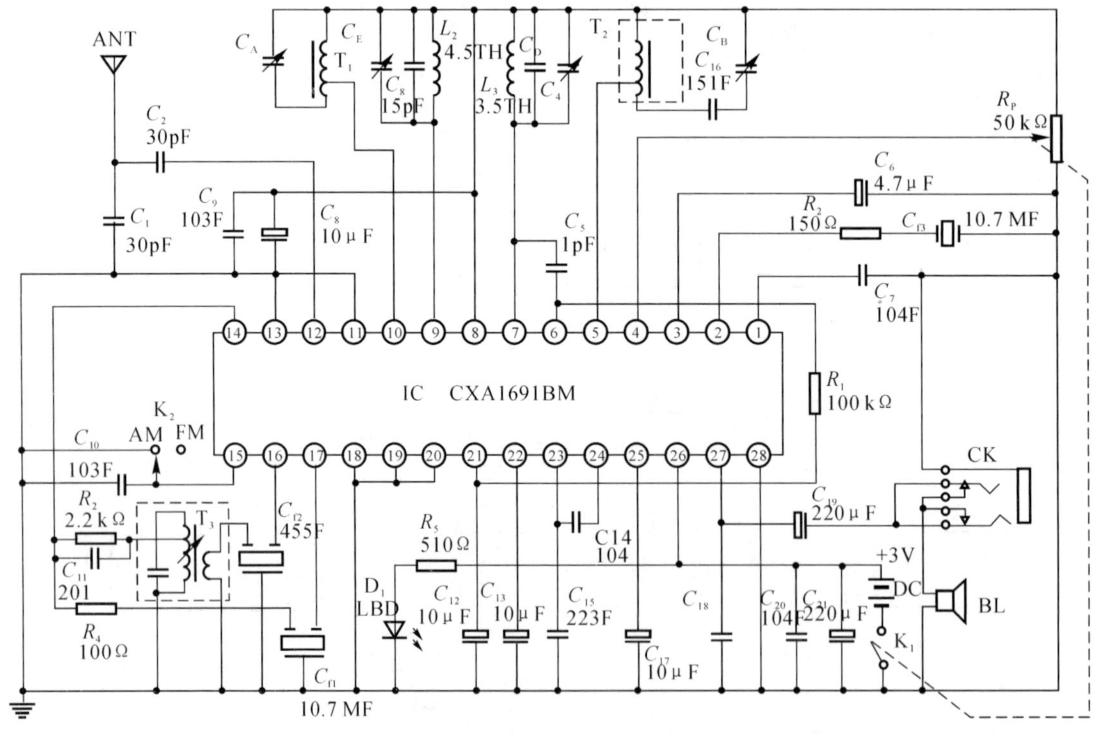

图 7－12 收音机电路原理图

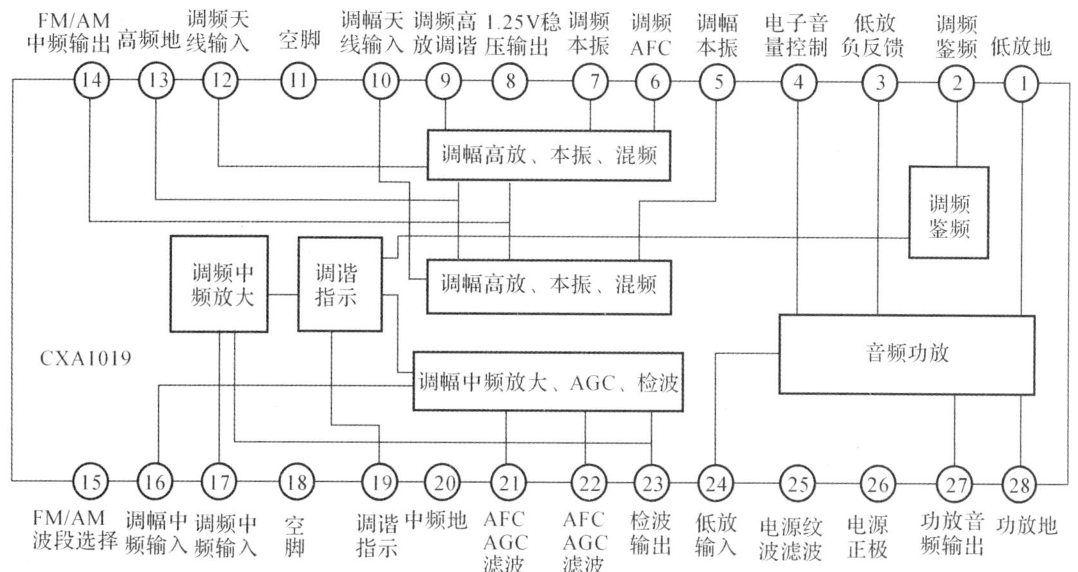

图7-13　CXA1691BM引脚功能图

7.3.3　焊接与装配

1.焊接装配前的准备工作

(1)仔细阅读电路原理图、元器件电路装配图、印制电路板图及整机总装图。

(2)按照清单核对元器件数量,进行简易的检测。处理引脚表面并镀锡。

(3)认清各种元器件及元器件代号,注意是电解电容有极性。

(4)用万用表粗略的测试器件,与说明书核对。

(5)准备好焊接装配工具、器材。

2.按照原理要求组装与焊接各器件

(1)焊接时按照先小再大,先低后高,最后再焊集成块的原则安装并焊接元器件,元件尽量贴近底板,对号入座,不得将元件插反。保证焊接质量。还要注意四联电容的轴上和电位器轴上要安装塑料拨盘,因此下面的焊点不能过高。

(2)由于元件CXA1691BM(注意引脚顺序,不要将引脚方向搞错)双排28引脚排列比较紧密,焊接使用尖烙铁进行快速焊接,如果焊一次不成功,应冷却后再进行焊接,以免烫坏集成块。(但要注意尽量一次性成功,因为一旦出错,焊完以后就难于拆下)

(3)焊接完成后,反复检查有无虚焊、假焊、错焊、短路拖锡造成的故障,如发现虚焊、假焊、错焊,短路拖锡造成的故障,需再次焊接解决故障。

(4)安装拉杆天线、耳机插孔、波段开关要注意与机壳的配合。

(5)安上电池,检查是否能够收到AM,FM(注意:要焊接上外接天线)广播,如果按收不到,再次检查电路有没有问题,在确定电路没有问题情况下,检查芯片各脚静态值,并与说明书参考值核对。

(6)焊接安装基本完成后,按照实验原理中超外差收音机的调整内容,调整可调点。AM(中波)的调整:将电台置于中波段,调整 L_1 和 T_1,从而高频部分的覆盖(配合调 C_a 顶端的微调)和中波振荡频率(配合调 C_b 顶端的微调),T_3 调中频频率。FM(调频波)的调整(一定要焊接天线),其中 L_2 和 L_3 分别调整高频部分的覆盖(配合调 C_c 顶端的微调)和振荡频率(配合调 C_d 顶端的微调),用无感起子拨动松紧度,T_2 用来调中频频率。(注意:T_1,T_2,T_3 只须微调一下即可)

(7)全面检查与试听。收音机装配焊接完成后,请检查元件有无装错位置,焊点有否脱焊、虚焊、漏焊。所焊元件有无短路或损坏。发现问题要及时修理,更正。如果检查都满足要求,即可进行收台试听。

7.3.4 调试

1.仪器设备

(1)稳压电源(3V/200mA,或 2 节 5 号电池)。

(2)AM/FM 高频信号发生器。

(3)示波器。

(4)毫伏表 GB-9(或同类仪器)。

(5)圆环天线(调 AM 用)。

(6)无感应螺丝刀。

(7)75Ω 天线(调 FM 用)。

2.仪器连接图

仪器连接图如图 7-14 所示。

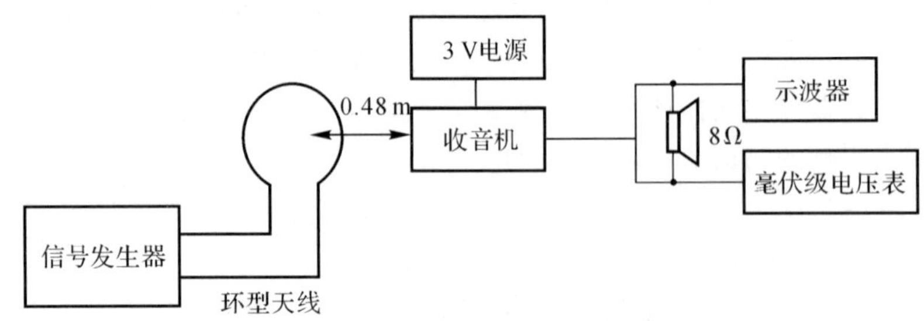

图 7-14 仪器连接图

图中 AM 用环形天线感应输入,FM 用 75Ω 天线直接从天线 TX 点输入。

3.调试

(1)低频调试。在元器件装配焊接无误及机壳装配好后,将机器接通电源,将 AM/FM 转开关拨到 AM 位置,AM 能收到本地电台后,即可进行调试工作

(2)中频调试(仪器连接图如图 7-14 所示)。首先将四联旋最低频率点,AM/FM 信号发生器置于 465kHz 频率处,输出场强为 10mV/m,调制频率 1 000Hz,调幅度 30%,收到信号后,示波器有 1 000Hz 波形,用无感应螺丝刀调节黄色中周,使其输出最大,465kHz 中频即调好。FM 中频用了 10.7MHz 中频滤波器及 10.7MHz 的鉴频器,FM 中频不用作调整。

(3)AM 覆盖及统调调试:

1)将信号发生器置于 520kHz,输出场强为 5mV/m,调制频率 1 000Hz,调制度 30% ,四联调至低端,用无感应螺丝刀调节红中周(振荡线圈),收到信号后,再将四联旋到最高端,信号

发生器置1 620kHz，调节四联振荡联微调 C_B，收到信号后，再重复四联旋至低端，调红中周，高低端反复调整，直至低端频率520kHz高端频率为1 620kHz为止。

2)统调：将信号发生器置于600kHz，输出场强为5mV/m左右，调节收音机调谐旋钮，收到600kHz信号后，调节中波磁棒线圈位置，使输出最大然后将信号发生器旋至1 400kHz，调节收音机，直至收到1 400kHz信号后，调四联微调电容 C_A，使输出为最大，重复调节600～1 400kHz统调点，直至二点均为最大为止。

(4)在中频，覆盖、统调结束后，机器即可收到高、中、低端电台，且频率与刻度基本相符。

(5)FM调试(仪器连接图如图7-14所示)。

(6)覆盖及统调调试：

1)将信号发生器置于87.5kHz，输出场强为10μV/m，调制频率1 000Hz，调制度22.5kΩ，四联调至低端，用无感应螺丝刀调节 L_3 振荡线圈的间距，收到信号后，再将四联旋到最高端，信号发生器置108.5kHz，调节四联振荡联微调CD，收到信号后，再重复四联旋至低端，调节 L_3 线圈的间距，高低端反复调整，直至低端频率87.5MHz高端频率为108.5MHz为止。

2)统调：将信号发生器置于90MHz，输出场强为5μV/m左右，调节收音机调谐旋钮，收到90MHz信号后，调节FM线圈L2的间距位置，使输出最大然后将信号发生器旋至106MHz，调节收音机，直至收到106MHz信号后，调四联微调电容 C_E，使输出为最大，重复调节90～106MHz统调点，直至二点均为最大为止。

(7)覆盖、统调结束后，机器即可收到高、中、低端电台，且频率与刻度基本相符。

4.后盖装配

在完成统调好机器后，放入2节5号电池进行试听，收听到高、中、低端都有台即可将后盖盖好，收音机的装配调整即告成完。

5.没有仪器情况下的调整方法

(1)调整中频频率：本套件所提供的中频变压器(中周)，出厂时都已调整在465kHz(一般调整范围在半圈左右)，因此调整工作较简单。打开收音机，随便找一个电台，用无感螺丝刀调整 T_3，调节到声音最响为止，由于自动增益控制作用，人耳对音响变化不易分辨的缘故，收听本地电台当声音调节到很响时，往往不易调准确，这时可以改收较弱的外地电台或者转动磁性天线方向以减小输入信号，再调到声音最响为止。FM中频用了10.7MHz中频滤波器及10.7MHz的鉴频器，FM中频不用做调整。

(2)调整频率范围(对刻度)。

AM波段的调整：①调低端：在550～700kHz范围内选一下电台。例如中央人民广播电台640kHz，参考调谐刻度盘指示在640kHz的位置，调整振荡周 T_2(红色)的磁芯，便收到这个电台声音较大。这样当四联全部旋进容量最大时的接收频率约在525～530kHz附近。低端刻度就对准了。②调高端：在1 400～1 600kHz范围内选一个已知频率的广播电台，例1 500kHz，再将调谐刻度盘指针指在刻度1 500kHz这个位置，调节振荡回路中四联顶部左上角的微调电容(CB、图7-12)，使这个电台在这位置声音最响。这样，当双联全旋出容量最小时，接收频率必定在1 620～1 640kHz附近，高端就对准了。以上①，②二步须反复2～3次，频率刻度才能调准。

(3)统调。将四联可调电容调到最低端收到一个电台，调整天线线圈在磁棒上的位置，使声音最响，以达到低端统调。将四联可调电容调到最高端收听到一个电台，调节天线输入回路中的微调电容使声音最响，以达到高端统调。为了检查是否统调好，可以采用电感量测试棒(铜\磁棒)来加以鉴别。

(4)测试方法。将收音机调到低端电台位置，用测试棒铜端靠近天线线圈(T_1)，如声音变大，则说明天线线圈电感量偏大，应将线圈向磁棒外侧稍移，用测试棒磁端靠近天线线圈，如果声音增大，则说明线圈电感量偏小，应增加电感量，即将线圈往磁棒中心稍加移动。用铜磁棒两端分别靠近天线线圈，如果收音机声音均变小，说明电感量正好，则电路已获得统调。

FM 波段的调整：

①调低端：在 88～92MHz 范围内选一个电台。例如华厦之声广播电台 91.8MHz，参考调谐刻度盘指针在 91.8MHz 的位置，调整振荡线圈 L_3 的间距，收到这个电台声音较大。这样当四联全部旋进容量最大时的接收频率约在 87～88MHz 附近。此时，低端刻度就对准了。②调高端：在 106～108MHz 范围内选一个已知频率的广播电台，例 107.5MHz，再将调谐刻度盘指针指在刻度 107.5MHz 这个位置，调节振荡回路中四联顶部右上角的微调电容 CD，使这个电台在这位置声音最响。这样，当四联全旋出容量最小时，接收频率必定在 108～108.5MHz 附近，高端刻度就对准了。以上①，②二步需反复 2～3 次，频率刻度才能调准。③统调：将四联可调电容调到最低端收到一个电台，调整 L2 线圈的间距，使声音最响，以达到低端统调。④测试方法。将四联可调电容调到最高端收听到一个电台，调节输入回路中的微调电容 C_E 使声音最响，以达到高端统调。反复 2～3 次，使高低端声音最大噪声最小才算调准。

7.3.5 检测与故障排除

1.检测前提

安装正确、元器件无差错、无假焊、无错焊及塔焊。

2.检查要领

一般由后级向前检测，先检查低功放级，再看中放和变频级。

3.检测修理方法

(1)整机静态总电流测量。本机静态总电流≤10mA，将电音量关到最小时，若大于10mA，则该机出现短路或局部短路，无电流则电源没接上。

(2)工作电压测量总电压 3V，CXA1191 个脚静态电压见表 7-4。

表 7-4 CXA1191M 各脚静态电压参考值

脚 位	FM 电压/V	AM 电压/V	脚 位	FM 电压/V	AM 电压/V
1	0	0	15	0.84	0
2	2.18	2.7	16	0	0
3	1.5	1.5	17	0.34	0
4	1.25	1.25	18	0	0
5	1.25	1.25	19	1.6	1.6
6	1.25		20	0	0
7	1.25	1.25	21	1.25	1.49

续表

脚　位	FM 电压/V	AM 电压/V	脚　位	FM 电压/V	AM 电压/V
8	1.25	1.25	22	1.25	1.25
9	1.25	1.25	23	1.25	1.0
10	1.25	1.25	24	1.0	0
11		0	25	2.71	2.71
12	0.3	0	26	3.0	3.0
13			27	1.5	1.5
14	0.36	0.2	28	0	0

(3)整机无声的检测。

检查点：

1)检查电源有无加上。

2)检查 IC 各脚电压，参照附表。

3) 用万用表×1 挡测查喇叭，应有 8Ω 左右的电阻，表棒接触喇叭引出接头时应有“喀喀”声，若无阻值或无“喀喀”声，说明喇叭已坏，测量时应将喇叭取下，不可连机测量。

4)音量电位器未打开。

用 MF47 型万用表检查故障的方法如下：用万用表 Ω×1 黑表棒接地，红表棒从后级往前寻找，对照原理图，从喇叭开始顺着信号传播方向逐级往前碰触，喇叭应发出“喀喀”声。当碰触到哪级无声时，则故障就在该级，可用测量工作点是否正常，并检查各元器件有无接错、焊错、搭焊、虚焊等。若在整机上无法查出该元件好坏，则可拆下检查。

7.4　MF47 型万用表

7.4.1　MF47 型万用表的简介

MF47 型万用表采用高灵敏度的磁电系整流式表头，其造型大方，设计紧凑，结构牢固，携带方便，零部件均选用优良材料及工艺处理，具有良好的电气性能和机械强度。其特点为：测量机构采用高灵敏度表头，性能稳定；线路部分保证可靠、耐磨、维修方便；测量机构采用硅二极管保护，保证过载时不损坏表头，并且线路设有 0.5A 保险丝以防止误用时烧坏电路；设计上考虑了湿度和频率补偿；低电阻挡选用 2 号干电池，容量大、寿命长；配有晶体管静态直流放大系数检测装置；表盘标度尺刻度线与挡位开关旋钮指示盘均为红、绿、黑 3 色，分别按交流红色，晶体管绿色，其余黑色对应制成，共有 7 条专用刻度线，刻度分开，便于读数；配有反光铝膜，消除视差，提高了读数精度。除交直流 2 500V 和直流 5A 分别有单独的插座外，其余只须转动一个选择开关，使用方便；装有提把，不仅便于携带，而且可在必要时作倾斜支撑，便于读数。

7.4.2 MF47 型万用表的结构

MF47 型万用表是一种多量程的便携式仪器，具有 26 个基本量程和电平、电容、电感、晶体管直流参数等 7 个附加参考量程，是一种量限多、分挡细、灵敏度高、体型轻巧、性能稳定、过载保护可靠、读数清晰、使用方便的新型万用表。该万用表可分为模拟式万用表和数字式万用表两种。万用表的结构主要由表头、转换开关(又称选择开关)、测量线路等三部分组成。

(1)表头采用高灵敏度的磁电式机构，是测量的显示装置。万用表的表头实际上是一个灵敏电流计。表头上的表盘印有多种符号、刻度线和数值。符号 A－V－Ω 表示这只电表是可以测量电流、电压和电阻的多用表。表盘上印有多条刻度线，其中右端标有"Ω"的是电阻刻度线，其右端为零，左端为∞，刻度值分布是不均匀的。符号"－"或"DC"表示直流，"～"或"AC"表示交流，"～"表示交流和直流共用的刻度线。刻度线下的几行数字是与选择开关的不同挡位相对应的刻度值。另外表盘上还有一些表示表头参数的符号，如 DC 20kΩ/V，AC 9kΩ/V 等。表头上还设有机械零位调整旋钮(螺钉)，用以校正指针在左端指零位。

(2)转换开关用来选择被测电量的种类和量程(或倍率)。一般的万用表测量项目包括："mA"：直流电流，"V"：直流电压，"V ～"：交流电压，"Ω"：电阻。每个测量项目又划分为几个不同的量程(或倍率)以供选择。

(3)测量线路将不同性质和大小的被测电量转换为表头所能接受的直流电流。当转换开关拨到直流电流挡，可分别与 5 个接触点接通，用于 500mA，50mA，5mA，0.5mA 和 50μA 量程的直流电流测量。同样，当转换开关拨到欧姆挡，可用×1，×10，×100，×1kΩ，×10kΩ 倍率分别测量电阻。当转换开关拨到直流电压挡，可用于 0.25V，1V，2.5V，10V，50V，250V，500V 和 1 000V 量程的直流电压测量。当转换开关拨到交流电压挡，可用于 10V，50V，250V，500V，1 000V 量程的交流电压测量。

表笔分为红、黑 2 支。使用时应将红色表笔插入标有"＋"号的插孔中，黑色表笔插入标有"－"号的插孔中。另外，MF47 型万用表还提供 2 500V 交直流电压扩大插孔以及 5A 的直流电流扩大插孔。使用时分别将红、黑表笔移至对应插孔中即可。

7.4.3 指针式万用表的工作原理

MF－47 万用表的工作原理图如图 7－15 所示。图中"－"为黑表棒插孔，"＋"为红表棒插孔。测电压和电流时，外部有电流通入表头，因此不须内接电池。

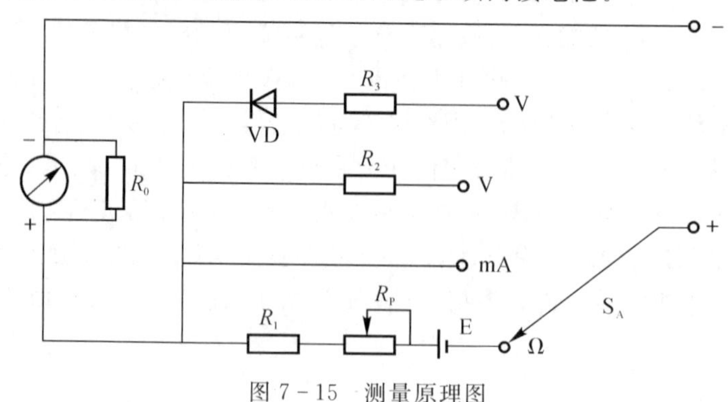

图 7－15 测量原理图

当把挡位开关旋钮 S_A 打到交流电压挡时，通过二极管 VD 整流，电阻 R_3 限流，由表头显示出来。

当打到直流电压挡时不需二极管整流，仅需电阻 R_2 限流，表头即可显示；打到直流电挡时既不需二极管整流，也不需电阻 R_2 限流，表头即可显示。

测电阻时将转换开关 SA 拨到"Ω"挡，这时外部没有电流通入，因此必须使用内部电池作为电源，设外接的被测电阻为 R_x，表内的总电阻为 R，形成的电流为 I，由 R_x、电池 E、可调电位器 R_P、固定电阻 R_1 和表头部分组成闭合电路，形成的电流 I 使表头的指针偏转。

红表棒与电池的负极相连，通过电池的正极与电位器 R_P 及固定电阻 R_1 相连，经过表头接到黑表棒与被测电阻 R_x 形成回路产生电流使表头显示。

MF47 型万用表电路原理如图 7－16 所示，其中显示表头是一个直流 μA 表，电位器 WH2 用于调节表头回路中的电流大小，D_3，D_4 两个二极管反向并联后再与电容并联，用于钳位表头两端电压，以保护表头，使表头不至于过压、过流而损坏。

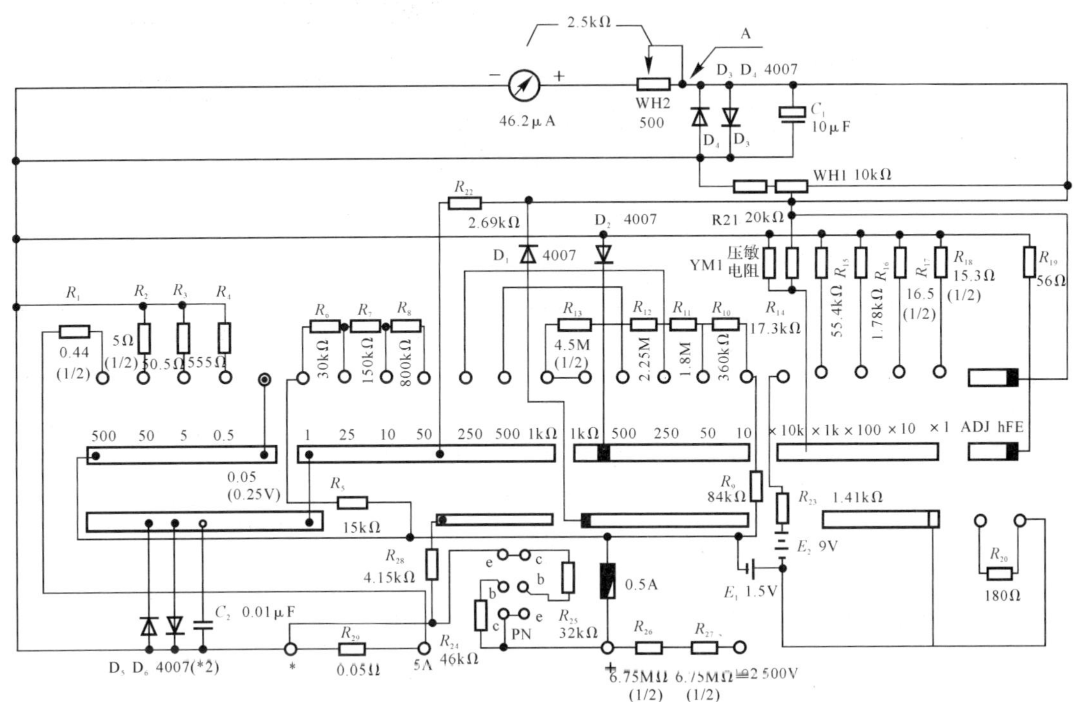

图 7－16　MF47 型万用表电路原理

MF47 万用表电阻挡的工作原理，如图 7－17 所示。电阻挡分为×1Ω，×10Ω，×100Ω，×1kΩ，×10kΩ，5 个量程。例如将挡位开关旋钮打到×1Ω 时，外接被测电阻通过" COM"端与公共显示部分相连；通过"＋"经过 0.5A 熔断器接到电池，再经过电刷旋钮与 R18 相连，WH1 为电阻挡公用调零电位器，最后与公共显示部分形成回路，使表头偏转，测出阻值的大小。

7.4.4　MF47 型万用表的焊接

1. 电路板焊接

(1)在焊接前，应该检查所有的元件清单，元器件清单见表 7－5，清点完后请将材料放回塑料袋，弄清各元件的名称、外形、大小、极性及了解它们的安装方法。

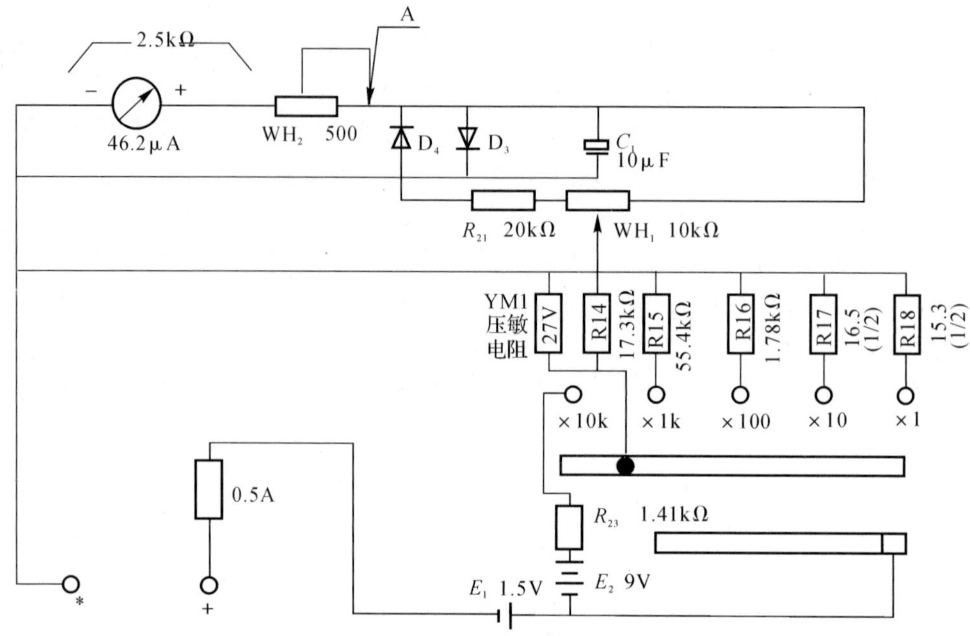

图 7-17 MF47 万用表电阻挡工作原理

表 7-5 元件清单

序 号	名 称	型号规格	位 号	数 量	序 号	名 称	型号规格	位 号	数 量
1	电阻器	0.44Ω	R_1	1	16	电阻器	1.78kΩ	R_{16}	1
2	电阻器	5Ω	R_2	1	17	电阻器	165Ω	R_{17}	1
3	电阻器	50.5Ω	R_3	1	18	电阻器	15.3Ω	R_{18}	1
4	电阻器	555Ω	R_4	1	19	电阻器	6.5Ω	R_{19}	1
5	电阻器	15kΩ	R_5	1	20	电阻器	4.15kΩ	R_{20}	1
6	电阻器	30kΩ	R_6	1	21	电阻器	20kΩ	R_{21}	1
7	电阻器	150kΩ	R_7	1	22	电阻器	2.69kΩ	R_{22}	1
8	电阻器	800kΩ	R_8	1	23	电阻器	141kΩ	R_{23}	1
9	电阻器	84kΩ	R_9	1	24	电阻器	20kΩ	R_{24}	1
10	电阻器	360kΩ	R_{10}	1	25	电阻器	20kΩ	R_{25}	1
11	电阻器	1.8MΩ	R_{11}	1	26	电阻器	6.75kΩ	R_{26}	1
12	电阻器	2.25MΩ	R_{12}	1	27	电阻器	6.75MΩ	R_{27}	1
13	电阻器	4.5MΩ	R_{13}	1	28	电阻器	0.025Ω	R_{28}	1
14	电阻器	17.3kΩ	R_{14}	1	29	电位器	10kΩ	WH_1	1
15	电阻器	55.4kΩ	R_{15}	1	30	输入插管			4

续表

序　号	名　称	型号规格	位　号	数　量	序　号	名　称	型号规格	位　号	数　量
31	可调电阻	0～500Ω		1	40	螺钉	M3×12		2
32	电容	10μf/16V	C_1		41	电池夹			4
33	连接线			4	42	V型电刷			1
34	短连接线			1	43	晶体管插座			6
35	线路板			1	44	二极管	1007	D_1/D_2	2
36	面板			1	45	表棒			2
37	后盖			1	46	二极管	4007	D_3/D_4	2
38	电位器旋钮			1	47	保险丝夹			2
39	晶体管插座			1	48				

(2)首先在万用表的外包装泡沫壳上写出所用电阻的阻值,然后取出29个普通电阻,根据电阻上的色环来读出每个电阻的阻值,将读出来的电阻插到对应的29个电阻的位置上,完成后,用数字万用表分别检测每个电阻的阻值,看是否有电阻读错。测量所有电容、电解电容是否有漏电,测量二极管是否损坏。

(3)将V形电刷和后盖等零件放入工具箱中,取出MF47线路板放在工作台上。

(4)给电烙铁加热,并在烙铁加热的过程中将焊锡丝送到烙铁头上,在烙铁头上镀锡。如果烙铁头上挂有很多的锡,可在烙铁架中带水的海绵上抹去多余的锡。然后放在烙铁架上。

2. 万用表的安装过程

(1)按照实验原理图将电阻器准确装入规定位置。要求标记向上,字母一致。尽量使电阻器的高低一致。为了保证焊接的整齐美观,焊接时应将线路板板架在焊接木架上焊接,两边架空的高度要一致,元件插好后,要调整位置,使它与桌面相接触,保证每个元件焊接高度一致。焊接时,电阻不能离开线路板太远,也不能紧贴线路板焊接,以免影响电阻的散热。

(2)根据装配图固定4个支架,晶体管插座、保险丝夹、零欧姆调节电位器和蜂鸣器。

(3)焊接转换开关上交流电压挡和直流电压挡的公共连线,各挡位对应的电阻元件及其对外连线,最后焊接电池架的连线。至此,所有的焊接工作已完成。

(4)电刷的安装。应首先将挡位开关旋钮打到交流250V挡位上,将电刷旋钮安装卡转向朝上,V形电刷有一个缺口,应该放在左下角,因为电路板的3条电刷轨道中间的2条间隙较小,外侧2条较大,与电刷相对应。当缺口在左下角时电刷接触点上面有2个相距较远,下面2个相距较近,一定不能放错。电刷四周都要卡入电刷安装槽,用手轻轻按下,即可安装成功。

(5)核对组装后的万用表电路,底板装进表盒,装上转换开关旋钮。准备调试与检测。

3. MF47型万用表的调试过程

首先查看自己组装的万用表的指针是否对准零刻度线,如果没有对准,则进行机械调零。然后装入一节1.5V的2号电池和一节9V的电池。

(1) 挡位开关旋钮打到BUZZ音频挡,在万用表的正面插入表笔,然后将它们短接,听是否有鸣叫的声音。如果没有,则说明安装的蜂鸣器线路有问题。

(2) 挡位开关旋钮打到欧姆挡的各个量程,分别将表笔短接,然后调节电位器旋扭,观察指针是否能够指到零刻度线。

(3) 挡位开关旋钮打到直流电压 2.5V 挡,用表笔测量一节 1.5V 的电池,在表盘上观察指针的偏转是否正确。

(4) 挡位开关旋钮打到直流电压 10V 挡,用表笔测量一节 9V 的电池,在表盘上观察指针的偏转是否正确。

(5) 挡位开关旋钮打到交流电压 250V 挡,用表笔测量插座上的交流电压。

(6) 挡位开关旋钮打到×10kΩ 挡,测量一个 6.75MΩ 的电阻。

(7)依次检测其他欧姆挡位。

如果有标准的万用表,则可以将测量的值进行比较,各挡检测符合要求后,即可投入使用。

7.4.5 万用电表的检测与故障排除

万用表套件中所提供的各种零部件都是预先经过标准化设计的。安装完成的万用表只要正确装配,不少零件,不漏焊虚焊焊点,通常不需要逐挡检测,其测量精度即可达到一般指针式万用表的各种技术指标。但是在业余情况下检测万用表的好坏是每一个电子爱好者完成装配后的第一心愿。现在介绍在没有专业仪器的情况下,几个基本挡位的检测方法。

在检测自装万用表前,需准备电流/电压源和用于对比检测的标准表。

1. 检测用的电流/电压源

可以使用成品 MF47 型万用表替代。将挡位旋钮拨至电阻挡,此时表笔插口输出的电流大约为 R×1Ω 挡(100mA),R×10Ω 挡(10mA),R×100Ω 挡(1mA),R×1k 挡(0.1mA)。输出的直流电压大约为 R×1Ω(1.5V)。如果能找到专用的电压/电流源,可以逐个检测所有量程的挡位。

用于检测对比的标准表。可以用同型号指针表,检测时标准表与被测表放在相同挡位进行对比测量。也可以使用精度较高的数字表,检测时两只表应选择功能相同,量程相近的挡位进行对比测量。

(1)电流挡的检测:

1)检测电路如图 7-18 所示串联连接。

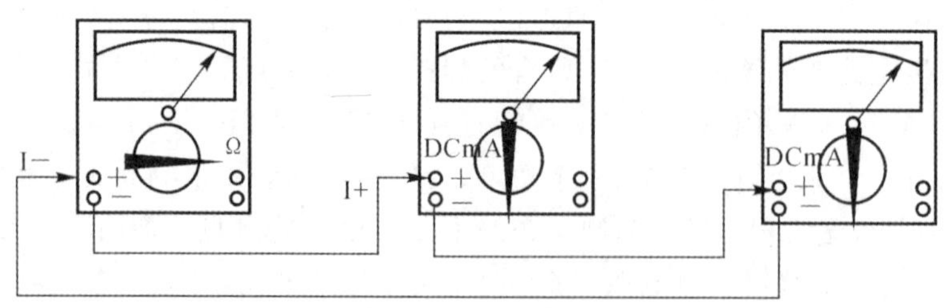

图 7-18 电流挡检测图

2)将表 1 的挡位旋钮拨在电阻挡上,使其输出相应的电流。

3)将标准表和被测表的挡位旋钮拨至相同的电流挡位置,如两只表显示值相同,则被测表与标准表同样准确。

(2)直流电压挡的检测:

1)将电池、标准表和被测表并联连接,如图 7-19 所示。

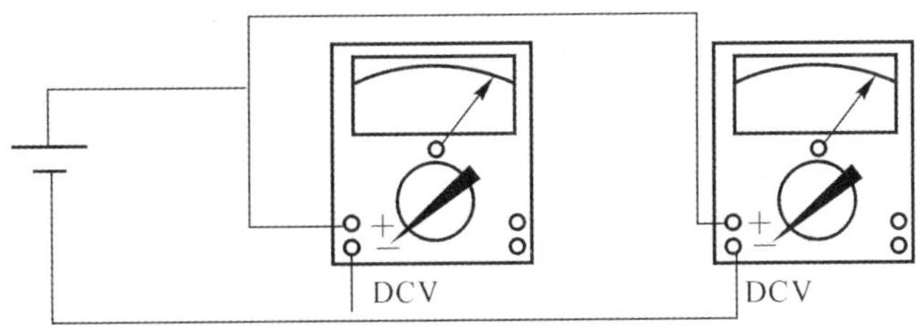

图 7-19　所示直流电压检测图

2)将标准表和被测表的挡位旋钮分别旋至相同的直流电压挡,如两只表显示值相同,则被测表与标准表同样准确。

(3)交流电压挡的检测:将标准表和被测表的挡位旋钮分别拨在交流 250V 或 500V 挡,分别测试市电 220V,如两只表显示值相同,则被测表与标准表同样准确。

(4)直流电阻挡的检测:

1)准备一些普通电阻,阻值尽可能靠近被测表的中心值。如 47 型中心值为 16.5,就可分别选用 16Ω($R\times1$ 挡用),160Ω($R\times10$ 挡用),1.6k($R\times100$ 挡用),16k($R\times1$k 挡用),160k($R\times10$k 挡用)。

2)将电池装入万用表,按照 $R\times1$ 挡→$R\times10$ 挡→$R\times100$ 挡→$R\times1$k 挡→$R\times10$k 挡的顺序逐挡测量。用标准表和被测表分别测量同样阻值的电阻,如两只表显示值相同,则被测表与标准表同样准确。

2. 万用表常见故障的排除

(1)测量所有挡位,表针都没有反应。

1)检查表棒和保险丝是否完好。

2)表内零件或接线漏装错装,电刷与线路板接触不良。

3)表头损坏。

(2)电压、电流挡测量正常,电阻挡不能测量。

1)表内电池没有装或者没电。

2)电池和电池夹接触不良。

3)电池夹上的连接线没连好。

(3)使用直流电压/电流挡时,测量极性正确,但表头指针反向偏转,检查表头上红黑线是否接反。

(4)使用电阻挡时,表头指针反向偏转, 检查电池极性是否装反。

(5)电压或电流的测量值偏差很大。

1)电路板上的零件错装、漏装、虚焊。

2)相关电阻损坏。

(6)电阻挡测量值偏差很大:线路板上的 15.3Ω 或 165Ω 电阻烧坏。

(7)表头指针不能准确停留在左边零位。用一字螺丝刀调整表头一体化面板上的机械调零。一般情况下都可以将指针细调至准确的位置。如果指针偏差较大,调整机械调零,仍然调整不到零位,可以用镊子拨动表头一体化面板后部的焊片进行粗调后,再用机械调零进行微调。

7.5 DT830D 数字万用表

7.5.1 数字万用表简介

数字万用表是采用集成电路模/数转换器和液晶显示器,将被测量的数值直接以数字形式显示出来的一种电子测量仪表。

1. 数字万用表的组成

数字万用表是在直流数字电压表的基础上扩展而成的。为了能测量交流电压、电流、电阻、电容、二极管正向压降、晶体管放大系数等电量,必须增加相应的转换器,将被测电量转换成直流电压信号,再由 A/D 转换器转换成数字量,并以数字形式显示出来。它由功能转换器、A/D 转换器、LCD 显示器、电源和功能/量程转换开关等构成。

常用的数字万用表显示数字位数有三位半、四位半和五位半之分。对应的数字显示最大值分别为 1 999,19 999 和 199 999,并由此构成不同型号的数字万用表。

2. 数字万用表的面板

(1)液晶显示器。显示位数为四位,最大显示数为±1 99 9,若超过此数值,则显示 1 或 -1。

(2)量程开关。用来转换测量种类和量程。

(3)电源开关。开关拨至“ON”时,表内电源接通,可以正常工作;“OFF”时则关闭电源。

(4)输入插座。黑表笔始终插在“COM”孔内。红表笔可以根据测量种类和测量范围分别插入“V · Ω ”“mA”“10A”插孔中。

3. DT830B 数字万用表的电路原理图

电路原理图如图 7 - 20 所示。

4. ICL7106 集成电路介绍

ICL7106 是目前广泛应用的一种 $3\frac{1}{2}$位 A/D 转换器,能构成 $3\frac{1}{2}$位液晶显示的数字电压表。集成电路 ICL7106 如图 7 - 21 所示。

(1)ICL7106 的性能特点如下:

1)采用+7~+15V 单电源供电,可选 9V 叠层电池,有助于实现仪表的小型化。低功耗(约 16mW),一节 9V 叠层电池能连续工作 200 小时或间断使用半年左右。

2)输入阻抗高(1010Ω)。内设时钟电路、+2.8V 基准电压源、异或门输出电路,能直接驱动 $3\frac{1}{2}$位 LCD 显示器。

3)属于双积分式 A/D 转换器,A/D 转换准确度达±0.05%,转换速率通常选 2~5 次/s。具有自动调零、自动判定极性等功能。通过对芯片的功能检查,可迅速判定其质量好坏。

4)外围电路简单,仅须配 5 只电阻、5 只电容和 LCD 显示器,即可构成一块 DVM。其抗干扰能力强,可靠性高。

5)工作温度范围是 0~+70℃,但受 LCD 限制,仪表环境温度一般为 0~+40℃,相对湿度不超过 80%。

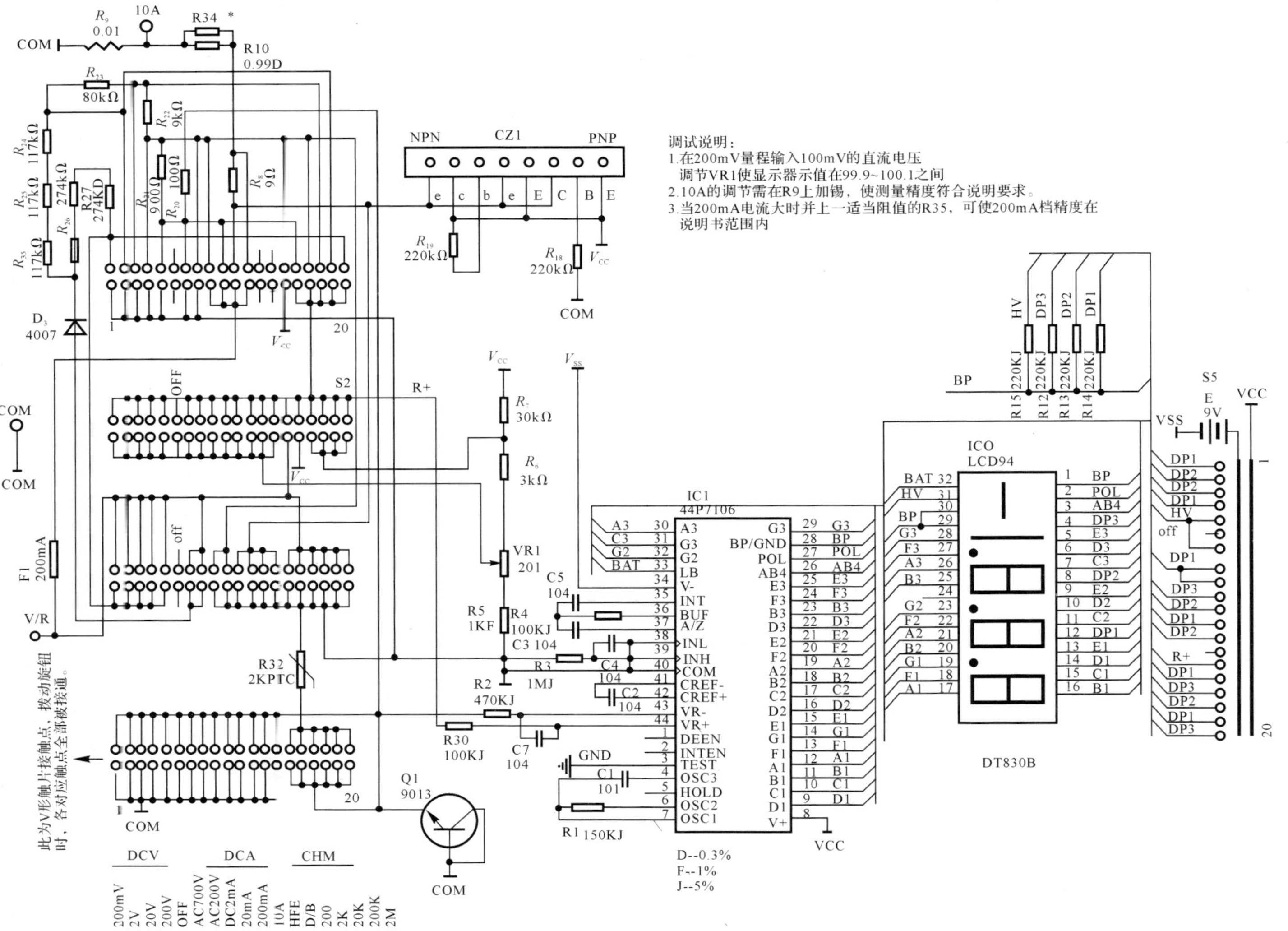

图7-20　DT830B原理图

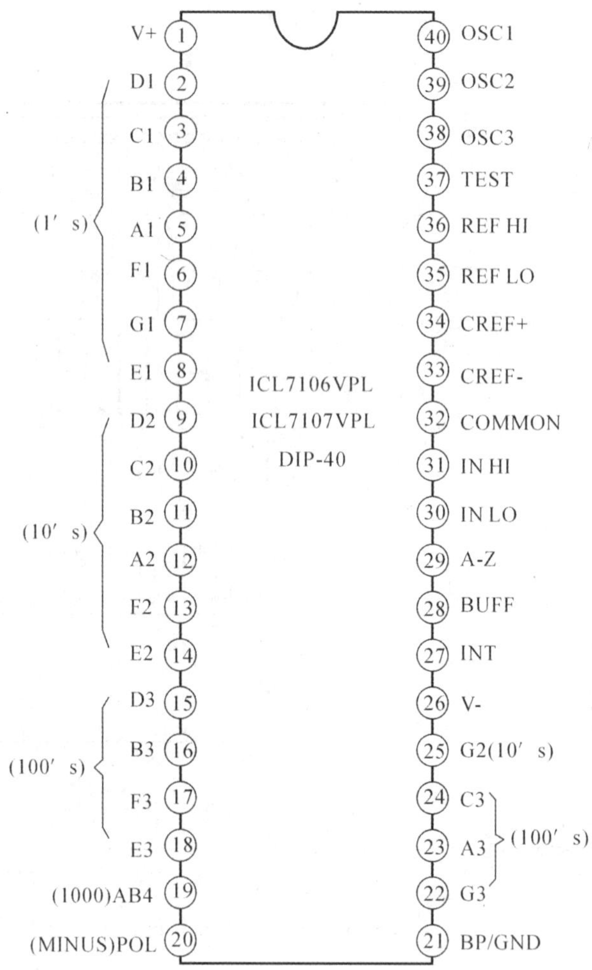

图 7-21　ICL7106 集成电路

(2) ICL7106 的引脚功能：

ICL7106 采用 DIP-40 封装，引脚排列如图 7-21 所示。U_+，U_- 分别接 9V 电源(E)的正、负极。COM 为模拟信号的公共端，简称模拟地，使用时应与 IN－，U_{REF}－端短接。TEST 是测试端，该端经内部 500Ω 电阻接数字电路的公共端(GND)，因二者呈等电位，故亦称做数字地。该端有两个功能：①作测试指示，将它接 U_+ 时 LCD 显示全部笔段 1888、可检查显示器有无笔段残缺现象；②作为数字地供外部驱动器使用，来构成小数点及标志符的显示电路。$a_1 \sim g_1$，$a_2 \sim g_2$，$a_3 \sim g_3$，bc4 分别为个位、十位、百位、千位的笔段驱动端，接至 LCD 的相应笔段电极。千位 b，c 段在 LCD 内部连通。当计数值 $N > 1999$ 时显示器溢出，仅千位显示“1”，其余位消隐，以此表示仪表超量程(过载溢出)。POL 为负极性指示的驱动端。BP 为 LCD 背面公共电极的驱动端，简称“背电极”。OSC1～OSC3 为时钟振荡器引出端，外接阻容元件可构成两级反相式阻容振荡器 U_{REF+}，U_{REF-} 分别为基准电压的正、负端，利用片内 U_+ 和－COM 之间的＋2.8V 基准电压源进行分压后，可提供所需 U_{REF} 值，亦可选外基准。C_{REF+}，C_{REF+} 是外接基准电容端。IN＋，IN－为模拟电压的正、负输入端。CAZ 端接自动调零电容。BUF 是缓冲放大器输出端，接积分电阻 R_{INT}。INT 为积分器输出端，按积分电容 CINT。需要说明，

ICL7106 的数字地(GND)并未引出,但可将测试端(TEST)视为数字地,该端电位近似等于电源电压的一半。

工作原理简介:DT830B 数字万用表以大规模集成电路 7106 为核心,其原理框图如图 7-22所示,输入的电压或电流信号经过一个开关选择器转换成 0～199.9mV 的直流电压。例如输入信号 100VDC,就用 1000∶1 的分压器获得 100.0mVDC;输入信号 100VAC,首先整流为 100VDC,然后再分压成 100.0mVDC。电流测量则通过选择不同阻值的分流电阻获得。采用比例法测量电阻,方法是利用一个内部电压源加在一个已知电阻值的系列电阻和串联在一起的被测电阻上。被测电阻上的电压与已知电阻上的电压的比值,与被测电阻值成正比。

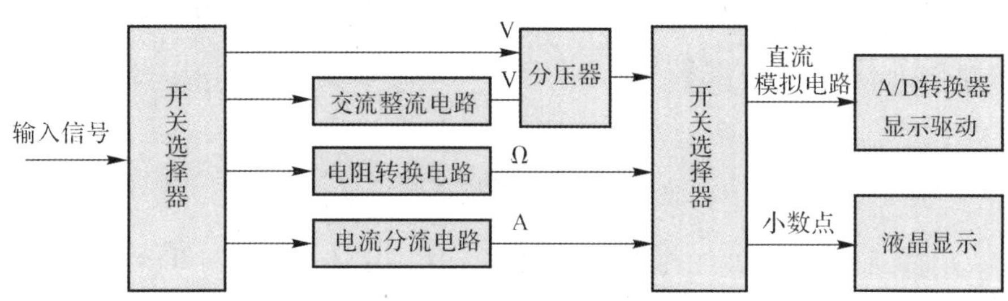

图 7-22　DT830B 数字万用表的原理框图

7.5.2　数字万用表的装配流程

数字万用表的整机装配图如图 7-23 所示。

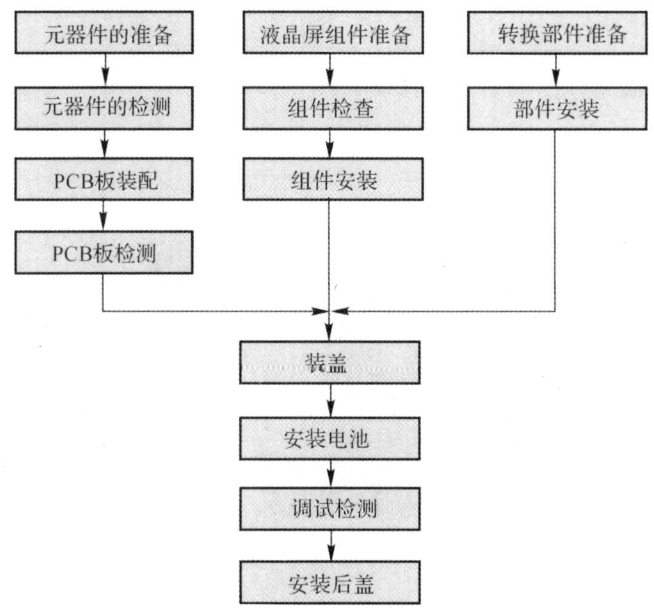

图 7-23　DT830B 数字万用表的整机装配流程图

1. 安装步骤

1)首先取出套件中所有元件,按照元器件清单进行核实(见表 7-7),检查元件有没有缺失,然后对其中的元件进行分类。

2)对二极管、电阻、电容、集成电路用万用表一一检测,确认所有的元件准备无误后再进行安装。

3)印制板是双面板,如图 7-24 所示,左图是焊接面,中间圆形印制铜导线是万用表的功能、量程转换开关电路,如果被划伤或有污迹,对整机的性能会影响很大,必须小心加以保护。

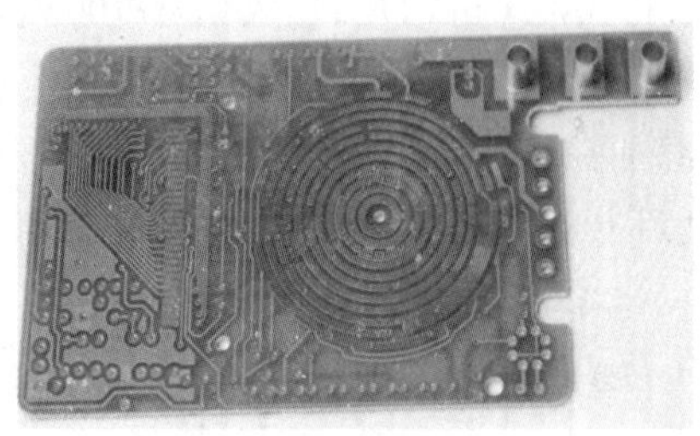

焊接

插装面

图 7-24　印刷版双面图

4)安装元件。将“DT830B 元件清单”上所有元件顺序插焊到印制电路板相应的位置上。安装步骤:

5)安装电阻、电容、二极管等。安装电阻、电容、二极管时,如果安装孔距>8mm,可进行卧式安装,如果孔距<5mm,应进行立式安装。

6)一般额定功率在 0.25W 以下的电阻可贴板安装,立装电阻和电容元件与 PCB 板的距离一般为 0～3mm。

7)安装电位器、三极管插座。三极管插座装在焊接面,而且应使定位凸点与外壳对准、在插装面焊接。

8)安装保险座、插座、R_0、弹簧。焊接时,注意焊接时间要足够但不能太长。安装完成图如图 7-25 所示。

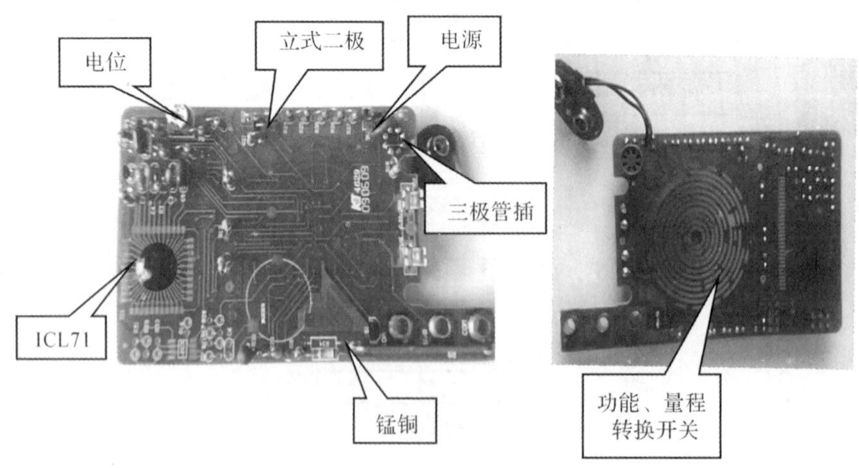

图 7-25　印制板完成图

2. *液晶屏的安装*

面壳平面向下置于桌面,从旋钮圆孔两边垫高 5mm 左右。

将液晶屏放入面壳窗口内,白面向上,方向标记在右方。平面向下,用镊子把导电胶条放入支架两横槽中，注意保持导电胶条的清洁。

3. 旋钮安装方法

V 形簧片装到旋钮上，共 6 个。装完簧片把旋钮翻面，将两个小弹簧蘸少许凡士林放入旋钮两个孔，在把两小钢珠放在表壳合适的位置上。将装好弹簧的旋钮按正确方向放入表壳。

4. 固定印制板

将印制板对准位置装入表壳（注意：安装螺钉之后再装保险管），并用 3 个螺钉紧固。

装上保险管和电池，转动旋钮，液晶屏应正确显示。

5. 总装

(1)安装转换开关/前盖。

(2)将弹簧/滚珠依次装入转换开关两侧的孔里，防止滚珠掉落丢失。

(3)将转换开关用左手托起。

(4)右手拿前盖板对准孔位。

(5)将转换开关贴放到前盖相应位置。

(6)左手按住转换开关，双手翻转使面板向下，将装好的印制板组件对准前盖位置，装入机壳，注意对准螺孔和转换开关轴定位孔。

(7)安装两个螺钉，固定转换开关，务必拧紧。

(8)安装保险管(0.2A)。

(9)安装电池。

(10)贴屏蔽膜 。将屏蔽膜上的保护纸揭去，露出不干胶面，贴到后盖内。

7.5.3　调试及故障检测

1. 调试

数字万用表的功能和性能指标由集成电路的指标和合理选择外围元器件保证，只要安装无误，仅作简单调整即可达到设计指标。

调整方法 1：

在装后盖前将转换开关置于 200mV 电压挡，插入表笔，测量集成电路 35，36 引脚之间的电压（具体操作时可将表笔接到电阻 R_{16} 和 R_{26} 引线上测量），调节表内的电位器 V_{R1}，使表显示 100mV 即可。

调整方法 2：

在装后盖前将转换开关置于 2V 电压挡，此时用待调整表和另一个数字表（已校准）测量同一电压值（例如测量一节电池的电压），调节表内电位器 VR1 使两表显示一致即可。盖上后盖，安装后盖上的两个螺钉。至此安装全部完毕。

2. 故障检测

仔细检查拨盘旋钮转动是否灵活，挡位是否清晰，元器件是否有漏焊、错焊、虚焊等现象，检查液晶屏是否显示正常。经初步检查无误后，装入保险管，装上后盖。进行下一步调试。

首先进行正常显示测试。不要连接表笔，转动拨盘，查看各挡的显示读数是否与功能测试检查表一致。功能测试检查表见表 7-6。

表 7-6　功能测试检查表

功能量程		显示数字	功能量程		显示数字
DCV	200mV	00.0	hFE	三极管	000
	2000mV	000	Diode	二极管	1BBB
	20V	0.00	OHM	200Ω	1BB.B
	200V	00.0		2000Ω	1BBB
	1000V	000		20kΩ	1B.BB
DCA	200μA	00.0		200kΩ	1BB.B
	2000μA	000		2000kΩ	1BBB
	20mA	0.00			
	200mA	00.0			
	10A	0.00			

如果仪表各挡位显示与上表不符，请确认以下事项：

1）检查电池电量是否充足，连接是否可靠。

2）检查各电阻、电容的值是否符合原理图要求。

3）检查线路板的铜线是否有割断现象。

4）检查线路板焊接是否有短路、虚焊、漏焊。

5）检查滑动片是否与电路板接触良好。

6）检查液晶屏、导电条、电路板三者是否接触良好。

如果显示一致，可以进行校准调试。只需一台标准表和一块 9V 电池即可，将组装完成的 DT830B 数字万用表和标准表均置于 DCV 20V 挡位，先用标准表测量电池的电压并记录测量值。再用 DT830B 测量该电池，调节可调电阻，使其读数与标准表的测量值相同即可，其他量程的精度由元件保证。

2. 元件清单

元件清单见表 7-7。

表 7-7　DT830B 数字万用表元件清单

序　号	名　称	符　号	规　格	数　量
1	电　阻	R_{10}	0.99Ω—0.5%	1 只
2	电　阻	R_8	9Ω—0.3%	1 只
3	电　阻	R_{20}	100Ω—0.3%	1 只
4	电　阻	R_{21}	900Ω—0.3%	1 只
5	电　阻	R_{22}	9kΩ—0.3%	1 只
6	电　阻	R_{23}	90kΩ—0.3%	1 只
7	电　阻	R_{24}，R_{25}，R_{35}	117kΩ—0.3%	3 只

续表

序　号	名　称	符　号	规　格	数　量
8	电　阻	R_{26},R_{27}	274kΩ—0.3%	2 只
9	电　阻	R_5	1kΩ—5%	1 只
10	电　阻	R_6	3kΩ—1%	1 只
11	电　阻	R_7	30kΩ—2%	1 只
12	电　阻	R_{30},R_4	100kΩ—5%	2 只
13	电　阻	R_1	150kΩ—5%	1 只
14	电　阻	R_{18},R_{19},R_{12},R_{13},R_{14},R_{15}	220kΩ—5%	6 只
15	电　阻	R_2	470kΩ—5%	1 只
16	电　阻	R_3	1MΩ—5%	1 只
17	电　阻	R_{32}	1.5～2kΩ	1 只
18	瓷片电容	C_1	100pF	1 只
19	金属化电容	C_2,C_3,C_4,C_5	100nF	4 只
20	电解电容	C_7	100nF	1 只
21	二极管	D_3	1N4007	1 只
22	三极管	Q_1	9013	1 只
23	底　壳			1 个
24	面　壳			1 个
25	液晶片			1 片
26	液晶片支架	圆 8P		1 个
27	旋　钮			1 个
28	屏蔽纸			1 张
29	功能面板			1 个
30	保险管、座			1 套
31	HFE 座			1 个
32	V 形触片	2 触点		6 片
33	9V 电池			1 个
34	电池扣			1 个
35	导电胶条	32.5mm×3mm×5.8mm		1 条
36	滚　珠			2 个
37	定位弹簧			2 个
38	接地弹簧			1 个

续 表

序　号	名　称	符　号	规　格	数　量
39	螺钉(固定线路板)	PA2.3＊6		3个
40	电位器	VR_1		1个
41	锰铜丝	0.01Ω		1个
42	电源线	65mm		1个
43	表　笔			1付
44	说明书			1本
45	电路图及注意要点			1张

7.6　电视机装配

7.6.1　电路工作原理

参照电视机电路原理图(见图7-26),说明电视机的工作原理。

1.公共通道电路(元器件以2开头)

主要元器件以1366为核心组成,由高频头送出的中频信号经2C1(1 000pF)耦合到预放管9014的b极,9014及外围元件为典型的分压式偏置放大电路。正常工作时,9014的c极的电压应在8V左右(6～10V),经9014放大的信号经由2C3(1 000pF)耦合至声表面滤波器2LB1,滤波后加至1366的8脚与9脚之间,中放和检波均在1366内部完成。1366的7脚应有12V左右的电压,10脚应该有7.2V左右的电压,此电压为内部中放的工作电压。6脚输出3V左右的电压,以控制高频头内部的高放增益。3脚直流电压大约为3V,3脚输出的视频信号分别送到视放、伴音和同步分离电路。

2.公共通道电路(元器件以3开头)

1366的3脚送出的视频信号经由2C15(47pF)耦合后,经过3LB1滤波将伴音信号送到1353的12脚,12V电压经过3R2(150Ω)加至1353的5脚(8V)做鉴频电路的工作电压。1脚和2脚之间外接47pF电容和3LB2完成鉴频功能。伴音信号由1353的8脚输出,经过3C11(100μF)耦合至喇叭。14脚外接音量电位器,取12V电压以控制音量大小。

3.视放电路(元器件以4开头)

1366的3脚送出的信号经由S1线经4R3(150Ω)加至视放管4BG1(5551)的b极进行放大。升压电路送来的电压(100V左右)经8.2K电阻加至4BG1的c极,4W1(1kΩ)可调节4BG1中e极对地负反馈电阻的总值来改变放大倍数以调节对比度。4W1(470kΩ)通过调节显像管阴极电位以改变亮度,4BG1的c极送出的信号由0.47μF和4.7K耦合至显像管的阴极。IN4007,1K电阻和4.7μF/160V电容组成消亮点电路。4R4和4C2有稳定4BG1工作点的作用。灯丝电压由12V经过4R13(6.8Ω)限流提供。

4.同步分离电路(元器件以5开头)

同步分离电路以5BG1(A1015)为核心,5BG1为PNP型三极管,b极分压电阻为5R4

(47kΩ)和 5R3(330kΩ),5R3 阻值大,使 5BG1 工作于截止区的边缘。视放信号由 5R6(33Ω)和 5C3(4.7μF)经 5R1(270Ω)电阻,加至 5BG1 的 b 极,每当同步头到来期间(同步头为负脉冲),5BG1 导通,这样在 5BG1 的 c 极可得到分离出的同步信号,5BG1 的 c 极应有 12V 的工作电压。由 5C1(3 300pF),5C2(3 300pF),5R2(10kΩ)和 5R5(10kΩ)组成的积分电路取出场同步信号;由 6R1(1.2kΩ),6C1(3 300pF)和 6C2(3 300pF)组成的微分电路取出行同步信号。

5. 场扫描电路(元器件以 7 开头)

场扫描电路以 1031 为核心元件,电源 12V 电压加至 1031 的 2 脚和 10 脚,由 5C1,5C2,5R5 和 5R2 取出的场同步信号加至 1031 的 5 脚,用于控制 1031 的内部振荡,使得内部振荡与场同步信号同步。5 脚和 6 脚之间外接 7C5(1μF)是场鉴频的定时电容,要求温度性能要好。7 脚通过 7C4(47μF)外接 7W2 和 7W3 可分别调节场幅和场线性,7W1 可调节场同步范围。场扫描信号由 1031 的 1 脚经由 7C9(2 200μF)耦合送至场扫描线圈。7C10(10μF)和 7BG1 取出的场扫描信号加至视放管 4BG1 的 e 极消除回扫线。

6. 鉴相、行振荡级输出扫描电路(元器件以 6 开头)

6BG1,6BG2,6R2 和 6R3 组成鉴相电路。由同步分离电路送来的行同步信号经 6R1,6C1 加至 6BG1 和 6BG2 的正极端。行输出管 6BG6 的 c 极的行振荡脉冲信号由 6C5 和 6R5 加至鉴相器。鉴相器送出的比较信号由 6R8 加至振荡管 6BG4 的 b 极以控制行频。行消隐信号由 6R4 加至视放管的 e 极。行振荡电路由 6BG4,6C9,6C10,6R10 和行振荡线圈组成,振荡状态为脉冲振荡形式。行振荡信号经由行推动管组成的放大电路放大后,通过 6B1(行推动变压器)加至行输出管 6BG6 的 b 极。6C14 和 6BG8 为升压电路,6BG7 和 6C18 为逆程二极管和逆程电容,耐压要求高。高压包送出的高压加至显像管。6R13,6BG3,4R7 和 6C7 对逆程脉冲检波产生 100V 直流电压。行扫描信号经由 8C17、行线性电感加至行扫描线圈。

7. 电源电路(元器件以 8 开头)

8BG1 和 8BG2 组成全波整流电路。8C1 和 8C2 可减少浪涌电流对 8BG1 和 8BG2 的冲击。8C3 为电压滤波主电容,整流滤波后的电压由 8R2 加至伴音功放。8BG3 和 8BG4 组成复合调整管,8BG5 为取样管,8BG6 为稳压管,8W1 可调整输出电压。稳压电路为典型的串联式稳压电路,其输出点必须在 12V 左右可调。

7.6.2　组装电视机

(1)首先严格按照电视机电路原理图 7-26、印制板图 7-27、元器件清单表 7-8 对所有的电子元器件、导线及其他原件认真清点,清点完成后,对所有元器件分类。

(2)对所有原件用万用表检测。

(3)焊接时的装配原则:由小到大、由低到高、由内到外,易损在后。根据焊接的基本原则进行焊接。

(4)对于集成电路注意集成电路引脚顺序,防止装错,最好选择集成电路管座,给调试带来方便。

(5)对于大功率管提前安装散热片,装配 1/2 电阻选择悬空卧焊。

(6)电解电容,一定按照正负极正确安装,如果安装错误会有爆炸危险。

(7)装配顺序:1/4W 小电阻→小电容→电容→三极管→连线。

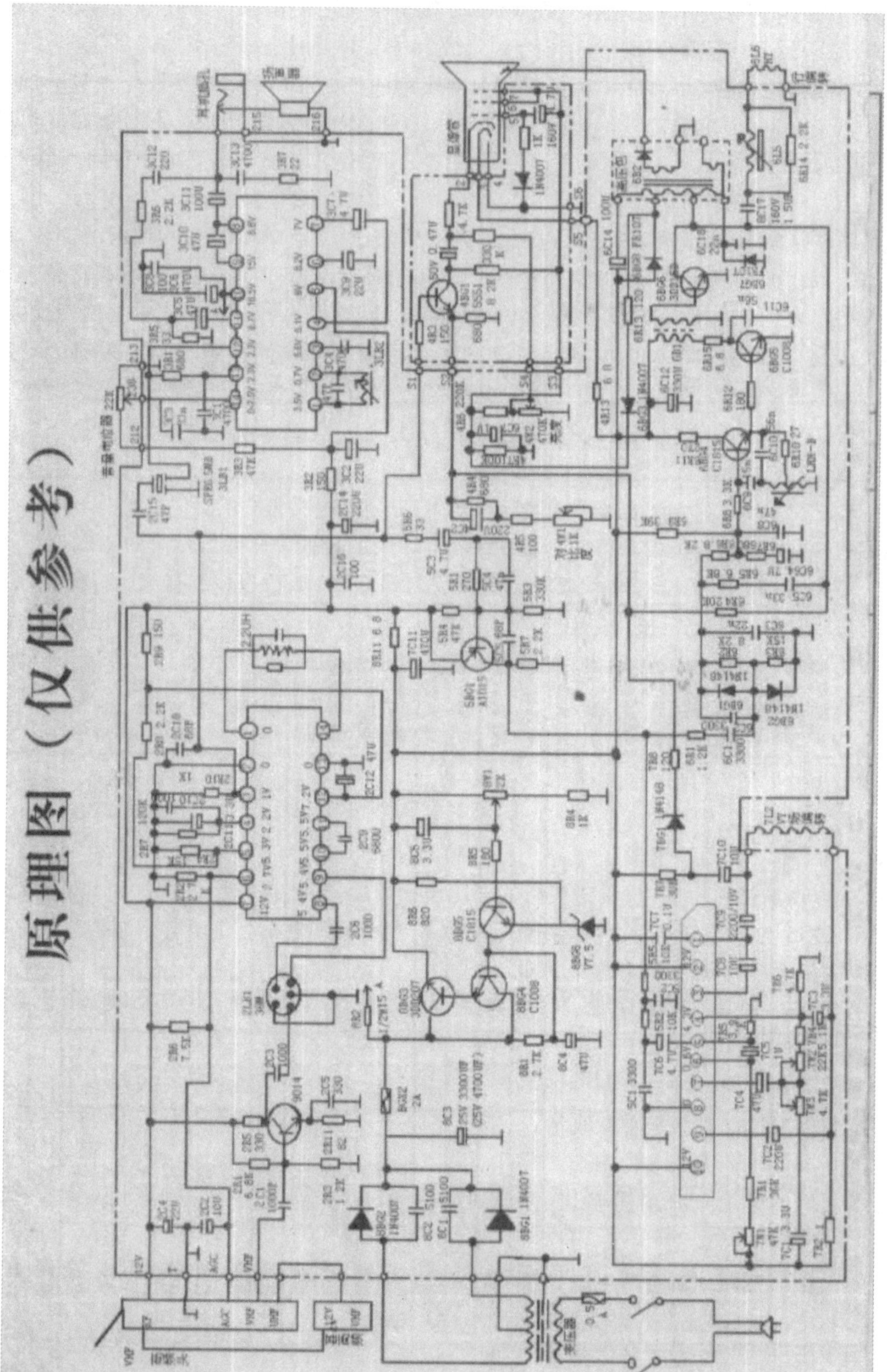

原理图（仅供参考）

图7-26 电视机原理图

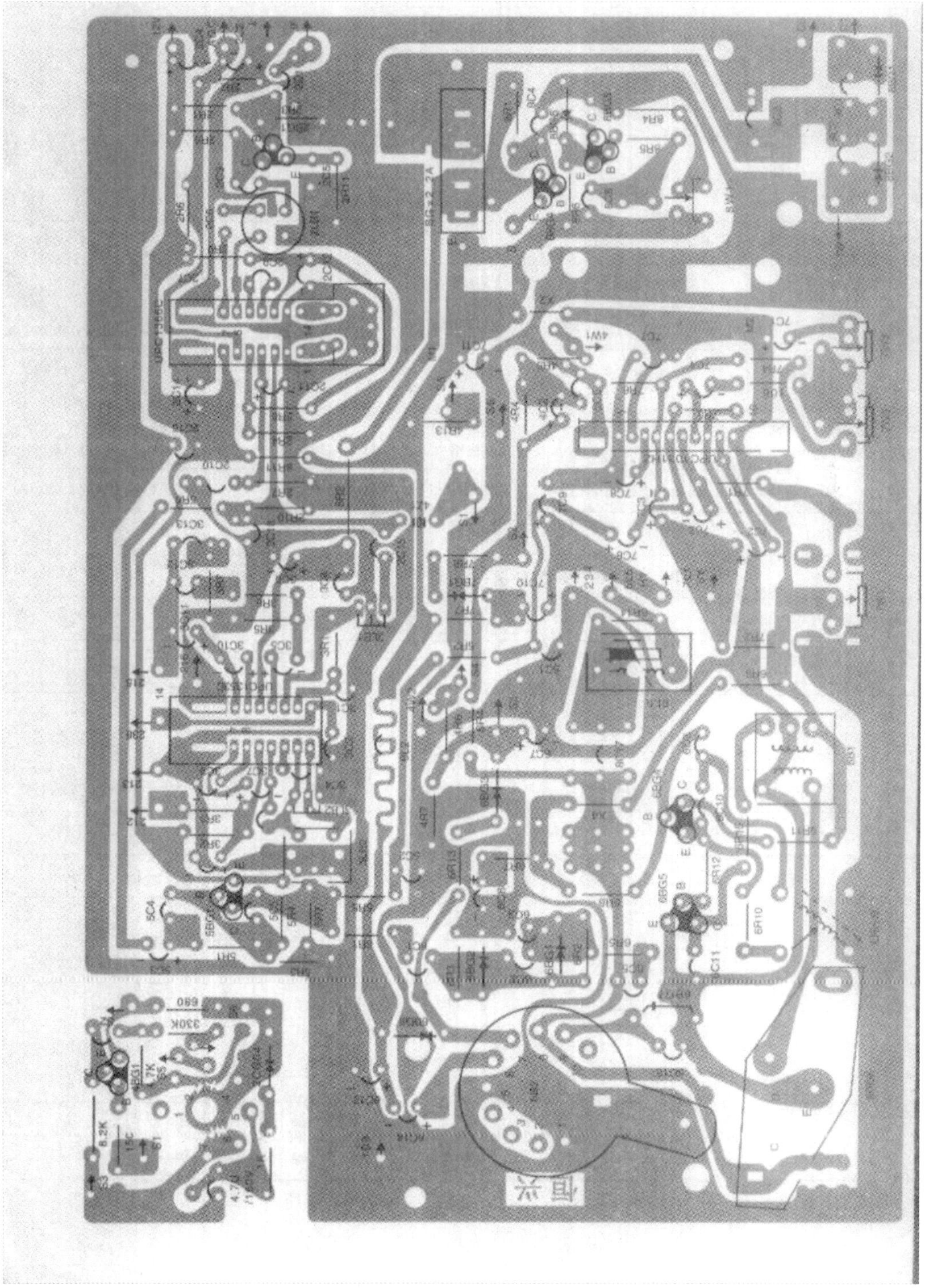

图7-27　电视机印刷板图

表 7-8　电视机元件清单

名　称	型号规格	数　量	安装型号	名　称	型号规格	数　量	安装型号
电　阻	1	1	7R2	电解电容	50V 0.47μF	1	视放 C
电　阻	6.8	3	4R13,8R11,6R15	电解电容	50V 0.1μF	1	7C7
电　阻	22	1	3R7	电解电容	25V 1μF	1	7C5
电　阻	27	1	6R10	电解电容	160V 1μF	1	6C7
电　阻	33	2	3R5,5R6	电解电容	25V 3.3μF	4	2C11,7C1,7C3,8C5
电　阻	82	1	2R11	电解电容	16V 4.7μF	4	3C7,5C3,6C6,7C6
电　阻	100	1	4R5	电解电容	16V 10μF	3	2C2,7C8,7C10
电　阻	120	2	6R13,7R8	电解电容	16V 22μF	3	2C4,3C2,3C9
电　阻	150	3	2R9,3R2,4R3	电解电容	16V 47μF	5	2C12,3C5,3C10, 7C4,8C4
电　阻	180	2	6R12,8R5	电解电容	16V 100μF	2	3C11,6C14
电　阻	270	2	5R1,6R11	电解电容	10V 220μF	3	2C14,4C2,7C2
电　阻	330	1	2R5	电解电容	16V 330μF	1	6C12
电　阻	680	4	3R1,4R4,6R7,视放	电解电容	25V 470μF	2	3C6,7C11
电　阻	820	1	8R6	电解电容	10V 2200μF	1	7C9
电　阻	1k	3	2R10,4R1,8R4	电解电容	25V 3300μF	1	8C3
电　阻	1.2k	2	2R3,6R1	电解电容	160V 4.7μF	1	消亮点
电　阻	2.2k	4	2R8,3R6,5R7,6R14	三极管	50V 0.47μF	1	
电　阻	2.7k	2	2R2,8R1	三极管	9014	1	予中放,2BG1
电　阻	3.3k	1	6R8	三极管	C1815	2	6BG4,8BG5
电　阻	3.9k	1	7R5	三极管	C1008	2	6BG5,8BG4
电　阻	4.7k	2	7R6,视放	三极管	A1015	1	5BG1
电　阻	5.1k	1	7R4	三极管	C5551	1	4BG1
电　阻	6.8k	2	2R1,6R5	二极管	FR1007	2	6BG8,8BG7
电　阻	7.5k	1	2R6	二极管	IN4007	4	8BG1,8BG2 6BG3,2BG4
电　阻	8.2k	3	6R2,6R6,视放 C	二极管	IN4148	3	6BG1,6BG2 7BG1
电　阻	10k	2	5R2,5R5	二极管	7.5V 稳压	1	8BG6
电　阻	15k	2	2R4,6R3	大功率管	3DD102	1	8BG3
电　阻	20k	1	6R4	大功率管	3DD15D	1	6BG6
电　阻	30k	1	7R7(印制板 7R 有误)	集成电路	1366	1	

续 表

名　称	型号规格	数　量	安装型号	名　称	型号规格	数　量	安装型号
电　阻	36k	1	7R1	集成电路	1353	1	
电　阻	39k	1	6R9	集成电路	1031	1	
电　阻	47k	2	3R3,5R4	行线性	LSR10	1	6L5
电　阻	100k	1	4R7	行推动	HT3	1	6B1
电　阻	120k	1	2R7	行振荡	LHH－B	1	LHH－B
电　阻	220k	1	4R6	声表面	38M	1	2LB1
电　阻	330k	2	5R3,视放	校正电容	160V1.5μF	1	8C17
电　阻	1/2W15	1	8R2(印刷版 8R4 有误)	滤波器	L6.5M	1	3LB1
涤纶电容	15n	1	6C9	选频电感	2.2UH	1	
涤纶电容	22n	1	6C3	可调电阻	4.7K	1	7W3
涤纶电容	33n	2	3C3,6C5	可调电阻	22K	1	7W2
涤纶电容	47n	2	5C4,6C8	可调电阻	47K	1	7W1 场频
涤纶电容	56n	2	6C10,6C11	可调电阻	2K	1	8W1
涤纶电容	400V 15n	1	6C18	管座	七脚	1	视放板显示管
瓷介电容	47P	2	2C15,3C14	保险管座		2	BGX2
瓷介电容	68P	2	2C18,5C5	保险管	2A	1	
瓷介电容	100P	2	2C16,3C8	中周	149C	1	3LB2
瓷介电容	220P	1	3C12	散热片		2	
瓷介电容	330P	1	2C5	螺丝		4	
瓷介电容	1000P	4	2C1,2C3,2C6,2C10	螺丝帽		2	
瓷介电容	3300P	4	5C1,5C2,6C1,6C2	行输出变压器		1	6B2
瓷介电容	4700P	3	3C1,3C4,3C13	印制电路板		1	
瓷介电容	5100P	2	8C1,8C2	导线	80mm	3	电源调整
瓷介电容	6800P	1	2C9				

(8)线路板错误标识更改说明：

1)2C2 (10μF)元件面正确；

2)3C2(22μF)板上标 2.2μF，3C14(47pF)板上标 51P,在 1353 的 1 和 2 脚之间。

3)1031 附近的 5C5(1 000pF)不装。

4)6C6(4.7μF)板上标 47μF，6C8(47nF)板上未标代号，6C18(22nF)板上标 0.01。

5)7C4(47μF)焊接面正确，7C7(0.1 μF)板上未标明极性，在 1031 的 1 和 2 脚之间，1 脚为负，2 脚为正。

6)8C4 (47μF)未标极性,元器件面左正右负,8C5 (3.3 μF)未标极性,元器件面左正右负。

7)四个要求耐压超过 100V 的电容,应按规定安装。视放电源滤波电容 6C7(1μF/160V)、逆程电容 6C18(22nF/400V)、校正电容 8C17(1.5μF/160V)和消亮点电容 4.7μF/160V(原理图中显像管的下面)。

7.6.3 电视机的调试及维修

1.调试

(1)检查电路板上元器件的焊接情况,重点检查二、三极管的极性,耐高压电容的极性和位置,连线是否正确。

(2)调试电源,电源必须在 10~14V 之间可调,将直流电压调制 11.5~12V 之间。

(3)用 500 型万用表×100 挡测量行输出管 c 极对地的正向电阻,黑表笔接地时,红表笔测电阻应该在 400~500Ω 之间;红表笔接地时黑表笔测出的电阻应该在 10kΩ 左右且表笔有充放电动作。

(4)焊电源缺口后通电,通电时手不离开电源开关,眼睛仔细观察,如果有异常立即关断电源检查并排除故障;如无异常,开机数分钟后,检查 12V 电源电压,行管 c 极的电压(27V 左右),视放管 c 极的电压(60~80V)。

(5)电压正常时,适当调节音量和亮度电位器,应能看到光栅并听到噪声。

(6)连上天线,调节高频头接收信号,调节场频、行频使信号稳定,调节线性、幅度使图像良好。

2.故障检修

(1)电源故障:12V 电压不正常。

测量 2A 保险丝上应有 16~20V 电压,8BG3 的 e 极应有 12V 电压,且有一定的调节范围(10~14V)。如保险丝上无电压,检查整流电路和变压器;12V 不正常原因在稳压电路。常见故障及故障原因如下:

1)12V 电压不可调,8BG5 损坏或 8W1 接触不良造成。

2)12V 电压过高,8BG6 装错或 8BG3 损坏。

3)调节范围不正常,8BG4/8BG5 (可用 9013,9014 代替)性能不好,8C4 极性错。

(2)无光栅。测行管 c 极的电压,正常时电压为 27V(应该大于 25V)。若电压等于电源电压,表示振荡电路未工作,应重点检查振荡管 6BG4 和行振荡线圈,振荡线圈应该导通,6BG4 的 c 极应有 11V 左右的电压,且极性正确。

行管 c 极的电压大于电源电压时,说明振荡电路工作了,如果不足 20V,这时有光栅,且一般比较暗;不足 15V 时,一般看不到光栅(亮度电位器应在合适的位置);行管不应发烫,高压包不明显发热,此时多数为行管不良或高压包不良。行管 c 极的电压大于 20V 时仍无光栅,应该观察显像管的灯丝是否有亮度,亮度电位是否正常。

(3)无声。检查音量电位器是否正常,1353 的 5 脚应有 8V 电压,10 脚应有 16V 电压。10 脚对地电阻应该为 0。1353 散热片是否接地良好,否则 1353 可能损坏;若有微小伴音,适当调节 3LB2 可使音量变大。

(4)有光栅无图像。光栅一片亮或有回扫线,视放管 4BG1 的 c 极的电压正常时应该在 60~80V 之间,过低则 4BG1 饱和,过高则 4BG1 截止。过低时,应检查管子本身的特性和极性，过高时，应查其 b 极有无 3V 左右的电压，如果没有电压，一直查到 1366 的 3 脚，仍无电压，则 1366 工作不正常或 1366 损坏。

(5)图像不同步。若场和行均不同步时，图像将一片杂乱。场不同步时，图像上下滚动；行不同步时，图像左右滚动，严重时图像呈现多条左右排列的波纹。场不同步且调节无效时，故障一般出在同步分离电路，同步分离管 5BG1 为 PNP 型三极管，该管的放大倍数应该大于 200，且线性良好。e 极应有 11V 左右的电压，用示波器可以观察到 c 极的同步信号。调节场频时图像能上也能下，则说明场频范围正常。场不同步时，故障处在场电路，重点检查 7W1，7C5 和 7C6，若场频范围不对，应当更换 7R1(36K)为 30～47kΩ 之间的电阻。行不同步时，故障可能在鉴相电路，重点检查 6BG1，6BG2 及行振荡周围元件 6C9，6C10。

(6)图像线性不良。图像上下线性不良时，可调节 7W3 和 7W2，调节时，若图像上半部分变化快，下半部分变化慢，可用 7W2 将图像调窄，再用 7W3 使图像上下比例合适，最后，可用 7W2 将图像上下幅度调节正常。若调节达不到理想状态，则应更换 7C2，7C7 和 7C1。图像左右线性不良时，可适当调节行线性电感 6L5 或适当变化 8C17 的大小。

(7)水平一亮线。检查 7W1 和 1031 的外围电路，1031 的 10 脚和 2 脚应该有 12V 的电压；如果其他元件正常，更换 1031 芯片。

(8)关机亮点。检查视放板(显像管电路板)上二极管 IN4007，1kΩ 电阻和 4.7μF/160V 电容。IN4007 正向电阻应小于 800Ω，反向电阻为无穷大。

(9)回扫线。检查 7BG1，7C10 和 7R8。

参 考 文 献

[1] 樊英杰,许海根.电子技术实践教程.西安:西北工业大学出版社,2006.

[2] 毕亚军,崔瑞雪.电子工艺与课程设计.北京:电子工业出版社,2012.

[3] 杨启宏,杨日福.电子工艺基础与实践.广州:华南理工大学出版社,2012.

[4] 陈晓.电子工艺基础. 北京:气象出版社.2013.

[5] 王卫平. 电子工艺基础.3 版. 北京:电子工业出版社,2011.

[6] 李敬伟,段维莲. 电子工艺训练教程.北京:电子工业出版社,2005.

[7] 崔瑞雪,张增良,电子技术动手实践.北京:北京航空航天大学出版社,2007.

[8] 杨丞毅,李忠国.电工电子元器件的识别与检测. 北京:人民邮电出版社,2008.

[9] 王成安,毕秀梅.电子产品工艺与实训.北京:机械工业出版社,2007.

[10] 罗杰,谢自美.电子线路设计. 3 版.北京:电子工业出版社,2010.